中国地质调查成果 CGS 2019-044

"DD20160240" 项目资助

找水打井典型案例汇编

安永会　张二勇 等　编

科学出版社

北　京

内 容 简 介

本书分北方基岩山区地下水勘查、黄土高原和地方病区地下水勘查、西南岩溶区地下水勘查三部分。分类总结了近十年来我国不同缺水类型地区地下水勘查经验并以实例的形式剖析了具有典型意义地区的地下水勘查程序与方法，可为类似地区解决安全饮水问题提供工作参考。

本书对从事基岩山区地下水勘查的科技人员具有参考价值。

图书在版编目（CIP）数据

找水打井典型案例汇编/安永会，张二勇等编. —北京：科学出版社，2019.11
ISBN 978-7-03-062985-2

Ⅰ.①找… Ⅱ.①安… ②张… Ⅲ.①钻井-案例-汇编-中国 Ⅳ.①TD265.1

中国版本图书馆 CIP 数据核字（2019）第 242620 号

责任编辑：韦　沁／责任校对：张小霞
责任印制：肖　兴／封面设计：北京图阅盛世

科 学 出 版 社 出版

北京东黄城根北街 16 号
邮政编码：100717
http://www.sciencep.com

北京画中画印刷有限公司 印刷
科学出版社发行　各地新华书店经销

*

2019 年 11 月第　一　版　开本：787×1092　1/16
2019 年 11 月第一次印刷　印张：21
字数：510 000

定价：258.00 元
（如有印装质量问题，我社负责调换）

《找水打井典型案例汇编》编委会

指 导 组

主　　任　　文冬光　　郝爱兵　　邢丽霞

副 主 任　　郭建强　　李铁锋　　张二勇　　张福存

编 写 组

主　　编　　安永会　　张二勇

副 主 编　　王　璜　　龚　磊　　韩双宝　　孟顺祥

编写人员　　（按姓氏笔画排序）

丁　凯	卫政润	马　涛	王新峰	韦建发
文振兴	卢春名	付　雷	朱庆俊	朱恒华
朱　桦	任建会	刘伟坡	刘治政	刘　蕴
杨灿宁	李云峰	李　伟	李传磊	李志强
何　锦	沙　娜	张云良	张　华	张华员
张　贵	陈　戈	陈洪年	林有全	孟利山
侯莉莉	袁　磊	党学亚	黄　辉	龚建师
覃　选	蓝海敏	潘勇邦		

前　言

　　水是生命之源，地下水更以其空间上分布的广泛性，时间上丰、枯季节可调蓄性及质优不易污染性，而对人类生存、文明进步、经济发展、环境维系、生态健康和景观塑造等具有重要支撑作用，且因其刚柔兼具、谦卑自强和自洁洁他等品格而为人类礼赞和学习。

　　从现有考古证据来看，中国是世界上最早使用地下水（即挖井）的国家，目前发现的最早的水井位于浙江余姚新石器时代，距今 7000 年左右的河姆渡遗址。水井的发明意味着人类的一种解放，河北邢台的"邢"字乃合井、邑二字而成的会意字，就是纪念黄帝带领人们凿井开采地下水，进而使人类不再局限于近河而居，以井聚民而居，促进文明发展。

　　对地下水功能的认识和水源的开发，一直伴随着人类生产力的发展和文明的进步。寻找地下水源的方式，经历了从泉水出露点联想，到直观经验总结，再到形成理论和指导实践。近代水文地质学科逐渐形成，从野外地层岩性构造的调查和分析，到单一物探手段的使用，再到综合物探技术及遥感等技术的融合；掘井方式从使用简单工具的人力挖掘，再到人力与机械并用，到钻机的出现且不断多样化、高效化。水井也因此从早期的浅井到逐渐加大的深井，从竖井到水平、垂直并用的坎儿井，从单井到集中供水的群井。地下水的作用也从饮用、洗涤、灌溉、工业利用的资源属性，景观营造的美学因子，到维系环境友好和生态健康的灵魂，其重要性在生态文明建设的今天更加凸显。

　　然而，地下水既有分布广泛，丰、枯水期可调蓄和水质优良的优点，同时又有分布不均，部分地区原生水质差的不足。特别是在基岩山区，其分布极不均一，以至于有"隔墙不打井"之说；在饮水型地方病区和地下水循环滞缓地区，优质和劣质地下水含水层在水平和垂向上相互交错与叠置，也给找水打井增加了难度。

　　如何更有效的在缺水地区找到优质的地下水，支撑社会、经济发展对水资源不断增长的需求？在不同地区不同条件下，有哪些找水打井的技术方法可以借鉴？针对这些问题，在中国地质调查局水文地质环境地质部安排下，中国地质调查局水文地质环境地质调查中心组织编写了《找水打井典型实例汇编》。期间，首先确定了工作方案，包括工作目的、编写提纲和详细要求，然后发给相关单位征稿，得到了积极响应；考虑到地域、地下水类型和水文地质条件的差异，以及找水目的和勘查技术方法的不同及其代表性，从 120 余篇来稿中精选出 49 篇汇编成书。

　　本书重点选择了十多年来北方基岩山区、黄土高原和地方病区及西南岩溶区的典型实例，北方基岩山区涉及河北省、山西省、北京市的燕山-太行山区及山东省沂蒙山区，黄土高原地区涉及河南省、山西省、陕西省、甘肃省和宁夏回族自治区；地方病区主要选择了陕西省关中盆地高氟地下水区和四川省大骨节病区；西南岩溶区主要涉及云南省、贵州省和广西壮族自治区。

　　典型实例所依托的项目大致有两类，反映了应急找水打井和常规性地质调查两种工作模式的经验。一类是气象干旱应急找水打井，包括 2010 年西南严重缺水区地下水勘查（滇、黔、桂抗旱找水打井）、2011 年华北-黄淮严重缺水区地下水勘查（鲁、冀、豫、晋抗旱找水打井），其特点是施工钻孔的目的以应急供水为主，要求短平快，即定井快、钻井快、见效快，所使用的勘查技术方法相对单一、高效；另一类项目属于地质调查，包括严重缺水地区、地方病严重地区地下水勘查与供水安全示范，其特点是施工钻孔的目的为探采结合，项目周期相对时间长，所使用的勘查技术方法具有综合性特点，并有一定的探索性。

　　为使已有工作的经验具有示范性和可复制性，49 个典型实例的剖析都涵盖了地下水勘查找水打井工作程序的全过程，从工作区自然地理、地形地貌、地层岩性、地质构造、水文地质条件及缺水原因等背景分析，到有针对性的工作思路和技术路线的确定，以及基于遥感、物探、钻探等技术方法的选择、实施及其效果评估，展示了具体的过程、翔实的数据、细致的分析和经验的总结，具有一定的典型示范性。

　　总之，汇编分类总结了十多年来我国不同缺水类型地区地下水勘查经验，并以实例的形式剖析了具有典型意义地区的地下水勘查程序与方法，可为类似地区解决缺水问题和安全饮水问题，建设生态文明提供借鉴。

编者

2019 年 11 月

目　　录

第三篇　西南岩溶区地下水勘查实例

第一篇
北方基岩山区地下水
勘查实例

北京昌平慈悲峪地下水源勘查实例

朱庆俊

（中国地质调查局水文地质环境地质调查中心，保定 071051）

摘要： 北京市昌平区慈悲峪村属于低山丘陵地貌，大秦铁路修通后，慈悲峪村民生活饮用的泉水水量急剧减少。为解决该村村民的人畜饮水困难，在花岗岩贫水区起到地下水水源勘查示范作用，"华北地方病严重区地下水勘查及供水安全示范"项目通过水文地质调查和物探工作，成功实施涌水量 $11.0m^3/h$ 钻孔，解决了慈悲峪村 700 余人生活用水难题。

关键词： 饮水安全　花岗岩贫水区　断裂构造

1　引　　言

1.1　自然地理及缺水状况

慈悲峪村处于北温带季风气候边缘，属于温带半干旱、半湿润的大陆性季风气候，年均降水量约 600mm，降水分配不均，多集中在 6~8 月，年际降水量变化较大，无地表水流通过。

慈悲峪村现有 700 余人，行政区划属于昌平区长陵镇，属于低山丘陵地貌。大秦铁路修建以前，慈悲峪村村民饮水水源为村西南方向的山泉水，铁路修通后，不但泉水水量急剧减少，而且受到了污染，造成村民饮水困难。多次向有关部门反映饮水困难，虽经多方努力，但一直未能解决。

1.2　地质构造与水文地质条件

1.2.1　地质概况

工作区位于太行山-大兴安岭华夏系与祁吕贺兰山字形构造东翼反射弧的交接地带，在区域复杂构造应力作用下，构造变动极其复杂，表现为一系列扭动构造型式。存在以下主要构造体系：华夏系构造、沙峪旋卷构造、黑熊山旋卷构造及 SN 向挤压构造，上述的构造体系组合，控制了工作区的基本构造面目，见图 1。

区内地层包括：元古宇蓟县系、青白口系、中生代岩浆岩系及第四系。以中生代岩浆岩系分布最广，第四系次之，蓟县系、青白口系只小范围分布于北庄村东县界附近。第四系主要分布于河床两侧，见图 1。

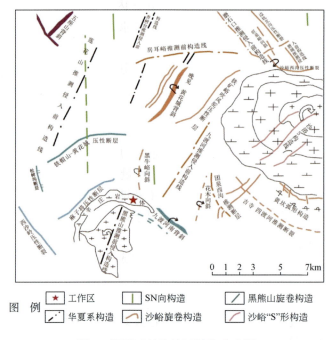

图 例　★ 工作区　｜ SN 向构造　／ 黑熊山旋卷构造
　　　　　华夏系构造　～ 沙峪旋卷构造　～ 沙峪"S"形构造

图 1　昌平区长陵镇区域构造略图

岩浆岩均形成于燕山期，中—晚侏罗世到早白垩世。岩性属中酸性过渡岩类，均为侵入岩，可辨岩性分 3 期侵入，各次侵入岩体的地质特征如下：

早期侵入岩：岩性以中性的闪长岩、黑云母闪长岩类为主，结构以细、中粒为主，分布于慈悲峪村庄周边。

第二次侵入岩：早期以石英正长岩为主，分布于北庄村所在河谷以南，慈悲峪村庄外围至黑熊山之间、南庄村周边；晚期以正长闪长岩为主，宽带状分布于北庄村所在河谷以北区域。

第三次侵入岩：岩性为花岗岩，分布于慈悲峪西黑熊山，呈 NNE 向长垄状突起，棱状山脊，与周边石英正长岩丘陵地貌形成明显的陡坎接触。

1.2.2　地下水赋存特征

岩浆岩中的地下水主要赋存于各类裂隙中，主要有断层构造裂隙、侵入接触构造裂隙及风化裂隙。风化裂隙受风化深度的控制，主要存在于地表 20m 以浅；村庄附近岩浆岩多为同期侵入或为脉岩、岩枝，侵入接触构造裂隙不发育；断层构造裂隙在裂隙中占有主导地位，且主要发育于张性、张扭性断层中。

1.3　找水工作难点

该村一直未开展找水打井工作，找水难度大，主要体现在以下几点。

1）地质、水文地质研究程度较低

1：5 万地质图完成于 20 世纪 60 年代，工作区内无断裂构造显示，对于找水的指导性不强。水文地质研究程度为 1：20 万，仅进行了含水岩组的划分。

2）贫水地层

工作区岩性为侵入岩，属于贫水地层。花岗岩分布在距村较远的山脊处，而村庄周边岩性以正长闪长岩、石英二长岩、黑云闪长岩为主。闪长岩类塑性较强，在应力作用下，不利于形成富水构造。

3）浅部风化壳富水性差

沟谷区岩石表层风化强烈，但风化壳连续性差，风化深度一般小于 20m，富水性差。三个村庄在沟谷内均挖有大口井，井深 5~12m，出水量一般小于 $1m^3/h$，抽 3~5 小时后掉泵。

近年来，由于生活污水、垃圾等污染源的不断增多，造成河谷区浅层地下水不同程度地受到污染，大肠杆菌严重超标，拟定井位需要予以避开。

4）寻找富水构造难度大

区内构造复杂，断裂构造以压扭性为主，且形成于燕山早期的张性构造，又被后期侵入岩所充填，形成脉岩或岩枝，岩性以正长细晶岩、正长斑岩为主，富水性弱。新构造运动区内不发育。

村庄周边岩石风化强烈，水文地质调查难以发现断裂的地表露头，需要加大物探工作量、加强勘查结果的解释。

5）场地条件及施工条件较差，电磁干扰程度强

工作区属于京郊的水土保持涵养区，树多林密，且沟谷地形起伏较大、交通不便，不但影响通视性，而且不利于钻探施工进场。电力、通信线路均沿河谷分布；地对空导弹部队基地位于北庄和南庄之间，该基地雷达系统所发射频率处于 EH-4 所接收的频段内；大同—秦皇岛电气化铁路线从慈悲峪西南部通过，距村庄仅 200 余米，将对电磁法勘查工作产生强烈的电磁干扰。

6）对井位要求较高

经征求该村意见，希望井位与村庄距离短、地势高、靠近道路与电力线、赔偿（毁树）少，为了尽可能满足各村要求，可选择的工作场地受到严重限制，增加了定井的难度。

2 找水打井勘查示范工程

2.1 找水方向及技术路线

由于侵入岩风化壳富水性差，采用钻井开采方式无法满足村中人畜饮水要求，而张性构造裂隙是主要的地下水赋存空间。因此，确定构造裂隙地下水为本次勘查工作的主要找水目标。

由于地表岩石风化强烈，地表难以发现构造露头，因此，断裂构造判别以遥感影像解译结合地形分析为基础，物探勘查验证的工作模式。物探方法包括音频大地电场法、音频

大地电磁法、高密度电阻率法及激电测深，视具体的工作条件，选择适宜的物探方法。为了提高勘查工作精度，弥补单种手段的不足，尽量选择多种方法的组合测量，相互验证。

2.2　找水靶区的确定

在前期踏勘和遥感解译基础上，同时考虑岩性条件和钻机进场问题，物探工作靶区确定在村西北处，工作目的是查证 NE 向和 NW 向断层的存在性和空间发育特征，见图 2。

图 2　慈悲峪村遥感解译图

2.3　孔位的确定

工作区靠近大秦铁路，电磁干扰严重，电磁法类手段无法开展工作，只能采用直流电法。考虑电气化铁路对直流电法勘查结果的影响，高密度电法采用两种装置开展工作：施伦贝格和偶极−偶极。资料解释时可求同存异，以期提高资料解释的精度。

为了验证 NE、NW 向的断裂构造的存在，布设近垂直的两条高密度测线。分析其结果可知：工作区沟谷地带风化壳普遍发育，但发育深度通常小于 20m；高密度Ⅱ线的勘查结果反映出 NW 向断层的存在。

综合考虑高密度Ⅱ线不同装置形式的勘查结果（图 3、图 4），认为：剖面 95m 处发育一近乎直立的、宽约 10 ~ 15m 断层；断层带内埋深 15 ~ 30m 形成明显的低阻圈闭，判断破碎程度较高。根据断层的倾角和宽度，推断断层发育深度较大。

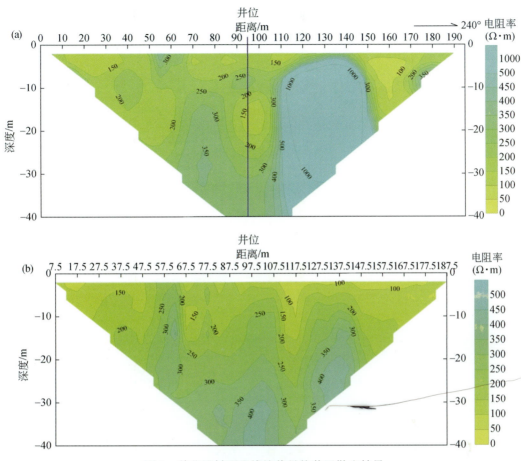

图 3　慈悲峪村西Ⅱ线施伦贝格装置勘查结果

（a）反演结果；（b）原始断面图

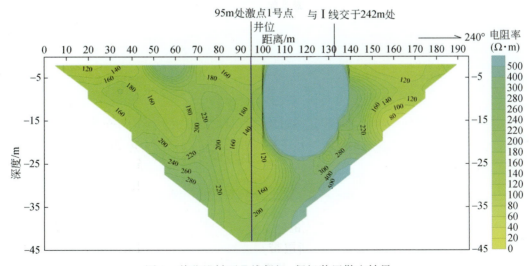

图 4　慈悲峪村西Ⅱ线偶极-偶极装置勘查结果

　　高密度Ⅱ线95m处激电测深结果显示 $AB/2 = 20 \sim 38$m（勘探深度约为 $AB/2$ 的 0.8 倍）间视极化率和半衰时曲线迅速下降，低于闪长岩的分布范围和第四系覆盖层的背景值，推测该处破碎严重，以砂为主，富水性好。该结果与高密度勘查结果吻合，见图 5。

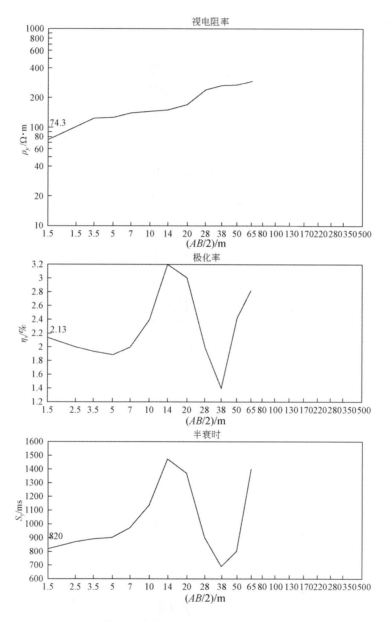

图 5　慈悲峪高密度Ⅱ线95m处激电测深结果

　　分析高密度勘查结果和激电结果，井位定于高密度Ⅱ线95m处，设计井深120m，预计单井出水 $10 \sim 20$m³/h。

2.4 钻探施工

2.4.1 钻探过程及结果

钻探工艺采用空气潜孔锤钻进。

钻孔深 125m，开孔孔径 Φ325mm，钻进至基岩 3m 后，变径为 Φ220mm，一径到底；上部 7m 下入井壁管（Φ250mm 钢管），管外注水泥浆 3m 封闭，上部用黏土充填，变径以下裸孔成井。揭露三段破碎段：12～31m，87～97m，109～117m。

2.4.2 抽水试验

本次抽水试验持续了 10 小时，其中抽水试验 6 小时，水位恢复试验 4 小时。抽水泵扬程为 100m，水泵下至井下 72m 处，额定出水量为 10m³/h。利用光电水位仪进行水位测量，静水位 9.67m，最大降深为 51.40m；抽水试验 2.0 小时即达到稳定动水位，停止抽水后 1.5 小时水位即恢复至距离静水位 1m 左右，该示范孔补给条件好，水量丰富，三角堰测量法测得稳定出水量为 11.0m³/h，地下水温度为 9.5℃，通过计算单井涌水量为 0.073L/(s·m)。抽水试验过程曲线如图 6 所示。

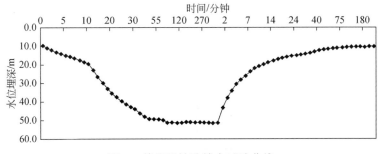

图 6 慈悲峪钻孔抽水试验曲线

2.4.3 水质分析

停泵前 1 小时，采取地下水样，送国家地质实验测试中心检测，结果显示：pH 为 7.48，地下水总硬度为 102mg/L，矿化度为 154mg/L，水化学类型为 HCO_3-Ca 型，偏硅酸含量达 27.9mg/L，水质良好。

3 示范工程总结

3.1 昌平岩浆岩区找水方向

岩浆岩区地下水主要赋存于断裂构造裂隙中，风化裂隙、侵入接触带裂隙受其发育程度及深度影响，富水性较弱。因此，本区的地下水勘查工作，以寻找 NE、NW、近 SN 向张性、张扭性断裂构造为主要目标。

3.2　有关建议

针对场地条件差、电磁干扰程度高等不利因素，选择适宜的物探勘查手段或其组合，适当增加物探工作量，同时，在水文地质条件认识的基础上加强资料对比分析。

电磁干扰严重，电磁法类手段无法开展工作，宜采用高密度电法（直流电法）勘查。考虑电气化铁路对直流电法勘查结果的影响，高密度电法采用多种装置开展工作。资料解释时可求同存异，以提高资料解释的精度。

由于受场地大小限制，高密度电法的勘查深度有限；若工区地形条件较好，则可与激电测深法相结合。激电测深法的勘探深度大于高密度电法，可以弥补高密度法勘探深度不足的缺陷；同时，可根据高密度勘查结果，结合激电测深结果和地质调查结果，分析断层的发育规模，预测断层的发育深度，有效确定井位和设计井深。

太行山南段岩溶地下水勘查示范案例实录

李　伟　朱庆俊　王宏磊

（中国地质调查局水文地质环境地质调查中心，保定　071051）

摘要： 南峧村位于太行山南段东侧，东、南、西三面环山，沿西侧和南侧山脊为南铭河和漳河的地表分水岭，村庄及周边难以存蓄水资源。通过水文地质调查，确定找水方向为赋存于深大断裂中的岩溶水，通过对比分析论证多个靶区条件，成功实施单井涌水量应大于300m³/d钻孔，解决了该村人畜饮水困境。

关键词： 太行山南段　缺水　深大断裂

1　引　　言

1.1　任务来源

本研究基于"华北地方病严重区地下水勘查及供水安全示范"项目，2009年于河北省磁县南峧村实施了地下水勘查示范工程。目的是通过水文地质调查和物探工作，查清南峧村地质、水文地质条件，确定勘查井位，解决南峧村村民的人畜饮水困难，在太行山南段相似条件的缺水地区提供水源勘查示范作用。

1.2　自然地理与缺水状况

南峧村位于太行山脉南段东侧，行政区划隶属邯郸市磁县贾壁乡，现有人口600人，耕地650亩（1亩≈666.67m²），全部为旱田。村民现状饮水水源为窖水，不但水质无法保证，而且干旱年份由于蓄水量不足，旱季时常断水，不得不到相距10余里（1里=500m）的周庄拉水。

南峧村地处低山侵蚀地貌区，海拔在500~810m，沟谷多为宽阔的"U"型谷，山坡坡度一般小于30°，局部形成陡崖。村庄位于南铭河上游近SN向沟谷顶端，东、南、西三面环山，沿西侧和南侧山脊为南铭河和漳河的地表分水岭。

本区属大陆性半干旱气候，冬季寒冷，夏季炎热、蒸发度大。多年平均降水量为649.9mm，年内降水量分配不均，多集中在6~8月，约占年降水量的67%；降水量年际变化大，丰水年可达1000mm，而枯水年一般在300mm左右，多年降水量呈周期性变化，10~11年左右为一周期。

村庄及周边无地表水体，仅降雨时形成短期地表径流，很快渗入地下。

1.3　地质构造与水文地质条件

1.3.1　地层岩性

区域出露地层有：中元古界蓟县系，下古生界寒武系、奥陶系，上古生界石炭系、二叠系及新生界第四系。

上寒武统在南峧村西部出露，下奥陶统分布于村庄中部及西部，而东部则为奥陶系中统，同时残存于中部地区山顶；第四系于各沟谷的底部堆积，多开垦为梯田。地层为单斜地层，倾向 SE，倾角5°～25°，见表1。

表1　村庄周边出露基岩地层岩性简表

地层时代		岩性	厚度/m
寒武系	上统（ϵ_3）	下部为薄至中厚层石灰岩、泥质条带灰岩，中部薄至中厚层竹叶状灰岩，夹薄层泥质条带灰岩及生物碎屑灰岩，上部以薄层泥质条带灰岩为主	41～147.3
奥陶系	下统（O_1）	结晶白云岩及含燧石结核和燧石条带白云岩	140.5～268.4
	中统（O_2）	厚至巨厚层致密石灰岩、豹皮灰岩、白云质灰岩及三层同生角砾状灰岩	560.8～590.7

1.3.2　地质构造

工作区位于太行山隆起的东侧，属新华夏系的一级构造太行山隆起和华北拗陷的交界处。构造活动主要发生于燕山时期，喜马拉雅时期继续活动。

由于经受南北构造体系和新华夏系构造体系的复合作用，构造较为复杂，构造类型和形式多样。南北构造体系和新华夏系构造体系（N10°～20°E）的各级规模和各序次的构造以各种复合方式互相交织在一起，构成区内复杂的构造轮廓。

区内 SN 向构造迹象不明显，以新华夏系构造形迹为主。新华夏系构造是在南北构造的基础上进一步发展和改造的结果，主压应力面表现为一系列的 NNE 向断裂，与之配套的横张裂面也是在南北构造体系的基础上进一步发展起来的，此处，还发育了一系列低序次的 NE 向断裂和各式旋扭构造。本区构造在构造线方向上，具有不严格的 SN 走向或 NNE 方向。同时，在结构面力学性质方面，具有明显的性质转化。断裂构造以高角度正断层为主，张性结构面，但是晚期则向压性结构面转化，具压性结构面特征。

1.3.3　水文地质条件

南峧村属于单斜断块盆地溶隙水区—峰峰黑龙洞溶隙水亚区—寒武–奥陶系石灰岩溶隙弱含水段，处于地下水分水岭，属峰峰黑龙洞溶隙水亚区的上游，为寒武系奥陶系裸露区。地下水直接接受大气降水补给，以垂直运动为主。地下水赋存、运移受构造控制，呈脉状分布，富水性不均一。

1.4 以往找水打井情况介绍

1982 年 2 月，南峧村曾在村南沟谷内施工一眼钻孔，孔深为 417.39m，水位埋深为341m。单井出水量小于 $1m^3/h$，无法利用。

本区找水的难点在于，处于区域地下水分水岭地带，地下水位埋深达 340 余米，而水位以下，地层岩性主要为寒武系下统泥页岩，增加了找水难度。

2 找水打井勘查示范工程

2.1 找水方向及技术路线

工作区处于分水岭地带，地下水埋深大，找水方向为赋存于深大断裂中的岩溶水。地下水埋深大，增大了勘查难度，技术路线为：在详细水文地质测绘的基础上，选择多个靶区，对比分析论证，查明各类构造及其关系及岩性在垂向的变化；采用综合物探手段，查明断层构造的空间特征，判断其富水性，最终综合对比分析，确定孔位。

2.2 找水靶区

2.2.1 南沟

沟谷走向 NW50°，平直，纵向长 350m，横剖面呈"V"形。沟底第四系覆盖，标高600 ~ 670m。两侧山坡出露奥陶系石灰岩。

断层 F_9 于沟口通过，与沟谷斜交，断层产状要素 N10° ~ 32°E/NW∠69°，破碎带宽8 ~ 10m，构造角砾岩为主，局部糜棱岩化，断层面较为平直；F_{17} 沿沟底发育，由于第四系覆盖，无明显的构造迹象，据物探测量结果判断其产状 N55°W/NE∠80°，F_{17} 应为与 F_9 配套发育的横张断层。断层 F_2 于沟中部通过，产状 N48°E/NW∠81°，断层破碎带宽度约为 10 余米，挤压破碎作用明显，于沟底被 F_{17} 错断。

为查明 F_9 和 F_{17} 断层的平面位置及其空间分布特征开展了音频大地电场和 EH-4 勘测工作。从北向南排列的 4 条音频大地电场曲线对 F_9 断层均有反映，表明断层宽度约 10m；F_{17} 断层由上游向下游呈衰减趋势，至沟口有尖灭迹象。EH-4 测量剖面表明（图 1），F_9断层破碎带发育深度达 400m 左右，断层带电性值与围岩电性差异较小，表明断层带岩石破碎程度差、岩性以角砾岩为主；F_{17} 断层破碎带发育深度为 270m。

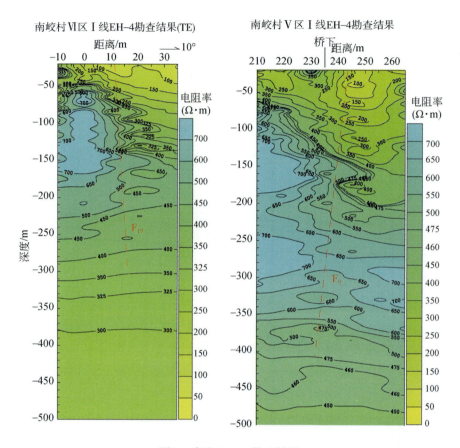

图 1　南沟 EH-4 勘查结果

2.2.2　北沟

　　北沟位于南峻村北约 900m 处，沟谷中下游近 EW 向发育，沟源呈 SN 方向，纵向长约 500m，标高 550～680m。沟谷下游较为宽阔，向上逐渐变窄。谷底第四系覆盖，两侧出露 奥陶系石灰岩。断层 F_1 破碎带于公路旁的沟口两侧出露，其产状要素 N25°E/SE ∠75°，与北沟斜交。该断层构造破碎带宽度 15～18m，以棱角状构造角砾岩为主，局部糜棱岩 化，断层面不清晰。断层 F_{18} 沿沟底发育，与北沟中下游走向基本一致，由于第四系覆盖，未见角砾岩，但沟谷向南转折处岩层产状混乱，据物探资料确定其产状 N55°W/SE ∠80°。F_{18} 应为与 F_1 配套发育的横张断层。

　　两条断层的音频大地电场曲线异常明显，规律性强。EH-4 勘查结果见图 2：TE 模式 和 TM 模式的结果均彰显出 F_1 断层的存在及其平面位置，TM 模式结果较 TE 模式更佳地 反映了断层的横向发育规模和浅部断层的空间分布，而 TE 模式更佳地反映了地层的纵向 分布和深部构造；F_1 断层规模较大，其影响带较宽，断层破碎带发育深度可达 500m，但 断层岩性泥质含量较高，断层带以糜棱岩为主；F_{18} 断层破碎带发育深度为 350m，断层带 以构造角砾岩为主。

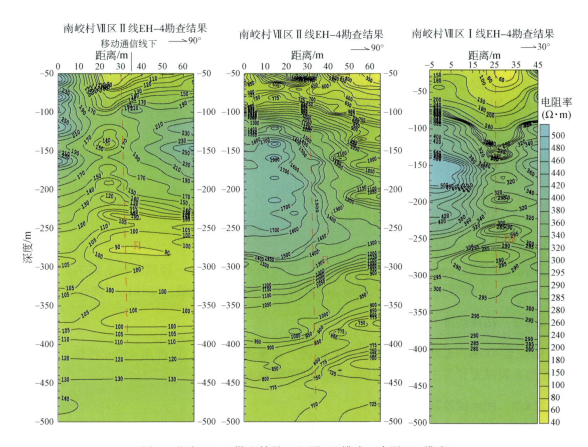

图 2　北沟 EH-4 勘查结果（左图 TE 模式、中图 TM 模式）

2.3　孔位确定

综合对比重点勘查地段的成井条件，确定北沟为勘探井位优选地段。井位于沟底，距沟口 58m 处。

井位处地表出露中奥陶统中厚层致密砾状石灰岩，表层严重风化。O_1 与 O_2 分界线大部分地段呈断裂接触，O_2 砾状石灰岩底板埋深较浅，井位处在地面以下 30m 左右；其下为下奥陶统细晶白云岩和上寒武统泥质条带灰岩、竹叶状灰岩及中寒武统鲕状灰岩与底部的云母页岩。该井主要供水目的层为中寒武统鲕状灰岩。鲕状灰岩底板埋深推测在地面以下 420m。由于该井预计水位埋深 340～350m，在其他条件不变的情况下，中寒武统鲕状灰岩底板埋深越大，成井条件越好。

井位处于 N10°～15°E/SE∠80°与 N55°～60°W/NE∠85°的断裂构造交汇处。N55°～60°W/NE∠85°的断层，沿沟谷发育，地表被第四系覆盖，断层两盘均为中奥陶统砾状灰岩，0～250m 以上岩层较为破碎，对大气降水的入渗补给较为有利，但断裂发育深度浅，不作为布井的主要依据。N10°～15°E/SE∠80°的断层基本上沿着村北部近 SN 向的公路分

经调查统计，仅流量超过 100m³/d 的泉水，在三台河两岸就分布有 20 余处，在同一纬度附近，河两岸泉水水位高程相近，整体上由南向北，泉水水位呈减小趋势，与区域地下水位一致。其中邢家梁村泉水流量超过 1500m³/d，一般流量在 100～800m³/d。经取样测试，泉水 pH 为 7.5～8.2，TDS 为 269.1～439.8mg/L，水化学类型为 HCO_3-Ca 或 $HCO_3-Ca\cdot Mg$ 型，符合饮用水标准。

4.3　含水岩组蓄水型

在熔岩台地区，上层滞水无法饮用。下层水有以下两种情况。一是玄武岩层较厚时（厚度>100m），其多次喷发的间歇期发育有古风化壳。古风化壳和顶、底气孔状玄武岩形成相对富水的孔隙-孔洞含水岩组，在视电阻率上会出现似层状的低阻特征。喷发间歇期越长，风化壳裂隙越发育，电性差异越明显。但经过本次水文地质地面调查、物探与钻探验证，研究区喷发间歇玄武岩风化壳孔洞多，但有效裂隙率低，富水性差。在选择此层为含水层靶层时要反复斟酌。

二是玄武岩盖层较薄时（厚度<100m），研究区汉诺坝组玄武岩下伏为古近系—白垩系泥岩夹砂砾岩地层，砂砾岩孔隙裂隙较多，其富水性与水质相对较好，可作为目标含水层。岩性从玄武岩—砂砾岩为主—泥岩为主，视电阻率反映为高阻—次高阻—低阻的变化特性，因此找水层位为次高阻层。砂砾岩含水层富水性受岩性、构造、地貌的综合影响。如玻璃彩村位于河谷西侧缓坡，处于地貌汇水有利位置。岩性从瞬变电磁视电阻率上推测玄武岩盖层厚 90m 左右；90～150m 左右为次高阻带，推测为以砂砾岩为主的碎屑岩；150～250m 为低阻带，推测为以泥岩为主的碎屑岩。钻探结果如图 4 所示，基本与物探解

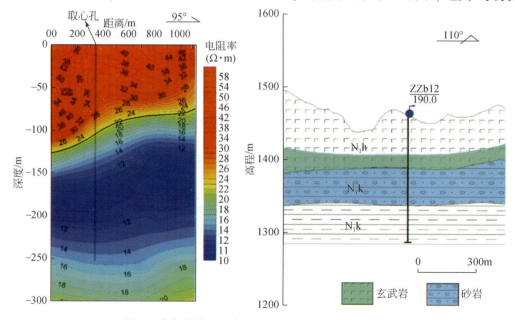

图 4　玻璃彩村 TEM 视电阻率断面图与钻孔剖面图

译结果一致。水量为 1154.4m³/d，经取样测试，pH 为 7.83，TDS 为 426.4mg/L，水化学类型为 HCO_3-Na 型，符合饮用水标准。

4.4 断裂带集水蓄水型

导水性断裂具有贮水空间、集水廊道、导水通道的作用，多组小断裂集中发育的位置往往能形成水力联系密切的裂隙网络，发育由构造控制的网状裂隙水。研究区熔岩台地玄武岩或北部闪长岩多呈块状，集水面积小，富水性多为极贫乏。在这些地区找水难度大，寻找由小构造控制的局部富水带是解决当地饮水问题的主要途径。经地面调查与大地电磁测深发现大堆村北闪长岩侵入区有一垂向低阻带，推测该处发育高角度断裂破碎带。如图 5 所示，经钻探揭露 67.7～85.0m 为断层破碎带，涌水量达 578.2m³/d。经取样测试，pH 为 7.56，TDS 为 452.1mg/L，水化学类型为 HCO_3-Ca·Mg·Na 型，符合饮用水标准。

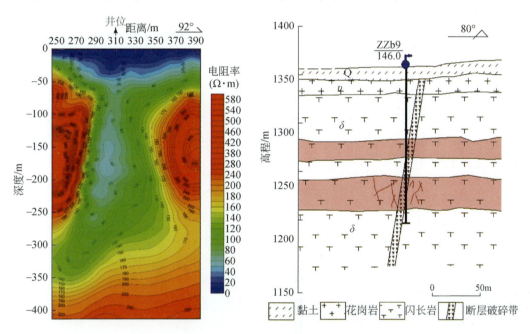

图 5 大堆村 EH-4 视电阻率断面图与钻孔剖面图

5 找水方向与开发技术方法

5.1 风化裂隙孔洞水

风化裂隙孔洞水是玄武岩地区常见的地下水类型，在地形和水文地质结构有利的部位可形成潜水富水段，如侵蚀型、接触型泉等蓄水构造。开采方式以蓄水池或 100m 以浅机井为主，可作为村镇等小型居民点取水源。

5.2　玄武岩或侵入岩构造裂隙水

研究区内存在张北-沽源断裂和一些次级断裂构造，在玄武岩或侵入岩贫水区中断裂穿越的位置，可形成富水块段。如大堆，通过寻找隐伏于松散层之下的断层，获得了优质饮水井。开采方式以机井为主，可作为小型居民点取水源。

5.3　风化壳等层间孔隙孔洞水

在玄武岩喷发间歇期形成古风化壳-气孔状玄武岩层或玄武岩夹碎屑岩含水层。根据夹层岩性与地貌差异，富水性极度不均一，水量为 2～150m³/d。开采方式以 100～200m 深机井为主，可作为小型居民点取水源。

5.4　碎屑岩孔隙裂隙水

在玄武岩盖层厚度小于100m 的区域，特别是河谷或断裂穿越区，寻找下伏岩性以砂砾岩为主的孔隙裂隙含水层是快速、准确获得中型以上水源地、解决区内集中供水的可靠途径。如在玻璃彩实施的探采结合井，出水量超过 1000m³/d，可作为乡镇或大型居民点取水源。

6　结　　论

（1）安固里淖内流区玄武岩和侵入岩含水层整体富水性为贫乏-极贫乏，含水层富水性受地貌、岩性、构造、喷发旋回层、古风化壳和下伏碎屑岩层等多因素制约。

（2）受多期喷发的影响，玄武岩含水层有多层性特点；西部三台河区域两期玄武岩间有稳定泥岩隔水层，形成早期承压-半承压含水层和晚期潜水含水层。

（3）安固里淖内流区地下水蓄水构造主要可分为补给径流-侵蚀型、补给径流-接触型、断裂带集水蓄水型、含水岩组蓄水型四种。

（4）通过地下水勘察实例，确定了安固里淖缺水区风化裂隙孔洞水、玄武岩或侵入岩构造裂隙水、风化壳等层间裂隙水、碎屑岩孔隙裂隙水 4 个找水方向。

参 考 文 献

[1] 陈志新，李云峰. 大同市万泉河流域玄武岩地下水开发研究. 地球科学与环境学报，2002，24（3）：23～27
[2] 王志强，王永顺. 沂沭断裂带西侧第三纪玄武岩含水特征. 科技创新与应用，2015，（3）：105～105
[3] 龙凡，韩天成. 赤峰地区玄武岩地下水赋存类型及其地电特征. 水文地质工程地质，2002，29（6）：60～63

［4］ 刘福臣，马祥配，黄怀峰. 山东昌乐玄武岩地下水电性层特征及找水实践. 山东农业大学学报：自然科学版，2008，39（2）：298～300

［5］ Lordon A E D，Agyingi C M，Manga V E，et al. Geo-electrical and borehole investigation of groundwater in some basalts on the south-eastern flank of Mount Cameroon，West Africa. Journal of Water Resource and Protection，2017，09（12）：1526～1546

［6］ 李慧杰，朱庆俊，李伟等. 山东临朐新生代玄武岩地下水赋存规律及电性特征. 南水北调与水利科技，2012，（6）：65～69

［7］ 刘光亚. 基岩蓄水构造. 河北地质大学学报，1978，（1）：19～39

［8］ 杨会峰，张翼龙，孟瑞芳. 河套盆地构造控水研究及地下水系统划分. 干旱区资源与环境，2017，（3）

［9］ 王新峰，宋绵，龚磊等. 赣南缺水区地下水赋存特征及典型蓄水构造模式解析——以兴国县为例. 地球学报，2018，39（05）：64～70

［10］ 潘晓东，梁杏，唐建生等. 黔东北高原斜坡地区4种岩溶地下水系统模式及特点——基于地貌和蓄水构造特征. 地球学报，2015，（1）：85～93

［11］ 刘新号. 基于蓄水构造类型的山区综合找水技术. 水文地质工程地质，2011，38（6）：8～12

豫北新近系泥灰岩与奥陶系石灰岩叠置区地下水勘探方法初探

——以新乡市凤泉区王门村为例

孟利山[1,2]　孙晓明[1,2]　苏永军[1,2]　梁建刚[1,2]　刘宏伟[1,2]

(1. 中国地质调查局天津地质调查中心，天津　300170；

2. 华北地质科技创新中心，天津　300170)

摘要：在豫北广泛分布着新近系泥岩与奥陶系石灰岩叠置的地区，泥灰岩（石灰岩）裂隙岩溶含水层发育不均匀，含水层的富水性受构造影响较大，在这类地区进行找水时应以新近系泥灰岩作为主要供水目的层，经济有效，在水井施工时要兼顾奥陶系含水层，如果新近系含水性较差时，可以继续向下施工，采取奥陶系裂隙岩溶水。在物探方法的选择上应采用高密度电阻率法和激发极化对称四极测深的组合方法，可取得了良好的找水效果。

关键词：新近系泥灰岩　奥陶系石灰岩　叠置区　地下水勘查　新乡市凤泉区

1　引　　言

2010 年 10 月以来，华北黄淮等地降水持续偏少，山东、河南、河北、山西、安徽等冬小麦主产区出现不同程度的旱情。其中河南省大部分地区自 2010 年 9 月 27 日以来，连续 130 多天无有效降水，出现了多年不遇的大旱，到 2011 年 1 月，丘陵山区 20 多万人出现饮水困难[1]。

中国地质调查局天津地质调查中心（简称天津地调中心）在全国国土资源系统抗旱找水打井行动的统一安排下，承担了"淮河流域严重缺水地区地下水勘查"（天津地调中心）项目。根据河南省新乡市凤泉区国土资源分局的推荐，结合当地实际情况选定新乡市凤泉区潞王坟乡王门村作为本次抗旱打井的供水施工靶区之一。

2　研究区概况

2.1　自然地理与缺水状况

新乡市凤泉区位于河南省北部，太行山南麓，华北平原西部。全区面积 115.6km²，总人口 13.9 万。潞王坟乡王门村位于凤泉区西北部与辉县市接壤，属山前倾斜平原区，全村共有人口 2200 人，有耕地 3000 亩，其中小麦面积 1200 亩。

该村共有机井 4 眼，井深 100 ~ 500m，其中三眼机井出水量 30m³/h 左右，另一眼机井每天出水量 40m³ 左右，且水体浑浊，无法饮用；共有大口井 8 眼，井深 15 ~ 30m 不等，受大旱影响现已全部干涸。

2.2　水文地质条件

在王门村附近地区分布的主要含水层为新近系泥灰岩裂隙岩溶含水岩组和奥陶系石灰岩裂隙岩溶含水岩组[2,3]。这两个含水岩组的水文地质条件分述如下：

新近系泥灰岩裂隙岩溶含水岩组：岩层总厚 120 ~ 200m，其中含水层厚度 17.0 ~ 62.9m，含水岩性多为灰白色厚层状泥灰岩，岩层层面不清晰。由于本层岩溶发育的不均匀性，致使富水性亦不均一，一般单井涌水量多为 300 ~ 1000m³/d，水位埋深 7 ~ 14m，水位标高 61 ~ 67m。

奥陶系石灰岩裂隙岩溶含水岩组：在王门村一带为覆盖型岩溶，隐伏于新近系岩层之下，岩溶形态以溶孔、溶隙为主，局部呈蜂窝状，含水层富水性在平面上分布不均。一般单井涌水量 1000m³/d 左右，水位埋深 15.48 ~ 38.93m。

在豫北地区和王门地区类似的新近系泥岩与奥陶系石灰岩叠置地区俗称"双灰岩区"，在这些地区石灰岩（泥灰岩）裂隙岩溶含水岩组的共同特点是：含水岩组受构造影响较大，一般在构造线附近形成强富水带。

2.3　以往找水打井情况介绍

2000 年以来该村施工了 3 眼机井，其中 2010 年施工的一眼机井，井深为 180m，主要取水目的层为新近系泥岩、泥灰岩，成井时涌水量为 80m³/h，可持续抽水 5 ~ 8 小时，但 3 个月后每天只能抽水 30 ~ 40 分钟，且水体中杂质含量较高，达不到生活饮用水卫生标准。

经调查发现当地在打井时，只进行少量的物探工作，且物探仪器较为陈旧，可覆盖范围较小，精度较低。通过对当地水文地质条件的分析认为必须进行较大面积的物探，选择最佳的汇水位置，提高单井涌水量。

3　找水打井勘查示范工程

3.1　找水打井技术方向

通过对现有地质资料的分析，认为王门地区的两组含水层都有含水层、水量分布不均的特点。其中新近系厚120~200m，奥陶系分布于新近系之下，在该地区找水打井时应以新近系应作为主要供水目的层，但是，施工时最好能够兼顾奥陶系含水层，如果新近系含水性较差时，可以继续向下施工，取奥陶系含水层的裂隙岩溶水[4~9]。

多年的实践表明，在利用当地水文地质资料的基础上，通过高密度电阻率法和激发极化法的有机结合[10~12]可以提高定井的速度和成功率，可以为尽快解决旱情争取时间。

采用高密度电阻率法和激发极化法两种方法相结合进行物探找水定井，可以有效地利用两种物探方法的长处，起到事半功倍的效果。这是因为在利用激发极化法找水或确定地层的含水性时，最好与高密度电阻率法或EH-4电导率测深等电法相结合[13~18]，这样可以大大降低解释的多解性，提高找水的成功率。高密度电阻率法在确定高阻或低阻地质体方面具有优越性，但要注意的是低阻地质体并不都代表富含地下水，可能是由于泥岩引起地层电阻率下降。这时，可以通过使用激发极化法来区分含水地层和泥岩（层），因为激电二次场与岩石的孔隙有关，在纯泥岩中极化率比较小，而在含水砂砾岩中极化率比较大，通过激发极化法从而可以排除泥岩（层）的干扰。

3.2　找水靶区的确定

通过对凤泉区地质构造的综合分析，在山前地区分布有山前断裂，该断裂走向近EW，呈弧形分布。对王门村以北的山前地区的进行了野外踏勘，发现在山前断裂附近分布有一系列的NNE、NEE向分支断层。而王门村位于山前断裂的南部地区，由此可以推断在王门一带也应分布有NNE、NEE向分支断层。受这些分支断层的影响，新近系泥灰岩和奥陶系石灰岩一定会有裂隙发育。

3.3　勘探孔孔位确定

通过对王门村地质条件的分析，根据工作区含水层的地球物理特性，参考其他地区的物探找水工作经验，本次地下水勘查在物探方法上主要选择高密度电阻率法和激发极化法。物探剖面的布置应为NNW或NWW向。电性差异是电法应用的必备条件和物性前提，当地地层的物性资料见表1。

表1　新乡地区岩石物性表（电阻率）

岩性	电阻率/Ω·m	岩性	电阻率/Ω·m
黄土	20~100	疏松砂岩	20~50
黏土	1~10	致密砂岩	20~1000
泥岩	5~60	泥灰岩	5~500
页岩	10~100	石灰岩	60~6000
泥质页岩	5~1000	白云岩	50~6000

首先在村西布置了一条高密度电法剖面，共 100 个电极，电极距 10m，剖面总长度 990m。高密度反演电阻率拟断面图上可以将整条剖面分为五部分：第一部分表层的不均匀体，主要是第四系松散层的反映；第二部分 400～530m 范围，深度 7～20m 的高阻体，电阻率大于 20Ω·m，推断为较完整的新近系泥灰岩；第三部分 350～530m 范围，深度 130m 以下的高阻体，电阻率大于 20Ω·m，推断为奥陶系石灰岩古潜山；第四部分 580～740m 范围，75m 以下的低阻体，电阻率小于 10Ω·m，推断为新近系泥岩；第五部分为分布其间的电阻率 10～20Ω·m 的泥灰岩层，该部分为本区的主要含水层（图 1、图 2）。结合成井条件，确定孔位定在 440m 处，井深 140m。

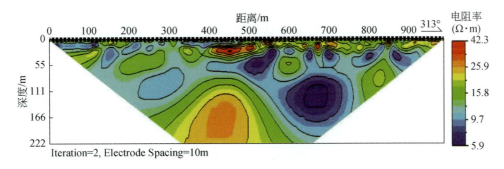

图 1   王门村高密度反演电阻率拟断面图

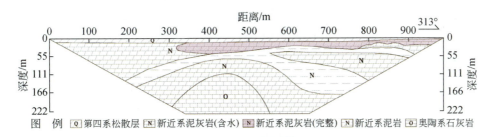

图 2   王门村高密度反演电阻率地质解释剖面图

在预选井位处布置了激电测深，在激电测深曲线（图 3）上 η_s（极化率）在 $AB/2=100$ 到 $AB/2=500$ 范围出现高异常，最大值出现在 $AB/2=200m$ 处，最大值为 5.1%，TH（半衰时）曲线总体异常幅度不大、D（衰减度）曲线异常出现在 $AB/2=100m$ 与 $AB/2=350m$ 之间，即 $D>0.4$ 范围。而 ρ_a（电阻率）整条曲线电阻率小于 60Ω·m，主要在 10～30Ω·m，仅在 $AB/2=15m$ 处出现一个最高值 59Ω·m；在 $AB/2=200$ 到 $AB/2=500$ 区间电阻率表现出相对高阻。

通过对高密度反演电阻率拟断面图和激电测深曲线的综合分析可以确定：在该孔位处 10～135m 处为裂隙岩溶发育的新近系泥灰岩，140m 以下为裂隙岩溶发育的奥陶系石灰岩。在该孔位如果泥灰岩含水层出水量较小时可继续向下施工，开采奥陶系石灰岩裂隙岩溶水。

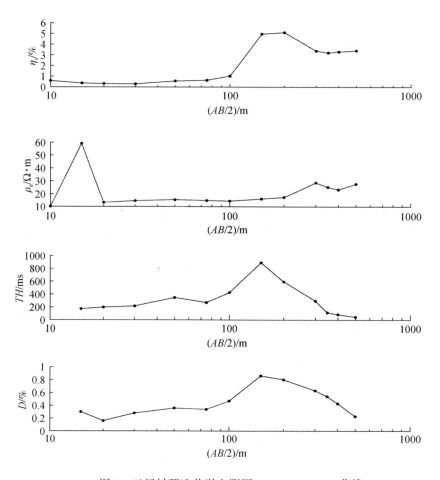

图 3　王门村预选井激电测深 η_s、ρ_a、TH、D 曲线

3.4　勘探孔钻探施工

3.4.1　钻探过程及施工工艺

施工钻机为 SPS-300 型水文钻，采用回转钻进法。钻进至预定孔深后，进行扫孔、破壁、换浆等工作

下管：成井管材均为 Φ245mm×6mm 优质螺旋钢管。

投砾：按照设计要求采用动水投砾，砾料采用 1～3mm 优质石英砂，砾料面高出滤水管 10m。

止水与固井：填砾到位后，按设计进行止水与固井工作，止水与固井材料选用优质红黏土，以人工缓投的方法投放。

洗井：主要采用潜水泵抽水洗井法共进行 9 小时，达到了砂清水净的效果，洗井后进行探孔工作，孔内沉淀物小于 5cm。

3.4.2　钻进过程遇到的问题及解决方法

钻进至 2.5m 时地层变为完整的泥灰岩、泥岩，采用 Φ480mm 组合钻头钻进较为困难，先以 Φ350mm 组合钻头回转钻进，后采用 Φ480mm 组合钻头扩孔。

根据取出的岩心判断该孔 139～140.5m 为奥陶系石灰岩风化层，140.5～140.85m 为完整的奥陶系石灰岩，之下确定为奥陶系古潜山。如果水量较小可能会再次施工，为了防止在再次成井时井壁外所填砾料影响钻进，在沉淀管上缠绕了厚 10cm、宽度 2m 的干海带，利用干海带遇水膨胀的特点防止砾料下移。

3.4.3　钻探结果

终孔深度 141.21m，成井深度 140.85m。0～2.5m 为第四系松散层；2.5～10m 为完整泥灰岩；10～139m 为裂隙岩溶发育的角砾泥灰岩、砂质泥灰岩与泥岩互层；139～140.5m 为奥陶系石灰岩风化层；140.5～140.85m 为完整的奥陶系石灰岩。钻探所见与物探推测结果基本相符。

成井后进行了一个落程的抽水试验工作，抽水延续时间 8 小时，稳定时间 2 小时，恢复水位观测时间 8 小时，抽水前测得静水位埋深为 21.98m，动水位埋深为 66.77m，降深为 44.79m，稳定流量为 69.35m³/h。

4　示范工程总结

在王门村这种有三类地层（第四系、新近系、奥陶系）分布的水文地质条件复杂区进行勘查找水时，可以先选择高密度电阻率法，根据电阻率的不同，区分出各类地层，然后在赋水有利位置开展激发极化对称四极测深，利用极化率、半衰时等参数进一步确认地层的赋水性。

新近系泥岩的电阻率为 5～60Ω·m，裂隙岩溶发育的泥灰岩的电阻率为 10～20Ω·m，因此在这种新近系分布区进行物探工作时应注意仔细区分隔水层——泥岩和含水层——裂隙岩溶发育的泥灰岩。

在豫北地区与奥新近系泥岩、奥陶系石灰岩、灰质白云岩叠置的"双灰岩区"，在进行找水打井时应以新近系应作为主要的供水目的层，可以节约施工成本；但是，施工时最好选择新近系泥岩和奥陶系石灰岩、灰质白云岩岩溶裂隙均发育的有利部位，如果新近系含水性较差时，可以继续向下施工，采取奥陶系含水层的裂隙岩溶水。

参 考 文 献

[1] 中国地质调查局天津地质调查中心.淮河流域严重缺水地区地下水勘查（天津地质调查中心）成果报告.2011

[2] 山西省地质局区域地质测量队.中华人民共和国区域地质调查报告（1：200000 晋城幅、陵川

区接壤。108 国道贯串全乡（河北镇辛庄铁路桥至贾峪口村）达 25km，乡政府所在地黑龙关村距北京城区 63km。工作区行政及交通位置如图 1 所示。

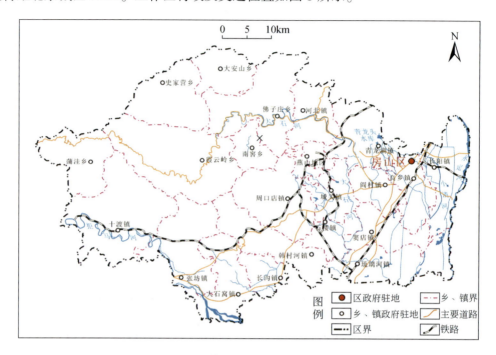

图 1　工作区行政及交通位置图

1.3　地质构造与水文地质条件

黑龙关泉流域处于燕山台褶带西山拗陷的大石河复背斜上，其西北为百花山复向斜，东南为北岭复向斜，地层主要为受到不同程度变质的沉积岩，深成的火成岩很少出露[3]。地表出露的地层主要有蓟县系（Jx）的杨庄组（Jxy）、雾迷山组（Jxw）、洪水庄组（Jxh）和铁岭组（Jxt）；青白口系（Qn）的下马岭组（Qnx）、龙山组（Qnl）和景儿峪组（Qnj）；寒武系（Є）和奥陶系（O）。

大石河背斜断层较多，走向各异，经野外踏勘发现在佛子庄红煤厂附近发育两条近 NE 和 NNE 向的逆断层，地层裂隙发育，因此该处构造裂隙水为找水打井的主要方向。过该钻孔沿北纬 80°方向做地质剖面如图 2 所示。

拒马河与大石河共同控制了地下水由高向低向河中进行径流与排泄。同时地层构造的导水性或阻水性差异控制了地下水补给、径流与排泄条件，使得不同地区、不同岩层的地下水动态、水化学、泉水分布规律和流量动态等均表现出不同特征，具有本身独立的补给、径流和排泄条件，形成相对独立的水文地质单元，研究区岩溶地下水以地质构造单元为基础，划分成 3 个水文地质单元：北岭向斜水文地质单元、大石河背斜水文地质单元、云岭–龙门台复向斜水文地质单元[4]。

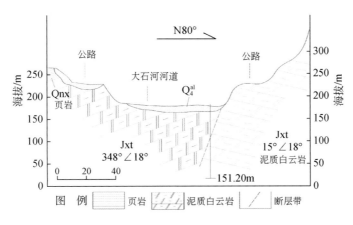

图2　RS-GC-3钻孔地质剖面图

　　该点位于大石河背斜水文地质单元，以大石河背斜北翼为核心，岩溶含水岩组为奥陶系、寒武系、铁岭组和雾迷山组碳酸盐岩，主要分布在大石河流域。

　　黑龙关泉域位于水文地质条件相对独立的大石河背斜水文地质单元。由于大石河背斜不断上升，河谷下切，山岭长年受流水侵蚀，河谷两岸形成较陡的山坡，在坚硬的石灰岩地区常形成悬崖陡壁，在下马岭组千枚岩和中生代碎屑岩分布区常形成稍缓的岸坡。大石河背斜山峰连绵，岩石裸露，地下水能很快接受降雨的补给，但由于河谷深切，地形坡度较陡，降雨集中期常常容易流入河道，形成山洪，流出山区进入平原。山区地下水径流条件好，矿化度低。水化学类型一般属 HCO_3-Ca·Mg 型。

2　找水打井勘查示范工程

2.1　找水打井技术方向

　　根据项目总体设计及北京市 1∶10 万水文地质资料和本次对该区域的野外实际地质踏勘所形成的调查资料，认为该井区在区域上属于大石河背斜轴部，大安山-教军场断裂东侧，地貌上属于大石河河道地带，岩溶裂隙发育，钻孔傍河，具备较好的汇水条件。

　　局部存在一断层，上盘泥质白云岩岩溶发育，属导水含水层，下盘泥质白云岩隔水，总体组合为一储水构造。

2.2　勘查技术路线

　　本研究的指导思想是根据对北京岩溶地区降水入渗补给机制的认识，通过收集资料、野外地质及水文地质踏勘，初步确定选址靶区，在通过物探技术手段核实及确定钻孔场地及位置，随后进行场地协调及钻井施工，最后建立试验站，通过观测记录实验区的降水量、径流量、岩溶水水位等水文和水文地质参数。

2.3　找水靶区确定

本次工作利用电法和地震方法查明黑龙关泉附近岩溶区岩性特征、地质构造及各套岩溶发育情况，确定宜井位置；利用测井方法查明监测孔地层结构、精确划分地层；利用地质雷达方法，查明区域岩溶水补给区第四系厚度，确定地下水蒸发强度。

佛子庄工作区位于 G108 国道与 S320 省道中间的大石河河道内，河内无水，可见大量卵砾石。S320 省道北东侧铁岭组白云岩出露，找水方向为赋存于其中的构造裂隙水，其工程布置见图 3。

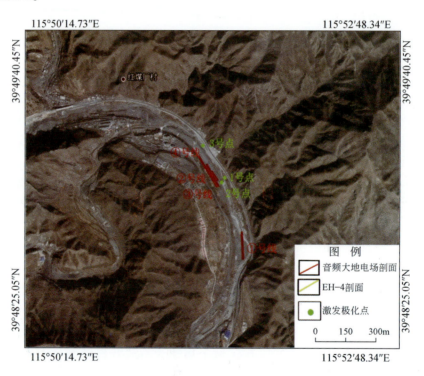

图 3　佛子庄定井物探工程布置图

2.4　勘探孔孔位确定

工区电力线及通讯线密集如网，大地电场曲线重复性差、异常规律性差，因而大地电场曲线无法指示构造存在及平面分布；同样，受强电磁场影响，无法开展音频大地电磁测深工作；受接地条件影响（河道内均为卵砾石，无土层，河床内由于挖砂和大型车辆行驶电极接地非常困难）也无法开展高密度电阻率法工作；因而，在地面调查和地形地貌分析的基础上，选择了两处推测具有构造前景的地点开展电测深工作。

1 号和 2 号测深点位于 S320 省道西南侧的大石河河道内，相距 20m（2 号测点点位于 1 号测深点北），处于发育于 S320 省道北东侧白云岩中的 NE 向小型沟谷的两侧，测深点视电阻率曲线为 H 型，均揭示出第四系厚约 20m，水位埋深约 7m；视电阻率曲线尾支近 45°上升，说明白云岩完整。

3 号测深点位于 2 号测深点北约 100m 的大石河河道内，与 S320 省道北东侧一近 NE 向发育的凹槽相对应，视电阻率曲线亦为 H 型，曲线首支揭示水位之上第四系厚度约 10m，中段低阻代表了水位之下第四系卵砾石层，其厚约 10m；尾支表征了破碎的白云岩，发育深度大于 130m，推测具备成井条件。

井位定于 3 号测深点位置，坐标为：39°49′11″N，115°51′15″E，建议井深 140m。

2.5 勘探孔钻探施工

2.5.1 钻探过程及施工工艺

施工采用 SPJ-300 型汽车钻机，XHP1070 型/30.3 空气压缩机，Φ50mm 高压胶管、Φ89mm 钻杆、Φ250mm 冲击器及 Φ250mm 锤头进行连接；动力机类型为 2135 柴油机，50kW 发电机，钻塔类型为垂直塔。钻进方法采用了空气孔锤钻进，以泡沫作为循环液。该孔于 2013 年 03 月 20 日开孔，2013 年 03 月 28 日终孔，终孔深度 151.20m。

（1）钻孔结构：开孔直径为 Φ350mm，钻至 17.50m 时变径为 Φ220mm 至终孔。

（2）井管安装：0～17.50m 下入 Φ273mm 实管，17.50m 至 151.20m 裸孔成井。

（3）止水：在 17.5m 以上段采用黏土止水。

（4）洗孔：采用空压机洗井，达到水清砂净。

（5）水样采集：抽水结束前在出水管口采集水样简分析和同位素分析各一组。

2.5.2 钻探结果

在钻进过程中对岩屑进行描述，结果如下：

（1）0.00～5.00m 卵石：地表河道处为漂石、卵石，磨圆度次圆，分选很差。

（2）5.00～10.00m 卵砾石：地表剖面处颗粒在 2cm 左右，磨圆度次棱。

（3）10.00～15.00m 砾石：岩屑灰白色、杂色为主，棱角状，泥质胶结。

（4）15.00～18.00m 砾石：岩屑呈土黄色，棱角状，泥质胶结，成分为石英、长石。

（5）18.00～29.00m 白云岩：岩屑呈灰白色，薄片状，硬度低，砂质胶结。

（6）29.00～35.00m 泥质白云岩：浅灰色中层灰质白云岩，硬度低。

（7）35.00～54.00m 泥质白云岩：厚层青灰色泥质白云岩，较破碎。

（8）54.00～103.00m 白云质灰岩：浅灰色白云质灰岩，夹硅质碎片。

（9）103.00～151.20m 石灰岩：浅灰色厚层石灰岩，较完整。

2.5.3　抽水试验及参数计算结果

抽水试验：抽水试验采用 QJ-150 型潜水泵，采用稳定流一次降深抽水，自 2013 年 4 月 1 日 9 时 37 分开始，至 4 月 1 日 15 时 37 分结束，稳定 6 小时。降深为 4.31m，涌水量为 37.0m³/h。停抽后随测恢复水位，恢复后静止水位埋深度 17.47m。

抽水结束前在出水管口采集水样简分析和同位素分析各一组，根据本次水样分析结果，地下水 TDS 值为 309mg/L，碳酸氢根为 220mg/L，钙离子为 56.8mg/L，偏硅酸为 11.40mg/L，锶离子为 0.082mg/L，pH 为 8.2，呈弱碱性，水化学类型为 HCO_3-Ca 型。外观澄清透明，色度 0，浑浊度 0，臭和味为无。

3　示范工程总结

该孔前期收集资料、野外踏勘充分，结合物探结果定井成功。该孔基本按设计施工，孔深、孔径、孔斜等指标满足设计要求，井管安装、止水、洗井等符合监测井成井规范要求，抽水试验按规范要求进行。本次施工钻孔成井质量良好、水质监测层位完全满足设计要求。

参 考 文 献

[1] 刘再华. 岩溶作用及其碳汇强度计算的"入渗-平衡化学法"——兼论水化学径流法和溶蚀试片法. 中国岩溶, 2011, 30 (4): 379~382

[2] 申豪勇, 梁永平, 唐春雷等. 应用氯量平衡法估算娘子关泉域典型岩溶区的降水入渗系数. 水文地质工程地质, 2018, 45 (06): 37~41

[3] 赵春红, 李强, 王维泰等. 北京西山黑龙关泉域岩溶水系统边界与水文地质性质. 地球科学进展, 2014, 29 (3): 412~419

[4] 唐春雷, 王桃良, 王维泰等. 极端降水条件下北京西山黑龙关泉响应研究. 水文, 2016, 36 (6): 70~75

顺平县典型缺水区地下水勘查案例研究

马 涛 韩双宝 孟顺祥 李甫成 卢 放

（中国地质调查局水文地质环境地质调查中心，保定 071051）

摘要： 顺平县地下水资源存在区域性供给紧缺问题，宁家庄村为缺水村庄的典型代表。该村所在区域属褶皱−单斜式蓄水构造，结合水文地质调查、物理勘探分析等手段进行地下水勘查研究，确定找水靶区并在宁家庄村成功钻得自流井一眼，有效解决了当地的用水问题。

关键词： 顺平县 宁家庄村 蓄水构造 地下水勘查 自流井

1 引 言

顺平县存在长期缺水局面，人均水资源量低于全国平均水平。县域水资源供给主要依靠开采地下水，供水结构单一，地下水超采问题凸显；顺平县基岩区存在明显的富水性差异，部分地区水资源供给问题严重。宁家庄村是该县缺水村的典型代表，该村饮用水源多为第四系松散岩孔隙水，存在枯水期饮水量不足，饮用水安全风险较大等问题。

2018 年，燕山−太行山连片扶贫区 1∶5 万水文地质调查项目于顺平县开展水文地质调查与扶贫找水工作，在水文地质调查工作基础上，结合地质勘查、遥感解译、物探勘查及水文地质钻探等多种手段，在顺平县进行勘查找水，确定位置靶区实施探采结合井，有效保障当地饮水用水需求，为顺平县水资源相关工作提供参考和支撑[1]。

2 研究区概况

2.1 自然地理与缺水状况

顺平县位于河北省中部保定市西部，地处太行山东麓，华北平原西部。地势西北高，东南低，分中低山、丘陵、平原三种地貌。宁家庄村位于顺平县北部，地处唐河与界河地表分水岭，属东部季风暖温带半干旱大陆性气候，四季分明。2017 年全年降水量为487.6mm，其中 8～10 月降水量为 211.8mm，汛期平均降水 258.4 毫 mm。

宁家庄村全村共 377 户、1075 人，目前村庄饮用水井位于距离村庄较远的北沟，每天定时供水 1 小时，村民用水窖存水，旱季供水能力不足，饮用水短缺，饮水水质安全无保障，用水困难问题经多方努力未得到有效解决。

向为主，结合地表地势分析，该区域地势北高南低，大气降水随地势及裂隙汇聚向南侧排泄。故推测该村南侧的南北向沟谷中有地下水强径流带，为此次找水靶区。

为进一步确定断裂发育部位，选择典型剖面进行物探勘查。选取横切沟谷方向的物探剖面线 AA′（测线方位角为121°）和剖面线 BB′（测线方位角为77°）进行联合剖面法物探测量，根据探测结果绘制联合剖面勘查成果图（图2、图3）。图2、图3显示，两次测

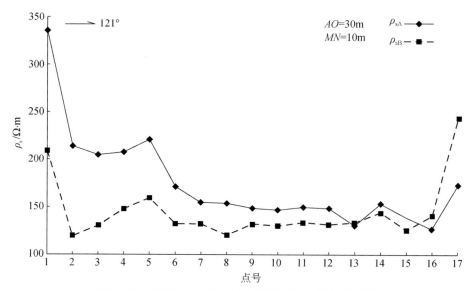

图2 顺平县宁家庄村联合剖面法剖面 AA′ 勘查成果图

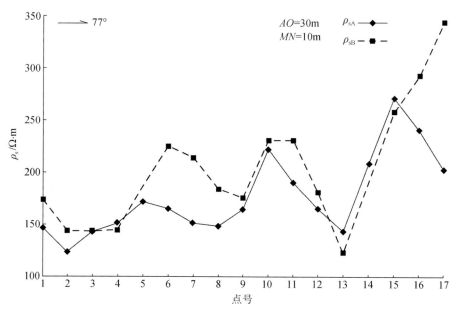

图3 顺平县宁家庄村联合剖面法剖面 BB′ 勘查成果图

量结果均分别在测线 13 号测点及测线 15 号、16 号测点之间呈现低阻交点形态，推断为断裂带位置，且推测断层北倾，预判钻穿第四系及青白口系隔水岩层后即可钻入雾迷山组白云岩破碎带中，从而探得裂隙岩溶承压水为目标水层。

综合以上分析，最终在测线 15 号、16 号测点之间布置钻孔，该井位是勘测区的最优位置。

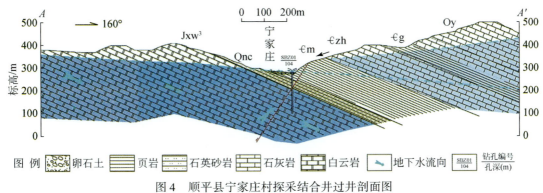

图 4　顺平县宁家庄村探采结合井过井剖面图

3.3　钻探施工

3.3.1　钻探工艺及施工过程

钻探工艺采用古泉 WTD-L500 型潜孔锤钻进。

钻孔开孔 273mm，浅部松散层及基岩严重破碎带采用潜孔锤跟管钻进，套管直径 273mm，根据实际岩心情况下入 9m 实心套管，9～104m 变径为 235mm，裸孔一径到底。

采用空压机洗井，洗井时间 1 小时，水井自流，水清，无需水泵抽水洗井。

3.3.2　钻探结果

钻孔揭露第四系为黏土、河卵石层，厚 7.35m；7.35～76.75m 为青白口系长龙山组石英砂岩、含砾砂岩及燧石角砾岩；76.75～104m 主要为蓟县系雾迷山组硅质白云岩，裂隙岩溶较为发育。测得静水位高出地面 14.05m。

3.3.3　抽水试验及水质分析

该井采用单孔稳定流抽水试验，采用三角堰箱法测定流量。对该井岩溶裂隙含水层进行了单层降深抽水试验。抽水试验段 9～104m，为承压含水层。抽水设备为 45kW 潜水泵，泵下 42m。抽水稳定时间 600min，水位降深 18.07m，单位涌水量为 1.89L/(s·m)，渗透系数 K 值为 5.1m/d。

水样测试结果显示：该井 pH 为 7.77，地下水总硬度为 282.67mg/L，矿化度为 282.34mg/L，水质良好。

4　示范工程总结

4.1　认识与体会

（1）准确掌握和辨别蓄水构造类型是基岩山区找水工作的理论工作基础，本文归纳了顺平县基岩山区地下水蓄水构造类型，并详细介绍了单斜式蓄水构造典型实例——宁家庄村自流井定井过程，为下一步在区域开展找水探水工作提供了准确的技术参考。

（2）多方法勘查手段在基岩山区找水中发挥着重要作用，遥感解译、物探测量及钻探工作与水文地质的有效配合大大提到基岩山区找水效率和成功率。

4.2　社会效益

该探采结合井有效的解决了宁家庄村1075人吃水用水困难问题，为该村脱贫攻坚工作提供坚实助力，产生了显著的社会效益。

参 考 文 献

[1] 中国地质调查局水文地质环境地质调查中心. 燕山–太行山连片扶贫区1∶5万水文地质调查成果报告. 2019
[2] 陈望和. 河北地下水. 北京：地震出版社. 1999
[3] 中国地质调查局水文地质环境地质调查中心. 华北地方病严重区地下水勘查及供水安全示范成果报告. 2014
[4] 刘光亚. 基岩地下水. 北京：地质出版社. 1979
[5] 钱学溥. 中国蓄水构造类型. 北京：科学出版社. 1990

山西省长治市平顺县虹梯关探采
结合井示范工程

任建会　　郝小栋

（山西省地质调查院，太原　030006）

摘要： 平顺县处于太行山中南部，是山西严重缺水的地区之一。本次在基本查明勘查区地下岩水溶水文地质条件、岩溶发育规律及分布特征的基础上，结合地球物理勘察方法，成功在该区定井，且水量要比预期效果要好。成功解决了严重缺水虹梯关村庄的生活饮用水问题。通过区域水文地质调查，基本查明了勘查区地下岩水溶水文地质条件、岩溶发育规律及分布特征；岩溶水开发利用现状、开发利用条件及开发利用方式；岩溶水化学特征及地下水质量。

关键词： 找水靶区确定　分析对比　成果经验

1　引　　言

山西省干旱始于 2010 年 11 月，至 2011 年 5 月仍在持续，干旱级别为特大干旱，山西南部旱情最为严重。据山西省政府 2010 年 3 月公布的旱情报告，2010 年 11 月至 2011 年 2 月山西累计平均降水量仅 2.1mm，山西受旱面积已达到 2478 万亩，其中冬小麦受旱面积达到 656 万亩，占到播种面积的 60%，重旱面积 257 万亩。山西省防汛抗旱指挥部发布了干旱黄色预警。为此，中国地质调查局中国地质科学院水文地质环境地质研究所紧急启动"严重缺水地区地下水勘查"项目，项目承担单位山西省地质勘查局。工作区域主要在山西南部，分为运城、长治和晋城三个重点区域。本次施工钻孔为 2011 年山西地质勘查局在长治市平顺县开展的地下水勘查与供水安全示范工程之一。

2　区域地质环境条件概述

2.1　自然地理

平顺县属长治市所管辖，位于山西省东南部，太行山中南部（图 1）。境内属温带半湿润大陆性气候，四季分明，春季温暖，夏季炎热多雨，秋季凉爽宜人，冬季寒冷，昼夜温差较大。多年平均气温为 9℃，1 月最冷，平均气温为-5.8℃，7 月最热，平均气温为 22.6℃。多年平均降水量为 577.8mm。

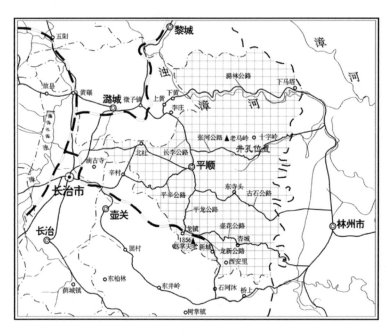

图 1　平顺县交通位置图

2.2　地形地貌

平顺县地处太行山中南部，境内峰峦起伏，山高坡陡，整个地势东南高而西北低；东南和中部诸峰，海拔均在 1600m 以上，其中东南的凤子岭海拔为 1867m，是全县最高点，其次是中部的赵掌尖老，海拔为 1855m；东部与河南交界沿线全系悬崖绝壁，交通极不方便，关隘要道有凤门洞、井圪洞等；西部、北部山峰相对较低，海拔在 1000 ~ 1400m 左右。东北部马塔村浊漳河出境口最低，海拔约 380m。境内地貌类型分为：溶蚀侵蚀中山、溶蚀侵蚀低中山、黄土覆盖低中山及河谷区。

2.3　地层岩性

平顺县境内自东向西、由老到新出露地层有太古宇赞皇群，元古宇长城系，古生界寒武系、奥陶系、石炭系，燕山期岩浆岩及新生界第四系，境内地层以奥陶系和寒武系为主，赞皇群和石炭系仅零星分布，长城系分部面积也不大，第四系主要覆盖在西部。

2.4　地质构造及岩浆岩

平顺县大地构造位于山西断隆东南缘、太行断拱南段中轴偏西部位，总体看为一向西缓倾的单斜，倾角一般小于 10° 由东往西地层时代由老到新展布。晋获褶断带呈 NNE 向，从长治经本县西缘（县境西部最突出部位的边缘）通过，本县境内断裂构造不甚发育，有两条近 SN 向大致平行的构造隆起–岩浆岩带从中部通过。这些地质构造现象是由于中生代燕山期构造–岩浆活动的结果。

本区岩浆活动受 SN 向构造和 NNE 构造复合构造的控制。以中性为主的岩浆岩带呈两条狭长条带赋存于中奥陶统中。其底板平铺于产状平缓的下奥陶统白云岩之上，顶面呈凹凸不平的穹窿状，部分产于向斜中的岩体呈盆状。总体上呈中部厚大（最厚达 600m）两侧频繁分叉的似层状形态。岩性以角闪闪长岩类为主，闪长岩、角闪岩次之。

2.5 工作区水文地质条件

根据含水介质的岩性、地下水赋存条件及水力特征，工作区地下水含水岩组主要为碳酸岩类裂隙岩溶水、变质岩类裂隙孔隙水两种类型。

1）碳酸岩类裂隙岩溶水

区内地下水类型主要为碳酸盐岩类岩溶裂隙水。由于该区地面标高较高，地下水埋深较大，主要的含水岩组张夏组在地下水水位以上，为透水而不含水层，含水层为中寒武统徐庄组薄层石灰岩，富水性弱，水质较差。该岩系含水层水位标高在 1200~1300m 左右，埋深在 520~530m 左右，单井出水量在 120m³/d 左右。水化学类型为 SO_4–Ca 型，矿化度为 0.86g/L，水温为 14℃。该区为辛安泉岩溶水系统的补给区，地下水由东向西径流，地下水补给条件较差。

2）变质岩类裂隙孔隙水

该区变质岩主要分布于虹梯关镇东部地区，出露面积较小，风化裂隙含水层，岩性从上到下为长城系粉砂质页岩、砂质页岩和细粒石英砂岩等，薄层状–块状构造。节理裂隙不发育，富水性极差，为极弱透水层或相对隔水层。

中部裂隙–岩溶含水层，岩性主要为石英砂岩、泥质白云岩、燧石条带白云岩及硅质白云岩等相间产出，受构造和风化作用的双重影响，风化裂隙和构造裂隙–岩溶发育，溶孔一般 Φ 0.5~4mm。受褶皱构造控制，致使该含水带具有明显的垂直分带性，在垂直剖面上分成两个带，上部为弱富水带，富水性及导水性差。下部为富水带，富水性、导水性较强。

3 找水打井勘查示范工程

3.1 找水打井技术方向

本文以解决平顺县严重缺水地区人畜饮用水困难为主要目的，项目选址是在充分考虑当地政府的积极要求，充分收集、分析前期地质、水文地质资料、缺水状况、水文地质条件的前提下，通过水文地质调查与物探综合方法定井等手段最终选定井位，随后进行水文

SO_4^{2-} 含量为 593mg/L，总硬度为 853mg/L（$CaCO_3$ 硬度），水温为 14℃，其水质 SO_4^{2-} 和总硬度超标，需进行处理方能饮用。

4　示范工程总结

4.1　技术总结

通过区域水文地质调查，基本查明了勘查区地下岩水溶水文地质条件、岩溶发育规律及分布特征；岩溶水开发利用现状、开发利用条件及开发利用方式；岩溶水化学特征及地下水质量。

在水文地质调查的基础上，对勘查区水文地质条件相对好一些的地段结合相应的地球物理勘察方法，并通过水文地质、物探专家的综合论证，最终选择在虹梯关一带定井位。

本水井位置在辛安泉域补给区，也是地下水分水岭的左侧，位于火成岩侵入体隔水断面的西侧，地下水位、水量都不是很理性，定井难度较大，但是在经过调查研究，并结合地球物理勘查手段成功在该区定井，且水量要比预期效果要好。水质没有预期的好，但是稍作处理方可引用，由此可以印证在不可能出水的地区，通过水文地质调查与物探综合方法定井是勘查工作成功的也是必要条件的。

4.2　社会效益

在勘查区水文地质调查和工程实施方案论证的基础上，结合地方的需求和支持，选择典型缺水地区开展了地下水开发示范工程，取得了显著的社会经济效益。

平顺县虹梯关镇虹梯关村中探采井井深为 634.67m。水位埋深为 520.0m，单井出水量为 120m³/d，解决了虹梯关村 600 余人的饮水问题。

山东岩溶贫水区构造裂隙水勘查研究

——以沂南县松林村抗旱打井为例

朱恒华　王　玮　刘治政　徐　华　刘柏含　周　洋

（山东省地质调查院，济南　250014）

摘要： 在岩溶贫水区寻找富水构造时，可以利用水文地质调查与物探勘查相结合的方法，在系统开展地质调查、水文地质调查的基础上，分析找水区水文地质条件，推测可能存在的断裂蓄水构造位置，确定找水靶区，结合物探手段解译断层性质、产状、富水性特征并确定施工。通过分析典型的断层富水构造特征，在沂南县松林村贫水山区成功实施了一眼构造裂隙水勘查示范井，解决了当地紧迫的缺水问题。

关键词： 富水构造　物探勘查　潜孔锤钻进

1　引　　言

贫水山区是由其所处位置的地质–水文地质条件决定的，一般处于地下水的补给、径流区[1]。地下水不丰富，但并不是无水可取，关键是如何选取取水地点，根据地质、水文地质条件选取相对的地下水富集地段[2]。地下水开采井位的确定多数采用物探方法为主，并结合水文地质调查，已有文献多数为成功案例，通过成功的钻孔案例分析总结了适用的物探方法[3]。在岩溶贫水山区实际找水定井过程中，应充分考虑山区地形起伏大、村庄电磁干扰强等因素，合理运用直流电法进行勘探，是岩溶山区寻找地下水资源最快捷有效的手段[4]。

2010～2011年冬春季，山东省粮食主产区持续干旱，临沂地区更成为旱情最为严重的重灾区之一。据水文部门统计，2011年春季临沂旱情达到特大旱等级，为200年一遇。干旱导致39.3万人饮水困难，受水源减少、水位下降、泉水断流等影响，全市有8.04万人因旱出现临时性饮水困难。

山东省地质调查院作为山东省自然资源厅技术支撑单位在临沂地区开展了抗旱找水打井工作，通过分析沂南县松林村典型张扭性断层富水构造特征，为抗旱打井工作提供了经验和参考。

1.1　地质构造条件

沂南县松林村及周边区域出露的地层主要为第四系临沂组和寒武系（图1），岩浆岩发育一般，松林村北部2.5km断裂处为于山岩体中细斑二长花岗斑岩。水井点位处大面积出露寒武系张夏组二段（$\mathbb{C}_2z^2$），底部黄绿色页岩夹泥灰岩透镜体，含燧石结核、薄层石灰岩，倾向 SSW，倾角 8°左右。水井点位处发育一 NWW-SEE 向断层，为该井主要富水构造。

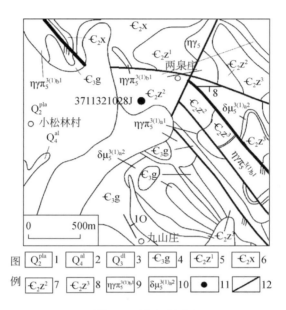

图 1　区域地质图

1. 第四系中更新统；2. 第四系全新统；3. 第四系上更新统；4. 寒武系崮山组；5. 寒武系张夏组一段；6. 寒武系徐庄组；7. 寒武系张夏组二段；8. 寒武系张夏组三段；9. 二长花岗斑岩；10. 石英闪长玢岩；11. 井位；12. 断层

1.2　水文地质概况

　　该区岩溶不甚发育，整体属于贫水区（图 2），从区域上看，该井所处位置基岩地层由寒武系和燕山晚期侵入岩组成，是一纵横交错压扭性断裂带控制的贫水区水文地质单元。该区脆性碳酸盐岩被断裂错动的部位，往往较为破碎，并伴随一定的岩溶发育，为地下水赋存提供了空间，是相对富水地段。综上，该处地下水类型为碎屑岩类构造裂隙水，对应含水层为寒武系破碎的石灰岩含水层，该井所处位置位于地下水运移径流区。

2　找水打井勘查示范

2.1　找水打井技术方向

　　断层蓄水构造是工作区成功出水水井最普遍的蓄水构造。在断裂发育的石灰岩地层

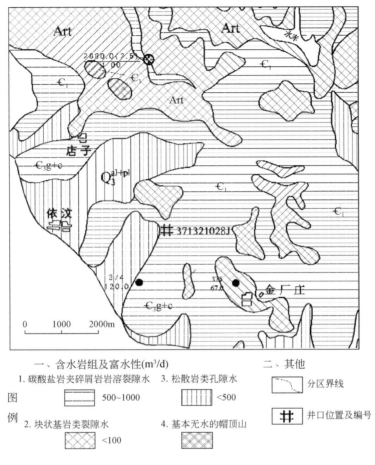

图2　区域水文地质图

中，脆性碳酸盐岩往往被断裂错动，根据断裂规模的大小形成规模不一的地下水赋存空间。该类型含水层为非均质各向异性含水层，所赋存的地下水多为承压水。补给、径流、排泄多沿断裂发育方向。

松林村371321028J号水井即为一典型的由断层蓄水构造控制的供水井，该水井和附近已施工的两眼水井均位于一 NW–SE 向展布的张性断裂上，断层倾向 SW，倾角40°。

已施工两眼水井是 20 世纪 80～90 年代中德合作粮援项目产物，之前曾作为该村自来水井及农灌水井，其中一号水井涌水量可达 50m³/h，二号水井涌水量达到了 20m³/h。本次施工的 371321028J 号水井涌水量则可达 37m³/h，三个水井均处于断层的上盘位置，充分证明该断层是一条富水性佳的导水断裂。松林村 371321028J 号水井施工钻进至 80m 处时，岩层变得极其破碎，钻遇断层主断面，涌水量突增。

因此，断层蓄水构造是工作区最主要的蓄水构造之一，是岩溶贫水区找水具有良好前景的勘查方向之一。

2.2　找水靶区和勘探孔孔位确定

岩溶地区找水技术方法较多，研究较为深入[5~7]。本次找水靶区的确定是在开展详细的地质调查、水文地质调查的前提下，分析工作区的水文地质条件，结合物探工作，圈定断裂构造位置，解译出断层性质、产状、富水性特征，从而有的放矢的布设靶区。

工作部署地位于沂南县依汶镇松林村。松林村地势东北高西南低，为山间沟谷地带，地势低洼，汇水条件好。本次物探工作布设一条联合剖面，剖面长度为 340m，剖面方向为 22°，点距为 20m，采用 $AO = 70m$、$MN = 20m$ 和 $AO = 130m$、$MN = 20m$ 两种极距进行施测，测量结果见图3、图4。

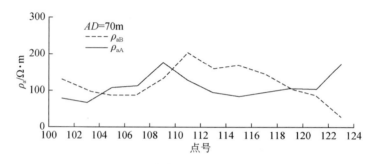

图3　松林村 I 线联合剖面曲线图（$AO = 70m$）

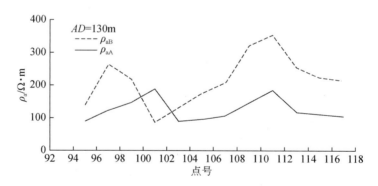

图4　松林村 I 线联合剖面曲线图（$AO = 130m$）

剖面所在位置地层分布为：断裂北盘（下盘）为张夏组一段，岩性为厚层鲕状灰岩，电阻率较高，一般为 $n×100\Omega·m$，南盘（上盘）为张夏组二段，岩性为黄绿色页岩夹泥质灰岩，电阻率较低，一般小于 $100\Omega·m$。地下淡水的电阻率一般为 $n×10\Omega·m$，岩溶水的电阻率仅为 $10\sim30\Omega·m$，当断裂中含水丰富时，会使电阻率降低而形成明显的低阻带，反映在联合剖面上往往会出现正交点。

从图3、图4可以看出：$AO = 70m$ 时在 110 号点附近出现正交点，$AO = 130m$ 时在 102.5 号点附近出现正交点，而且 ρ_{aA}、ρ_{aB} 曲线分离较好，低阻特征明显，推断为断裂引起。根据大、小极距联剖正交点的位置推断，该断裂倾向南，倾角为30°~40°。

从联剖曲线可以看出：103~107号点附近出现明显的低阻异常，且大极距低阻特征较小极距明显，推断其深部断裂宽度较大，岩石较破碎，是很好的富水断裂。

考虑到地形、交通等因素，最终确定井位在103.5号点上，推断断裂发育深度在80m左右，含水层位置在80~100m。该断裂为张夏组一、二段的分界断裂，上盘为二段，下盘为一段。

3 钻孔实施

3.1 钻探过程及施工工艺

传统的成井方式具有工期长，对水源要求较高的缺点。鉴于当时抗旱形势严峻，因此采用了空气潜孔锤钻进技术。

空气潜孔锤钻进是属于空气钻进技术的一个分支。钻进所需要的设备及机具有：钻机、空气压缩机、供风管路、钻杆、潜孔冲击器、钻头等。连接的方式如图5所示。

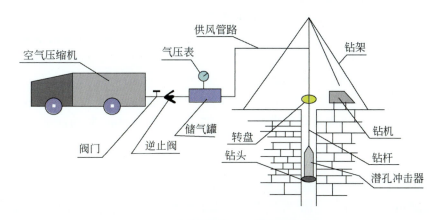

图5 空气潜孔锤钻进设备连接示意图

由于空气潜孔锤钻进是以空气为介质的一种钻进方法，因而能有效地解决在干旱缺水供水困难地区拉水打钻成本高、效率低、施工时间长的问题。潜孔锤钻进是目前提高基岩水文水井钻探效率最有效的方法之一。

其主要特点是：

（1）效率高、成本低。

钻进硬岩效率高，回转速度低，扭矩小、钻压小，钻头寿命长，不易堵塞含水层，排粉速度快，孔内清洁，完井后不用再洗井，有防斜作用，钻探成本低。

（2）根据钻探过程中上返的水量可以大概确定涌水量。

使用空气潜孔锤钻进过程中，对于地下水含水层的出现是十分敏感的。由于钻进使用空气介质，因此在钻遇含水层时，会将地下水吹至地表。持续钻进则地下水在井孔实际涌水量范围内持续喷涌。因此，在地面井孔处挖出渠道，采用三角堰法，可以比较准确地估算单井实际涌水量。经实践表明，这种方法对于后期水泵安装具有很好的参考意义。

3.2　钻探结果

根据物探结果确定孔位后，钻探工作于 2011 年 2 月 16 日 8 时开始，2011 年 2 月 18 日 9 时结束。从钻探成果看，0 ~ 5.2m 为棕黄色、黄棕色粉质黏土、黏土；5.2 ~ 6.2m 为薄层状黄绿色页岩、泥质页岩、粉砂质页岩，较破碎；6.2 ~ 80m 为灰色厚层状鲕状灰岩夹白云质、泥质鲕状灰岩，20m 以下岩心较破碎，80m 处极其破碎。

钻孔开孔直径 219mm，终孔直径 203mm，终孔深度 80m，共下钢制优质套管 6m，主要含水层为寒武系张夏组一段，涌水量 37m³/h，静水位埋深 12.27m，持续抽水 4 小时最大降深 3.92m。

3.3　抽水试验及参数计算结果

钻探结束后进行了非稳定流抽水试验，观测水位的同时，进行水量、水温及气温的观测。水文地质参数求取采用承压完整井非稳定流模型，依照泰斯公式进行参数计算。求得井位处沿补给方向的导水系数为 135.5m²/d。含水层顶板埋深为 76m，底板埋深为 80m，含水层厚度为 4m，渗透系数 $K = 33.9$m/d。

根据求取的水文地质参数及泰斯公式推算，在持续抽水 200 天时的降深 $S = 9.48$m。此时水位埋深为 21.75m，距离水泵距离仍有 26.25m，因此，37m³/h 的涌水量是有保证的。根据降深及水量计算结果，建议该水井选用扬程为 70m 左右，额定流量 32m³/h 的水泵，下至 70m 左右为佳。

成井出水并充分洗井后，抽水试验末期对该井进行了水样采集。根据《生活饮用水卫生标准》（GB5749-2006），套用"小型集中式供水和分散式供水部分水质指标及限值"，该井水质属于优质饮用水源，符合生活饮用水水质标准。

根据《农田灌溉水质标准》（GB5084-2005），该井水水质符合农田灌溉用水水质标准，为优质农灌水源。

4　结　　语

空气潜孔锤钻进是目前提高基岩水井钻探效率最有效的方法之一。建议在形势严峻、时间紧迫的抗旱条件下，采用空气潜孔锤钻进技术实施钻探。

松林村张夏组一段厚层鲕状灰岩脆性较好，在张扭性断裂处破碎严重，易形成良好的地下水径流通道和富水构造，另外张夏组鲕状灰岩的鲕粒成分以结晶方解石为主，多沿鲕粒溶蚀成孔，鲕粒密集部位常形成蜂窝状溶孔，使地下水连通性较好。因此，在以下寒武系为目标含水层找水定井过程中，通过对地质条件、水文地质条件进行分析，寻找富水的断层蓄水构造，合理运用直流电法进行勘探，是这类地区寻找张扭性断裂构造裂隙水的重要方法。

参 考 文 献

［1］ 沈照理，刘光亚，杨成田等．水文地质学．北京：科学出版社，1985

［2］ 彭玉明．沂南县贫水山区找水定井技术研究．山东国土资源，2012，28（01）：34～38

［3］ 张贵，周翠琼，王波，顾维芳，戴文敏，张文鋆．滇东南岩溶区找水打井经验——以云南省广南县珠琳地区为例．中国岩溶，2017，36（05）：626～632

［4］ 何帅，张德全，张德实，沈小庆，陈治安．直流电法在黔东山区抗旱打井中的应用．工程地球物理学报，2015，12（04）：463～467

［5］ 何纯田．黔西地区基于抗旱找水的打井技术方法分析．地下水，2014，36（06）：162～163

［6］ 张贵，周翠琼，王波，顾维芳，戴文敏，张文鋆．滇东南岩溶区找水打井经验——以云南省广南县珠琳地区为例．中国岩溶，2017，36（05）：626～632

［7］ 黄国民，李世平，陶毅，杨承丰，曾庆仕．广西碎屑岩地区电法找水实例．物探与化探，2019，43（01）：77～83

山东省沂源县鲁村断陷盆地北缘构造接触带找水实例

王新峰　李　伟　朱庆俊　刘元晴　吕　琳　曹　红　邓启军

（中国地质调查局水文地质环境地质调查中心，保定　071051）

摘要：处于鲁村断陷盆地北缘、古近系与花岗岩接触带的沂源县鲁村镇北官庄，是沂源县严重缺水区之一。近年来，随着工农业发展，浅层地下水水质持续劣化，集中供水水源又严重不足，广大群众深为焦虑。2015 年，受鲁村镇政府请求，中国地质调查局水文地质环境地质调查中心部署实施了北官庄地下水勘查工作，实施探采结合井 1 眼，涌水量 120m^3/d，成功解决了北官庄 1570 余人饮水问题。

关键词：沂源县　断陷盆地　花岗岩接触带　缺水区

1　引　　言

1.1　自然地理及缺水状况

北官庄村北距鲁村镇政府驻地约 2km，位于鲁村盆地的北部边缘，南部为平坦开阔的鲁村盆地，北部属构造剥蚀低山丘陵。丘陵山坡平缓，多小于 20°，近 SN 向的冲沟发育。北官庄村高程 340～350m（图 1）。

图 1　北官庄交通位置图

　　工作区属暖温带、半湿润季风区大陆性气候，四季分明，光照充足，春季风大雨少，夏季湿热多雨，秋季天高气爽，冬季寒冷干燥。据沂源县气象局资料，全县多年平均气温11.9℃，月平均气温最高在 7 月为 25.2℃，最低在 1 月平均为 -3.7℃，历年最高气温38.8℃，最低气温 -21.4℃，无霜期 189 天，最大冻层深度 0.5m；平均日照时数 2660.6 小时，太阳辐射量 125.8kcal/cm²，光能资源居全省之首，处在发展林果业的最佳部位；主导风向为西风，频率 35% 以上，多年平均风速 2.34m/s。

　　北官庄人口 1571 人，耕地 1500 亩，果树 200 亩，大牲畜 300 头。在村北花岗岩区沟谷内有一流量约 0.6L/s 下降泉，供村民饮用，无灌溉水源，农业靠天收。旱季时，泉水流量减少，村民吃水困难。为解决全村安全饮水问题，曾于村北打一眼 120m 深井，施工后干孔，未能解决问题。

1.2　地质构造与水文地质条件

1.2.1　地质概况

　　本区位于郯庐以西约 50km，华北地台东部的鲁西地块的北部，属三级构造单元的泰沂隆起区。北官庄村位于鲁村新生代断陷盆地的北缘，北部为鲁山基底凸起。区域褶皱构造不发育，但断裂构造极其发育（图 2）。

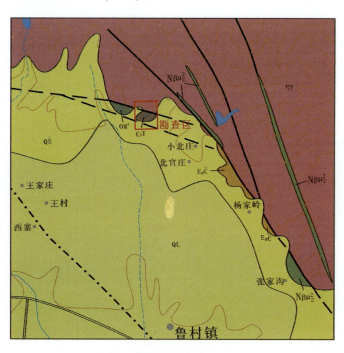

图 2　北官庄区域地质构造图

近 EW 向的高峪-北官庄断裂于村庄北部通过：断裂长 4.5km，平均宽 5m，走向 100°，断面南倾，倾角约 80°。断裂为鲁村盆地北缘断裂，南盘为盖层，北盘为基底，破碎带内有古生代地层残片。资料显示该断裂性质为张性，但从钻孔资料，断层带物质挤压作用明显，应是多期活动作用的结果。

高峪-北官庄断裂为界，以北为古元古代傲徕山超单元，南面为奥陶系和石炭系。

1）傲徕山超单元松山单元

北部大范围分布，岩性主要为中粒二长花岗岩，呈肉红色，中粒花岗岩变晶结构，块状构造。主要矿物成分包括斜长石、微斜长石、石英和黑云母。岩石普遍遭受变形变质改造，变质程度低角闪岩相。

2）上石炭统太原组（C_1t）

于村庄西北部小范围出露。该组为海陆交互相含煤沉积，岩性主要为粉砂岩、泥质粉砂岩、黏土岩，夹石灰岩和煤层、煤线，与下伏本溪组整合接触。

3）马家沟组东黄山段（Om）

黄色薄层泥质白云岩、角砾白云岩。厚度为 63m。

4）古近系常路组（Ec）

局部露头。岩性为砖红色泥岩、粉砂岩，灰紫色粗砂岩和复成分砾岩，砾石成分以石灰岩为主，次为花岗岩、石英岩、石炭纪的泥岩及硅质岩。

5）第四系山前组（Qs）

分布于盆地与山地交界部位，厚度变化大，一般小于 10m。岩性为土黄、棕黄色砂黏土质粉砂，常混有砾级物，砾石磨圆、分选都很差。

1.2.2　水文地质条件

以高峪-北官庄断裂为界，可分为两个不同的水文地质分区：北部地下水类型属于花岗岩块状岩类裂隙水，地下水赋存于表层的风化裂隙和构造裂隙中，以浅径流为主，水循环强烈，地下水径流方向受地形控制，富水性差，地势低洼处发育下降泉。南部鲁村盆地古近系碎屑岩为隔水岩系，富水性弱；断层带南侧的石炭系碎屑岩夹石灰岩，受裂隙发育程度控制，赋存构造裂隙水或岩溶裂隙水，接受北部花岗岩区的径流补给，而向盆地径流受到阻滞，形成地下水相对富集带，径流滞缓、水位埋深浅是其特征。

2　找水打井勘查示范工程

2.1　找水方向及目标含水层

北官庄村北花岗岩出露区受构造发育程度及地下水补给等条件限制，地下水富水性弱；鲁村盆地内古近系碎屑岩大厚度沉积，富水性弱，不存在成井条件；高峪-北官庄断裂的南盘为近 EW 向展布的条带状石炭系，岩性为碎屑岩夹石灰岩，分析断层影响带裂隙发育，且断层带有富水可能，综合考虑各方因素，断层带上盘石炭系作为找水目的层。

2.2　勘查技术路线

在充分收集分析已有资料的基础上，以基岩山区地下水理论为指导，采用遥感解译、专门水文地质测绘、综合水文物探等多技术手段集合应用，综合分析所获取信息，判别地下含水体的富水性，确定宜井孔位，达到成井找水的目的。

2.3　勘探孔孔位确定

受场地条件限制，工作区仅能开展 AMT 法勘查工作。在地面调查基础上，同时为方便钻机进场和不同测线对同一断层刻画的对比，布设 AMT 法测线两条，第一条测线穿过村里原有的唯一深孔，测线方向为近 SN 向；第二条线测方向为 NE30°。两条测线目的：一是了解原有钻孔处的地层结构，了解干孔原因；二是了解高峪–北官庄断裂的空间形态。

从图 3 视电阻率断面图可知：Ⅰ线勘查范围内发育两条断层，根据 1∶5 万地质图，推测 F1 断层发育于花岗岩与石炭系石灰岩间；而 F2 断层发育于石炭系石灰岩与古近系、新近系泥岩间，两条断层倾向一致，均向南倾，倾角较大。村里原有深井位于 F2 断层上

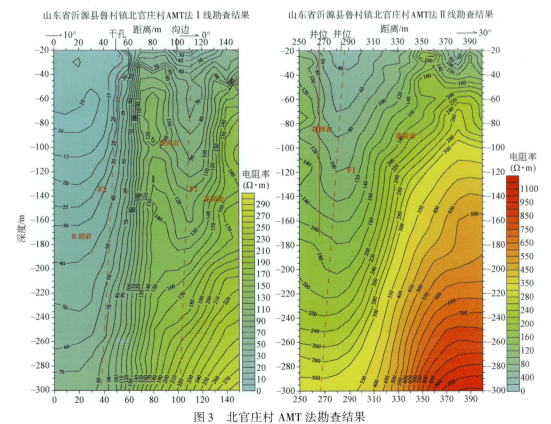

图 3　北官庄村 AMT 法勘查结果

盘，揭露地层岩性主要为古近系、新近系泥岩，故该孔为干孔。F2 断层南侧古近系、新近系泥岩视电阻率值整体较低，从单点曲线分析均小于 20Ω·m 该段 AMT 法有效勘探深度小于 200m，断面中深部高阻受成图时网格化影响；F1 断层北部，结合地表岩石出露情况，推测为花岗岩；F1 和 F2 断层间区块，受两个断层影响，电阻率值整体较低，介于 100 ~ 200Ω·m，该视电阻率值分布范围亦位于石灰岩电阻率值分布范围内。

AMT 法 Ⅱ 线勘查结果再次证实了 F1 断层的存在性及其空间形态，推测 F1 断层带岩性可能主要为石炭系石灰岩，该断层北边界应位于剖面 310m 左右。故此，井位定于 Ⅱ 线 285m 处，钻孔以揭露石炭系石灰岩和揭穿 F1 断层带为目的。但钻孔开孔即揭露花岗岩碎粉（沙加泥），证明 F1 断层以压性为主，断层带富水性差。故将钻孔移至 Ⅱ 线 265m 处，以揭露石炭系石灰岩和断层上盘影响带为目的。

2.4 定孔综合分析

（1）依据第一次钻孔结果表明，高峪–北官庄断裂为多期构造活动影响，断层带以碎粉岩为主，挤压作用明显，断层带富水性弱。

（2）地下水从北部的花岗岩区向南径流，遇鲁村盆地内古近系受阻，于断层上盘影响带的石炭系形成相对裂隙水富集带，以此作为找水目标层。

（3）物探结果表明基本具备成井所需的地下水富集及钻探条件，可钻探施工，设计井深 112m。

2.5 勘探孔钻探施工

2.5.1 钻探遇到的问题

初次钻孔钻进至 50m，揭露地层全为断裂带花岗岩角砾，无法满足水量要求，停钻，向南移 26m，二次开钻。

2.5.2 钻探结果

钻探实施进尺 112m，结果显示：0 ~ 0.5m 为第四系耕植土；0.5 ~ 6.8m 为砂质黏土；6.8 ~ 15.1m 处为石灰岩，深灰色，岩心较为破碎；15.1 ~ 24.9m 处为断层泥，灰白色，夹肉红色二长花岗岩角砾，砾径 1 ~ 5cm；24.9 ~ 67.6m 处为二长花岗岩，肉红色，24.9 ~ 36.2m 处风化程度严重，多呈粉状，下部呈块状结构，直径 6 ~ 15cm；67.6 ~ 112.3m 处为花岗岩，灰白色，中细粒结构，裂隙发育较差，岩心较脆，岩性采取率约 35%。该孔约 80% 进尺为岩浆岩，岩性较脆，采用回转钻进方式取心率较低，约 40%。

抽水试验结果显示：该孔静止水位为 28.45m，最大降深为 36.87m，水温为 16.5℃，出水量为 120m³/d。水化学类型为 HCO_3·Cl-Ca·Mg 型，pH 为 7.8，TDS 为 514mg/L，无超标、超限离子，完全满足饮用水标准。

3 示范工程总结

3.1 技术总结

从钻探结果（钻孔钻至26m，仍遭遇花岗岩，26m以浅揭露少量石炭系石灰岩和薄层煤层）来讨论 AMT 法未能分辨 F1 和 F2 断层间区块地层结构的原因：一是受两条断层影响，中间区块视电阻率值整体偏低，从电性值上难以划分岩性（正常情况，花岗岩电阻率值高于石灰岩）；二是钻孔揭露的石炭系厚度仅有20多米，正好为 AMT 法勘探盲区。

结合钻探及物探结果，可以推知：1:5万地质图上标示的高峪–北官庄断层呈现压性性质，发育于花岗岩中；F2 断层为花岗岩与古近系、新近系界线；区内石炭系与花岗岩间非断层接触，且石炭系沉积厚度非常有限。

3.2 社会效益

该探采结合孔的施工成功解决了北官庄1570余人饮水问题，并促使鲁村镇政府对北部盆缘缺水区饮水解困有了新认识。目前，鲁村镇政府正在加紧部署水源地建设，以便使群众早日吃上安全可靠的水。

3.3 有关建议

该地区属典型的贫水区，且由于养殖业和果林业密集发展，资源型、水质型缺水严重，水资源匮乏，而地下水埋藏浅，易受污染，建议及时制定贫水区地下水开发利用与保护区划，减少人为污染造成水资源二次衰减，并应根据各富水区段的不同水文地质条件，采用集中供水、分散供水、引水工程等不同的解困方式。

基岩风化、构造裂隙带找水技术研究

——以临沂市临港开发区山底村地下水勘查为例

李传磊[1,2]　程秀明[1,2]　韩永东[1,2]　刘春伟[1,2]　刚什婷[1,2]

［1. 山东省地矿局八〇一水文地质工程地质大队（山东省地矿工程勘察院），济南　250014；
2. 山东省地下水环境保护与修复工程技术研究中心，济南　250014］

摘要： 本文介绍了临沂市临港开发区山底村水文地质背景，详细阐述了丘陵缺水区水文的地质条件和地下水赋存规律及地质构造、岩浆岩对地下水形成的控制作用，阐述了基岩裂隙水地区地下水蓄水构造的基本类型，指出了找水方向及靶区。通过抗旱找水探采结合的布井、施工、抽水试验的总结，认为在缺水山区地下找水时，应根据基础地质、水文地质资料的分析，结合地形地貌及缺水现状来确定，得出岩浆岩或变质岩分布区蓄水构造所处的位置一般是直接补给区或径流区，而并非只在排泄区。

关键词： 缺水山区　饮水安全　找水方向　靶区确定

1　引　言

临沂市临港开发区山底村地处鲁东南低山丘陵区，是我国北方严重缺水山区之一。区内自然环境恶劣，大面积分布泰山岩群变质岩及各类侵入岩，裂隙不发育，富水性极差，人畜饮水困难问题普遍存在[1]。根据调查村内仅有多口大口井，深度一般 2～5m，直径一般 6～8m，主要含水层为侵入岩类风化裂隙带，是村民的主要饮用水源。一遇干旱，河流干涸，居民只能依靠水窖及地表水来维持生活，大口井易受人类生活污染，大肠杆菌、硝酸盐超标，严重阻碍了人民生活水平的提高和社会经济的发展。山底村位于临港开发区中北部坪上镇，人口约 3000 人，是一个典型的缺水村庄。该村找水难度大的原因为区域内地形地质条件复杂，地层岩性以岩浆岩为主，断层发育，破碎带较多，水力联系被分割破坏。因此在构造发育且汇水有利地带寻找有供水意义的地下水是有效解决当地人畜用水困难的根本途径[2,3]。

目前国内基岩山区定井勘查主要为：分析水文地质条件直接定井；分析水文地质条件后利用定井经验、水文地质条件和物探勘察结合[4]。本文基于在临沂市"全国国土资源系统抗旱找水打井"的抗旱工作，通过详细的水文地质调查，在分析区内水文地质条件的基础上，以实际资料为依据，结合研究区地质构造条件、含水层介质、含水岩组类型及水动力特征等水文地质条件，提出了该地区找水打井的主攻方向，初步提出了找水目标含水层，确定了靶区及孔位并对其进行了分析阐述，验证了钻探及抽水试验，有助于指导本区具体的水文地质勘察工作，提高山区找水成井率。

2　研究区概况

2.1　研究区环境地质条件

临沂临港经济开发区位于山东省东南部，是鲁南苏北沿海港口的重要腹地。本次工作区坪上镇山底村位于临港开发区中北部（图1），属于暖温带季风区半湿润过渡性气候区，受大陆性气候和海洋性气候交替作用的影响，形成春来迟、夏湿热、冬干长的气候特点；降水有明显的季节性，多年平均降水量为846.44mm，平均气温为12.7℃。区内发育季节性河流——绣针河，发源自区内北部山区，流经中部丘陵区向东流入日照市入海。本次工作区处于绣针河上游的支流流域。

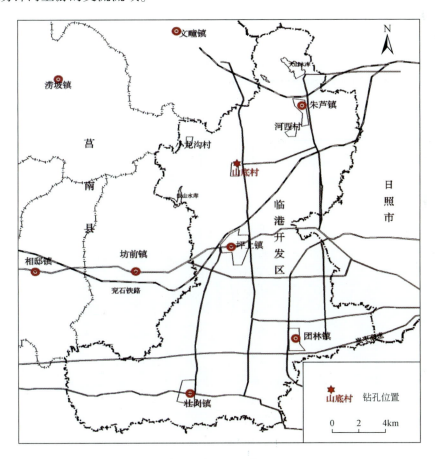

图1　研究区交通位置图

临港开发区地处沂蒙山区东南部，属鲁东南低山丘陵区。地貌分区特征比较明显，自北向南依次为低山区、丘陵区，西南部为平原区。北部低山区属山东地台的一部分，山间沟壑纵横，山下有小块平地；中、南部丘陵区丘陵连绵起伏，丘冈间有小块洼地、平原；西南部位冲积平原区，第四系覆盖较厚，地势平坦。本次工作区坪上镇山底村位于北部山区和中部丘陵区的过渡地带，西北部有基岩出露，东、南部为山间冲积洼地，被第四系所覆盖。

区内出露的地层岩性为燕山晚期侵入岩斑状中粒角闪石英二长岩、燕山晚期侵入岩含斑中细粒角闪石英二长岩和第四系。该村在区域构造上，处于 NE 的断裂的西北部近 2km 处。

2.2　研究区水文地质条件

该区所处的水文地质单元：鲁东低山丘陵松散岩类、碎屑岩类、变质岩类水文地质区，胶南、胶北隆起南坡水文地质亚区。自中、新生代以来，该区岩层经受了强烈频繁的构造作用，构造裂隙较发育，加之强烈的风化作用，形成了密集的网状裂隙，赋存了网状裂隙水，具有潜水的特征（图2）。地下水水位埋深随地形变化而变化，年变幅3m 左作，水位、涌水量季节性变化明显。另外，在断层破碎带和岩浆岩侵入体与围岩的接触带中存在着脉状裂隙水。因裂隙发育密集细小，富水性较差，含水微弱，在低洼处富水性相对较强，单井涌水量一般为 $10 \sim 50 m^3/d$，属于典型的资源性贫水区。

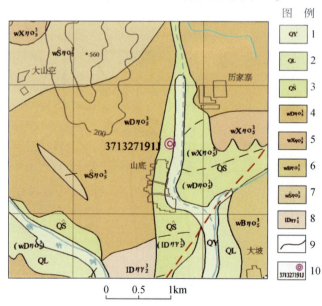

图 2　区域地质略图

1. 第四系沂河组；2. 第四系临沂组；3. 第四系山前组；4. 燕山晚期侵入岩斑状中粒角闪石英二长岩；5. 燕山晚期侵入岩含斑中细粒角闪石英二长岩；6. 燕山晚期侵入岩巨斑状中粗粒角闪石英二长岩；7. 燕山晚期侵入岩；8. 震旦期侵入岩弱片麻状细粒二长花岗岩；9. 地层界线；10. 拟定井位及编号

3 找水勘查示范

3.1 勘查技术路线

勘查技术流程为通过野外地质踏勘并收集资料，进一步分析地质-水文地质条件及缺水程度、需水目标，初步建立水文地质概念模型，确定目标含水层位。根据已有资料和实地勘查，分析确定目标含水层的富水性，必要时物探验证，进一步修正水文地质概念模型，将水文地质概念模型转变为蓄水构造概念模型，在确定富水性较好地段确定拟施工钻孔位置，然后钻探施工，进行抽水试验并成井。

3.2 靶区选择及孔位确定

通过对以往资料和野外勘查工作分析，提出该地区找水打井的主攻方向，即寻找侵入岩、变质岩的风化带及断裂附近的构造裂隙带；初步提出找水目标含水层或对象为基岩风化、构造裂隙带；初步分析地下水介质基本赋存状况，确定蓄水构造类型为接触型蓄水构造。根据地质条件确定目标含水层位，根据已有失败或者成功钻孔（机民井）确定目标含水层的富水性，经综合分析研究确定相对富水地段，即找水靶区位置。

根据调查，该村西侧为丘陵残丘，是大面积的侵入岩分布区，东侧为小河。小河西侧为中生代燕山晚期艾山阶段伟德山超单元荫子夼亚超单元大水泊单元侵入岩，岩性为斑状中粒角闪石英二长岩；小河东侧为中生代燕山晚期艾山阶段伟德山超单元荫子夼亚超单元小龙沟单元侵入岩，岩性为含斑中细粒角闪石英二长岩，由地质条件综合分析：西、北部有一定补给来源（汇水面积），村东北部地势低洼，有小河经过，是侵入岩两种不同单元、不同岩性的接触部位，是接触型蓄水构造分布地带，是缺水地区的相对富水位置，就是定井理想地带。（图3）。

3.3 勘探孔钻探施工及分析

经综合分析，确定了探采结合孔的最佳井位，设计孔深为100m，实际施工孔深为100m。该钻孔采用正循环、潜孔垂钻进工艺，钻探施工至29m，见完整基岩，上部发生掉块卡钻现象，为了钻进安全，保证成井质量，在 0～29m 处下入 Φ219mm×6mm 的螺旋钢管29m，采用水泥固井止水护壁成井，即保证了孔内安全，又保证了成井质量。终孔后，实施了抽水试验及饮用水质评价。抽水试验采用150QJ32-90型潜水泵（泵量32m³/h、扬程90m），水质评价依据《生活饮用水卫生标准》（GB5749-2006）及《农田灌溉水质标准》（GB5084-92）。

本次抽水试验降深为一个落程，根据含水层埋深潜水泵下入孔深88m，抽水试验表明

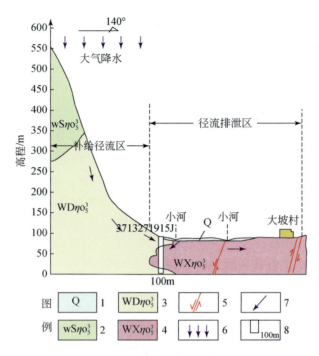

图 3　临沂市临港区坪上镇山底村抗旱井蓄水构造示意图

1. 第四系；2. 燕山晚期侵入岩斑状中粗粒角闪石英二长岩；3. 燕山晚期侵入岩斑状中粒角闪石英二长岩；4. 燕山晚期侵入岩含斑中细粒角闪石英二长岩；5. 断裂；6. 大气降水；7. 地下水运动方向；8. 取水井深度

连续抽水 8 小时，水位降深 24.25m，抽水停止后 1 小时完成水位恢复，实测该井涌水量为 864.0m³/d。经计算求得该井含水层渗透系数 K 为 0.870m/d。水质评价结果表明该水井水质良好，符合国家生活饮用卫生标准，适于饮用。

该井的成功实施，彻底解决了山底村 3000 名群众生活用水需求、同时可解决 200 头牲畜饮水问题及 1000 亩农田应急灌溉问题，同时也为沂蒙山区此类型地质条件下找水起到了很好的示范作用。

4　找水定井成功分析

4.1　基岩裂隙水地区找水的特殊性

基岩裂隙水地区是指以大面积坚硬岩石为主的地区，地貌上多为山区及丘陵地区。地质构造及水文地质条件比较复杂，地层岩性以岩浆岩为主，断层发育，破碎带较多，地下水以裂隙水为主，其分布特点具有明显的方向性和不均一性；而且补给条件多变，径流路径复杂，这些特征决定了基岩裂隙水地区找水具有一定的特殊性。

4.2 水文地质综合分析工作的重要性

目前国内基岩山区定井勘查主要为：分析水文地质条件直接定井；分析水文地质条件后利用定井经验、水文地质条件和物探勘察结合。尤其是近几年物探先进设备的技术更新，使得定井成功率也大大增强。但是例如物探等新技术新方法，由于地质环境复杂，影响因素较多，会出现一些假象，导致定井失败，所以要一定重视水文地质调查资料的分析，结合实际情况来确定；再者不要局限思维，认为富水地段即为含水系统的排泄区，而在于这种缺水山区，地下水系统并非如此完美，由于断层的影响含水系统的水力联系可能被改变，因此需要我们准确把握地质构造及地下水的补给、径流、排泄条件，具体问题具体分析，再加之其他先进的手段加以验证，会增加定井的成功率。

5 结 论

（1）岩浆岩或变质岩分布区蓄水构造受岩性控制明显，脆性岩石中，在断裂的影响带附近是找水定井的方向；柔性岩石地层中，在断裂构造附近则不宜定井。脆性与柔性岩体相互结合，有利于形成蓄水构造。为有效解决变质岩地区严重缺水问题，查明岩性组合形式，寻找相对富水地段蓄水构造，开采基岩裂隙水是最有效的解决途径。

（2）地形低洼处不同期次侵入、不同岩性接触部位及构造的复合部位是地下水的相对富水位置。属于岩浆岩类接触型蓄水构造发育分布位置。

（3）通过水文地质调查、勘探实践，综合地层富水性等因素，成功实现了探采结合井，涌水量 864.0m³/d。该实例验证了严重缺水的基岩地区，侵入体与围岩接触地带、断层破碎带是地下水富集区找水提供了参考。

感悟：地质、水文地质条件分析要着眼宏观，品味局部。通过对区域水文地质条件的综合研究，确定野外踏勘靶区，建立蓄水构造概念模型。对目标靶区要综合研究，认真踏勘，必要时物探验证，确定位置。找水体会：缺水山区需要解决吃水的地段，在地下水运动系统中所处的位置一般是直接补给区或径流区，而并非只在排泄区。

参 考 文 献

[1] 李霞，陈文芳，万利勤，侯丽丽，王海刚，何庆成，王金生，秦同春，田小维. EH4 和对称四极激发极化联合技术的严重缺水基岩山区找水研究. 水文地质工程地质，2018，45（01）：23～29
[2] 李富，邓国仕，袁建飞，王德伟，李华，唐业旗，周一敏. 确定探采结合井位的综合物探方法技术研究——以乌蒙山区为例. 地球物理学进展，2018，33（03）：1218～1225
[3] 刘伟朋，孟顺祥，龚冀丛，耿昕. 阜平岩群基岩裂隙水的赋存规律与找水方向. 中国矿业，2018，27（10）：174～179
[4] 贾伟光. 松辽平原西部严重缺水区地下水赋存规律研究. 东北大学硕士研究生学位论文，2005

山东省诸城市都吉台村找水打井勘查示范工程

卫政润[1]　尚　浩[1]　刘春华[1]　孙明书[2]

（1. 山东省地质调查院，济南　250014，2. 山东省第一地质矿产勘查院，济南　250100）

摘要：山东省红层分布区域广，水文地质条件差，本文利用水文地质调查和物探勘查相结合的方法，成功在都吉台村实施了一眼勘查示范井，为山东省红层分布地区找水工作提供了系统的技术路线，起到了良好的示范作用。

关键词：红层分布区　电阻率联合剖面法　气动潜孔锤钻进

2010 年 9 月至 2011 年 4 月，山东大部分地区无有效降水，旱情严重，山东省的红层分布区域是本次干旱的主要受灾区。而红层分布区水文地质条件差，地下水资源贫乏，单井出水量小，长期以来，水文地质工作者大都把红层划为贫水区，视红层区为地下水勘查的禁区。其地下水的形成、运移及埋藏分布受地质环境因素控制，相对于岩溶水和孔隙水，地下水勘查难度大。诸城市都吉台村属红层分布区，旱情严重且村内无集中供水，经常发生季节性干旱，群众生活用水和土地灌溉用水不能得到保障，已成为制约经济发展的一个重要因素。在山东省国土资源厅组织下，我院承担了诸城市石桥子镇都吉台村 370782064J 号水井的抗旱找水打井的工作，通过对详细的水文地质调查确定了找水靶区，结合当地情况选用电阻率联合剖面法找出异常带确定井位，采用气动潜孔锤钻进技术解决了在干旱缺水供水困难地区打水打钻成本高，效率低、施工时间长的问题，有效缓解了当地的旱灾，保证了作物产量[1]。

1　地质构造与水文地质条件

1.1　地质条件

研究区地层主要以新生界第四系全新统大站组和中生界白垩系莱阳群曲格庄组。大站组主要以棕黄色黏土、粉质黏土为主，厚度较薄；曲格庄组上部灰黄色含砾粗砂岩与黄绿色细砂岩、粉砂岩，富含腹足类 *Cincinna zhuchengensis* 化石；下部为灰黄色含紫红色石英砂岩砾石的砾岩与含砾粗粒岩屑砂岩。该村东南部发育两条相互交汇的断裂带，断裂附近岩石较为破碎，裂隙发育，如图 1 所示。

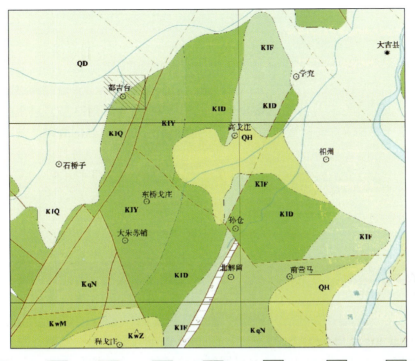

图
例

| QII 黑土湖组 | QD 大站组 | KwZ 张应组 | KwM 孟惠组 | KqN 南龙埠组 | KIF 法家莹组 | KIQ 曲格庄组 | KIY 杨家庄组 |

KID 杜村组　□ 构造角砾岩　▨ 研究区　⟋ 实测地质界线/推测或隐伏地质界线　⟋ 实测性质不明断裂/推测或隐伏断裂

图 1　区域地质图

1.2　水文地质条件

该区所处位置属于碎屑岩孔隙水水文地质分区（图 2），主要为古近系细砂岩、粉砂岩，富水性差，单井涌水量小于 100m³/d。上白垩统王氏组在本幅南部广泛出露，含水层主要岩性为页岩、粉砂岩、细砂岩，孔隙、裂隙较均匀，水位埋深为 1~3m，随季节变化不大，单井涌水量一般小于 100m³/d。其中 K_2w_2 砂页岩中部夹泥质灰岩，富水性较好，一般单井涌水量为 100~1000m³/d。矿化度均小于 1g/L。

水井所处地较少或基本无第四系覆盖，大面积发育白垩系曲格庄组。从钻探成果来看，大部分为紫红色泥质细砂岩，整体属于贫水区。浅层地下水的补给主要为大气降水、河流侧渗和农田灌溉回渗。径流条件受到地形、地貌影响明显，总流向由南向北。

该区东南部发育两条相互交汇的断裂带，断裂的次生断裂往往比较破碎，为地下水赋存提供了空间，是相对富水地段。

由此推断该处地下水类型为碎屑岩类基岩裂隙水，对应含水层为白垩系破碎的粉砂岩含水层。该区所处位置从整体来看位于地下水运移的径流区[2]。

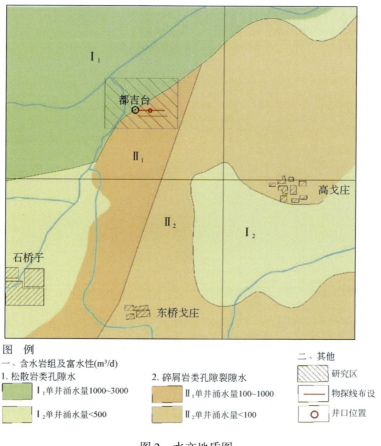

图例
一、含水岩组及富水性(m³/d)
1. 松散岩类孔隙水
　I₁单井涌水量1000~3000
　I₂单井涌水量<500
2. 碎屑岩类孔隙裂隙水
　II₁单井涌水量100~1000
　II₂单井涌水量<100
二、其他
　研究区
　物探线布设
　井口位置

图2　水文地质图

2　找水打井勘查示范工程

2.1　勘查技术路线

在红层分布区经常遇到在严重缺水区域，甚至在已打过很多干眼的区域找水的情况。因此红层分布区定井是一非常考验水文地质、物探成果综合分析能力的技术。根据多处红层区找水的经验，提出以下勘查定井技术路线（图3）。

2.2　找水靶区及勘探孔孔位确定

本次工作在先期开展详细的地质调查、水文地质调查的前提下，将两处地势较低洼的区域确定为靶区，该处为控水地形，若有小型断裂可在此靶区内定井。

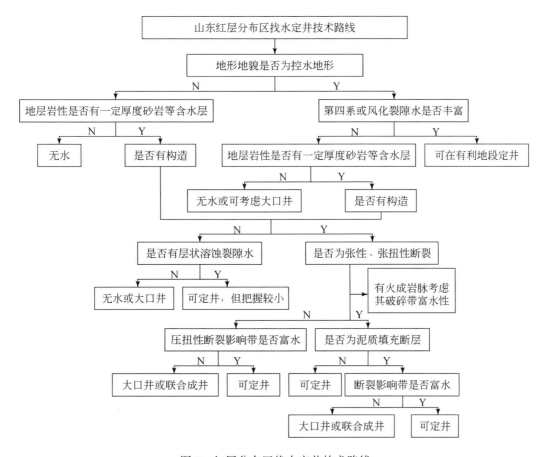

图3　红层分布区找水定井技术路线

本次工作共布设联合剖面两条，物理测深点 3 个，其中 1 线长 700m、2 线长 640m。电测深极距 AB 最小为 5m，最大为 560m（图2）。

都吉台村为红层地区，在红层中的断裂（裂隙）破碎带常因含泥质太多而不易富水。当红层中有含泥质较少的脆性较强的厚层砂砾岩和砂岩时，其断裂破碎带孔隙、裂隙发育，并与砂岩的孔隙相沟通，可以富集地下水。

因此，根据我们的地质及物探条件的调查，在较为有利地段开展工作。本次工作共布设联合剖面两条，通过电阻率联合剖面法取得的联合剖面曲线可知，异常带基本沿 NW 走向，在 1 号测线 88 号点、2 号测线的 87 号点可以明显地看出视电阻率曲线呈"V"字形双支急剧下降，说明沿此两点的方向，地下存在一破碎异常。根据 2 线可以看出 ρ_{sA} 极小值点的视电阻率约为 $69\Omega \cdot m$，ρ_{sB} 极小值约为 $58\Omega \cdot m$。异常范围如图4所示，V 字形异常点两翼左侧延伸较远，右侧延伸较近。进一步开展对称四极电阻率测深可以得到 2 线 87 号点的电测深曲线，可以看出整条曲线电阻率变化较为明显[3]。曲线前支上升较为平缓，电阻率在 $16 \sim 34\Omega \cdot m$。说明地层差异不大，存在较小的裂隙构造，不具备较好的赋水条件，在 $40 \sim 80m$ 处电阻率曲线有一明显的"拐点"，电阻率下降，有一低阻异常，电阻率在 32.8 ~ 51.7Ω·m。说明此深度内存在发育较好的裂隙，其与周围地层差异明显。赋水条件好，存在较大的水量。尾部曲线呈 45°上升，说明地层较为完整，推断为基岩，见图 5（电测深曲线的解释方法为经验系数法）。

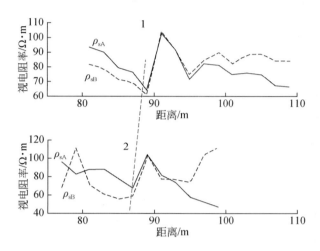

图 4　联合剖面 1、2 线曲线

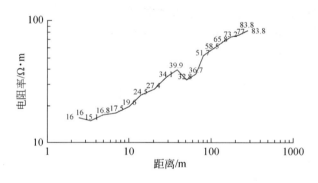

图 5　2 线 87 号点电阻率曲线图

因此，将井位定于 2 号测线的 87 号点，该处既位于较低洼的控水地形且在 40 ~ 80m 处裂隙较发育、富水性较好。

2.3　勘探孔钻探施工

传统的成井方式具有工期长，对水源要求较高的缺点。鉴于当前抗旱形势严峻，故本次钻探采用目前较为先进的气动潜孔锤钻进技术。

空气潜孔锤钻进是属于空气钻进技术的一个分支。它是把压缩空气即作为冲洗介质，又作为碎岩能量的一种冲击回转方法。其主要特点是：钻进硬岩效率高，钻头寿命长，回转速度低，扭矩小、钻压小，并有防斜作用，完井后不用再洗井等，能有效地解决在干旱缺水供水困难地区打水打钻成本高，效率低、施工时间长的问题。

3 示范工程总结

3.1 技术总结

山东红层分布区一般采用的勘查手段有遥感、高密度电法、视电阻率联合剖面法、直流电测深法、激发极化法、地质雷达法、音频大地电磁测深（EH-4）、核磁共振法等。一般情况下可以考虑综合应用视电阻率联合剖面法和直流电测深法找水，在传统电法受地表矿化度较高、地形起伏大等的影响时，可考虑采用工作布设灵活，易于开展工作的电磁法[4]。

在红层物探找水的过程中，一般会遇到两种地球物理模型：构造裂隙水地质-地球物理模型和孔隙水地质-地球物理模型。构造裂隙水地质-地球物理模型反映在当岩体存在构造破碎时，所反映的视电阻率变小，但是其值也受岩性矿物成分、孔隙度、孔隙水矿化度等的影响；而电磁法探测依赖于岩体存在构造破碎时，介电常数变大，而介电常数也像电阻率一样受多种因素的影响，解译时需综合考虑。另外，孔隙水地质-地球物理模型也是主要基于砂层等含水层相对于黏土等隔水层的电阻率和介电常数的差异。

在红层分布区经常遇到在严重缺水区域，甚至在已打过很多干眼的区域找水的情况。因此红层分布区定井是一非常考验水文地质、物探成果综合分析能力的技术。根据多处红层区找水的经验，提出以下定井技术路线。

地貌条件制约地下水循环及埋深，首先应根据遥感或调查了解找水工区是否为控水地形。在非控水地区主要考虑是否有构造控水；其次考虑是否有层状溶蚀裂隙水，但是岩性是地下水富集的基础，都要根据地质和物探资料关注地层岩性中是否有一定厚度的砂岩、砾岩、泥灰岩等作为储水空间。在控水地形中，可优先考虑第四系孔隙水和风化裂隙水作为取水层。

红层地区尤其当层间裂隙不发育的情况下，构造裂隙水是主要研究对象，构造控制地下水运移和聚集。但是断层的富水性是很复杂的，张性断层可能被泥质填充而不富水，就要考虑其影响带裂隙发育情况；压性断层的断裂影响带一般构造裂隙发育，是找寻构造裂隙水的有利位置。

该处勘探孔成功利用红层区定井方法，在第四系富水性较差的情况下，通过地质资料判断此处有一定厚度的砂岩，并存在张性断裂，判断其富水性较好，为同类地区找水打井提供了主攻方向。物探过程中，注意砂岩一般相对高阻而断裂为低阻异常，是一种"高阻中找低阻"的解译方式。

3.2 有关建议

本次的打井成功，不仅有效缓解了当地的旱灾，保证了作物产量，取得了较大的经济、社会效益，更为山东省红层分布地区找水工作提供了系统的技术路线，起到了良好的示范作用。

山东省的红层分布面积广，是本次干旱的主要受灾区。其地下水的形成、运移及埋藏分布受地质环境因素控制，对社会大众来说，相对于岩溶水和孔隙水，地下水勘查难度大。因此，建议在山东省"红层"分布区等地下水开发利用困难的地区继续开展专项地下水详查工作，启动 1∶5 万区域水文地质调查工作。

参 考 文 献

[1] 刘明博，陈轶平. 气动潜孔锤钻进技术在黔东南岩溶地区地源热泵勘探井中的应用. 探矿工程（岩土钻掘工程），2019，46（1）：51~55
[2] 万力等. 生态水文地质学. 北京：地质出版社，2005
[3] 刘洋，吴小平. 巷道超前探测的并行 Monte Carlo 方法及电阻率各向异性影响. 地球物理学报，2016，59（11）：4297~4309
[4] 李家斌，屈念念. 综合地球物理方法在黔西页岩气勘探中的应用. 中国地质调查，2018，5（6）：97~105

山东红层地区地下水勘查研究

——以诸城市老庄子村找水打井为例

刘治政　朱恒华　徐建国　王　玮　李　双　周　洋

（山东省地质调查院，济南　250014）

摘要：山东地区红层分布广泛，富水性相对较弱，第四系厚度较薄的地段，地下水勘查相对困难，关键在于确定勘查的方向及具体井位。本文以诸城市老庄子村红层分布区为例，利用水文地质调查、资料分析等手段，确定老庄子村地下水勘查的方向为区内小型导水断裂，通过综合物探技术，确定了找水打井的具体井位和含水层位置，成功施工了一眼勘查示范井。

关键词：红层　地下水勘查　物探　构造

红层是外观以红色为主色调的碎屑岩沉积地层，在山东地区主要是指侏罗系、白垩系和古近系、新近系山间盆地河湖相和山麓相沉积的砂岩、泥岩等，多以夹层互层出现[1,2]。因其地层岩性的特性，大都富水性较弱，红层地区常见的蓄水构造类型包括钙质胶结石灰岩质砾岩裂隙岩溶型蓄水构造、红层层间裂隙或层间裂隙孔隙型蓄水构造、红层与岩浆侵入接触带蓄水构造、构造裂隙及断裂接触带脉状蓄水构造、红层覆盖层下部基岩蓄水构造等[3]。

山东地区红层分布广泛，有的被第四系覆盖，有的直接出露于地表。老庄子村所在的诸城市便是典型的红层分布区，除潍河两侧被第四系覆盖之外，其余地段大都出露白垩纪地层，岩性以红色细砂岩、粉砂岩、泥岩为主，厚度较大，地下水勘查方向主要为层间裂隙和构造裂隙型蓄水构造。

老庄子村是附近有名的缺水村，曾被划为无水区，第四系不发育，第四系孔隙水无法满足供水要求，地下水勘查以碎屑岩类孔隙裂隙水为主。因老庄子村及周边地层以白垩系大盛群为主，层间裂隙不发育，富水性极弱，地下水勘查的方向为断层构造裂隙型蓄水构造。本次找水打井先是进行详细的水文地质调查，初步选定找水靶区，再通过综合物探等手段确定目标井位，进而进行钻探施工、成井等工作。

1　研究区概况

1.1　地形地貌

诸城市地势南高北低，东南部属于胶南隆起区内，中部北部和西部属于潍河平原。南部多低山丘陵，中北部多平原，有洼地、缓丘。老庄子村位于诸城市西部，属微切割丘陵区和残丘丘陵区。

1.2　地层与构造

老庄子村及周边区域为基岩裸露区，松散覆盖层较薄，周围地层主要为下白垩统大盛群田家楼组，见图1。

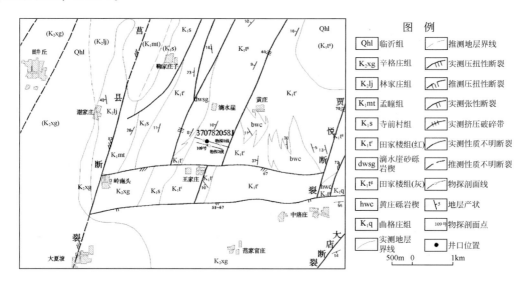

图1　地质构造图

田家楼组红色岩段（K_1t^r）：紫红色、灰紫色细砂岩及泥质粉砂岩，局部夹薄层细砾岩。

滴水崖复合砂砾岩楔（dwsg，三角洲相）：底部为进积板状粗砂岩；下部灰紫色砾岩、砂砾岩；上部为交错层粗砂岩与细砂岩互层。

田家楼组灰色岩段（K_1t^g）灰绿色夹灰紫色泥质粉砂岩及粉砂质页岩，局部为深灰色钙质泥岩及泥质泥晶灰岩。

黄庄砾岩楔（hwc，水下扇）：黄色及紫灰色砾岩、砂砾岩夹板状砂岩。发育冲刷构造、交错层理及波状层理。

区域内构造以脆性断裂构造为主，褶皱构造不发育，地层多呈向 NW 倾斜的单斜层，倾角7°～24°。断裂构造按其展布方位大体可分为 NE 向、NEE 向和近 EW 向3组。该村西北部和南部均有断裂发育。

NE 向断裂：该组断裂分布广，规模大，走向10°～65°，主要有贾悦断裂、莒县断裂等。贾悦断裂走向30°，全长大于80km，被其他方向断裂隔为3段，呈雁行式排列、呈左行压扭性特征。

NEE 向断裂：该组断裂破碎带宽50～250m，力学性质先张后压，再左行张扭。

近 EW 向断裂：该组断裂规模一般较小，整体呈 85°方向延伸。

1.3 水文地质条件

根据地下水的系统性、赋存条件及水化学特性等，可将老庄子周围划分为两个含水岩组，即松散岩类孔隙水含水岩组和碎屑岩类孔隙裂隙水含水岩组，见图 2。

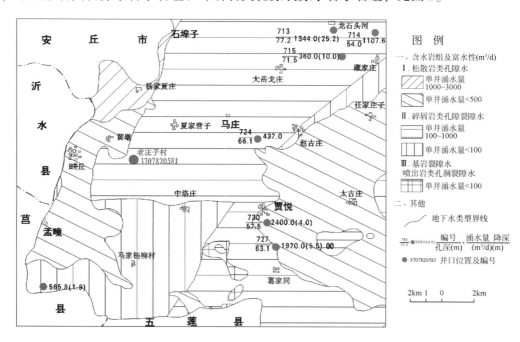

图 2 水文地质图

1）松散岩类孔隙水含水岩组

冲积层孔隙潜水，分布于河谷及沿河阶地，含水层岩性为细砂、中粗砂及卵砾石。河谷地带冲积层含水层厚度一般为 2~10m，埋深为 3~10m，水位埋深为 1~8m。富水性较强，单井涌水量为 1000~5000m³/d。河谷及阶地之边缘带的部分地段含水层变薄，富水性减弱，单井涌水量为 500~1000m³/d。

冲积、坡积层孔隙潜水，分布于山地沟谷、丘陵及残丘的边缘，含水层岩性多为黏质砂土、砂质黏土夹钙质结核或粗砂、砾卵石透镜体，含水砂层薄而分布不均，富水性差，单井涌水量一般为 100~500m³/d，靠近基岩裸露区的残坡积层孔隙潜水，富水性极差，大部分小于 100m³/d。

大部分地区水质良好，水化学类型多为 HCO_3-Ca 型，矿化度小于 1g/L。

2）碎屑岩类孔隙裂隙水含水岩组

白垩系下统大盛群田家楼组含水层主要岩性为页岩、粉砂岩、细砂岩，孔隙、裂隙较均匀，水位埋深为 1~3m，随季节变化不大，单井涌水量一般小于 100m³/d，破碎带处富水性较好，一般单井涌水量为 $100 \sim 1000 \mathrm{m}^3/\mathrm{d}$，矿化度一般小于 $1\mathrm{g/L}$。

2　地下水勘察示范

2.1　找水打井方向与技术路线

　　老庄子村位于丘陵区，第四系不发育，浅部风化带孔隙、裂隙较均匀，单井涌水量一般小于 $100\mathrm{m}^3/\mathrm{d}$，不是找水打井的目标含水层。老庄子村周围岩性主要为泥质粉砂岩、粉砂质页岩、钙质泥岩及泥晶灰岩，区内较大的断层带构造裂隙往往被泥质充填而成为阻水断层，相反小型断层、小型断层密集区往往成为富水带。因此老庄子村找水打井的主要方向为区内的小型导水断裂。

　　技术路线为资料收集→水文地质调查→找水靶区确定→综合物探→综合分析→井位确定→钻孔设计→钻探施工→抽水试验→成井→资料整理。

2.2　找水靶区与勘探孔位的确定

　　通过资料分析与现场踏勘，在老庄子村南部与西部，可能存在小型张性断裂，而村南地势相对平坦，且具有较大的汇水面积，确定了找水靶区位于村南农田内。找水靶区内断裂局部被很薄的第四系覆盖，现场很难发现，工作区地形平坦，无干扰存在，对开展物探工作有力，断裂构造由于应力作用，使原岩的连续性遭受破坏，岩石破碎裂隙发育，多被水或泥质物质充填，从而引起了电阻率的降低，破坏了电场的连续稳定性，使电位场发生畸变，通常反映为明显的低阻异常，因此可通过物探方法确定孔位。

　　物探采用视电阻率联合剖面法、对称四极测深及五极纵轴测深，找水靶区周围 NNE 向断裂发育，物探工作沿垂直断裂方向布设联合剖面两条，物理测深点两个，其中 1 线长 900m、2 线长 660m，见图 1。电测深极距 AB 最小为 5m，最大为 560m。

　　物探结果显示在联合剖面的 1 线 99 号点出现一高阻正交点，2 线 109 号点出现一正交点，推断沿此两点方向有一较窄 NW 向断裂（裂隙）存在，见图 3。

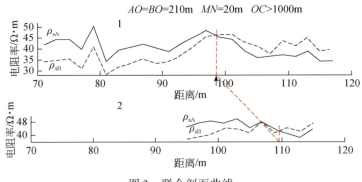

图 3　联合剖面曲线

进一步在 99 号点位置开展对称四极电测深工作，根据电测深曲线资料在 5～7m、28～38m、65～80m、130～170m 电阻率曲线出现"拐点"，电阻率较低，推断该深度处破碎较发育，富水性较好，见图 4。由于该处基岩裂隙水矿化度较高，所以构造的电性显示不明显，为了进一步确定破碎带的深度，在 99 号点又开展五极纵轴电测深工作，由五极纵轴测深曲线可以看出在 7～17m、28～36m、64～72m 有异常反应，与对称四极测深曲线反应基本一致，见图 5。

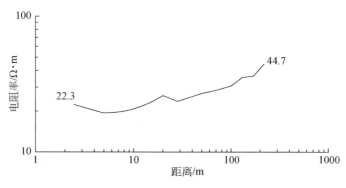

图 4　99 号点电阻率曲线图

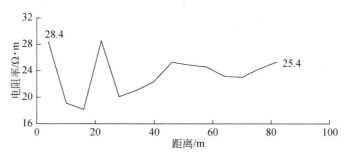

图 5　99 号点五极纵轴电阻率曲线图

根据本次物探工作，推断为有一条 NW 向的断层构造（裂隙）存在。钻孔位置确定为 1 线的 99 号点。设计井深 150m，可根据钻探情况增减，采用水井钻机进行取心钻进。

2.3　钻探成果分析

钻孔成井深度 150.3m，揭露地层岩性由上至下依次为第四纪砂质黏土、下白垩统大盛群田家楼组粉砂岩、泥岩、页岩等，在 7～10.1m、23.4～37.8m、44.1～50.2m、131.2～144m 出现破碎，与物探解译成果吻合度较高，富水性相对较好，为井孔的含水层段，厚度为 36.4m。

根据抽水试验，静水位埋深为 6.89m，动水位埋深为 20.28m，抽水试验流量为 32.47m³/h，降深为 13.39m，推求最大涌水量为 816.0m³/d，符合预期。

水质化验报告显示，溶解性总固体含量相对较高，与现场调查和物探显示的构造电性显示不明显的结论相吻合。

3　勘查示范总结

3.1　地下水勘查方向

第四系孔隙含水层是山东红层地区地下水勘查优先考虑的取水层，在第四系孔隙含水层富水性无法达到要求时，可考虑孔隙–裂隙含水层联合成井。对第四系厚度较薄和基岩出露区，地下水勘查方向主要以层间裂隙或层间裂隙孔隙型蓄水构造和构造裂隙及断裂接触带脉状蓄水构造为主，对厚度较大的泥岩、粉砂岩等地区，宜选择断层构造裂隙型蓄水构造。

3.2　井位的确定方法

山东红层地区井位的确定需要综合考虑地质构造、地层岩性、地形地貌等多个因素的影响[4]。

1）地质构造特性是关键

此类地层区域较大的断层往往并不是控水断层，因为这类断层带构造裂隙往往被泥质充填，物探显示也不明显。相反小型断层、小型断层密集区往往成为富水带。

2）地层岩性是地下水赋存的基础

找水靶区的选择应优先选取裂隙相对发育的粗砂岩、细砂岩地带，其次为裂隙不甚发育的泥岩、粉砂岩地区，宜采用物探解译成果与已有资料分析相结合的方法确定井位。

3）定井要关注控水地形

此类地层区域定井优先选取沟谷、低洼地带，主要原因是第四系可能较厚，沟谷地带可能是断层带，具备一定的汇水范围。

3.3　钻探工艺的选择

山东红层地区属于泥岩、粉砂岩地层，裂隙发育程度弱，溶蚀孔洞较小，若采用气动潜孔锤进行钻进，容易将微小裂隙与较小的溶蚀孔洞堵塞，从而影响水井的出水量，综合考虑出水量与钻探难易程度等因素，宜采用水井钻机进行取心钻进。

参 考 文 献

[1] 夏学礼. "红层"物探找水三例. 安徽地质，1999，9（4）：307～311
[2] 程强，寇小兵，黄绍槟等. 中国红层的分布及地质环境特征. 工程地质学报，2004，12（1）：34～40
[3] 周泊锟. 南方红层地区找水方向. 各专业委员会向"庆祝中国地质学会成立60周年大会"荐送的学术论文摘要，1983，5：459
[4] 张涛，朱恒华，刘春华等. 华北严重缺水地区地下水勘查报告（山东部分）. 2012

山间地下水补给区岩溶构造裂隙水勘查研究

——以枣庄市山亭区寒峪村找水打井勘查为例

陈洪年　赵庆令　杨传伟

（山东省鲁南地质工程勘察院，济宁　272100）

摘要：枣庄市山亭区地形位置较高，基本属裸露型低山丘陵区，自然降水不易入渗补给地下水，富水性较弱，为羊庄盆地水文地质单元的直接补给区。在该区寻找岩溶地下水时，关键在于准确判定富水岩层层位和断裂构造。本研究利用水文地质调查和物探勘查相结合的方法，成功实施了一眼岩溶水勘查示范井。取得了山间地下水补给区寻找岩溶构造裂隙水的有效方法，解决了当地多年缺水问题。

关键词：富水岩层　断裂　物探　山亭区

枣庄市山亭区寒峪村地理位置偏僻，经济发展缓慢，以农业为主。该区地势起伏变化大，降水不易入渗地下多顺坡向流走，周围无机井，距离河道及水库等地表水体很远，人畜用水、农田灌溉没有保障，持续干旱进一步增加了用水困难。该地区水文地质条件受地形地貌、地层岩性影响程度大，在野外调查、定孔及施工过程中困难较多，加之受经济条件制约，该地区一直属于找水打井、勘查施工等工作的盲区。

本次工作是在分析区内水文地质条件的基础上，通过详细的水文地质调查，首先遴选找水靶区，再针对富水岩层与阻水断层的组合特性，选择有效的物探方法组合，对比分析其电性差异，进而准确判别富水岩层，解决该村长期以来的缺水问题。

1　水文地质条件

1.1　构造及地质背景条件

寒峪村西北侧发育一条 NE-SW 向断裂，倾向东，倾角较陡，断层影响带在 40～60m，如图 1 所示。区内出露地层为寒武纪的张夏组和馒头组，倾向 NW，倾角约 10°，从上到下描述如下：

寒武纪张夏组：以灰色厚层鲕状灰岩为主，夹多层藻屑鲕状灰岩、藻凝块灰岩、云斑灰岩、砂屑灰岩及云质砂屑灰岩，发育有溶蚀裂隙，为该井主要含水段；上部为灰色厚层大型藻丘灰岩、藻凝块灰岩、藻屑鲕状灰岩，夹多层不规则层状分布的砂屑灰岩、云斑灰岩，顶部靠近第四段处有溶蚀裂隙发育，局部充填有黏土。

寒武纪馒头组：为陆源碎屑岩夹若干薄层状分布的碳酸盐岩组合。底部为紫红色粉砂岩、砖红色云泥岩、粉砂质页岩夹薄层链条状泥质条带灰岩，肝紫色含云母细砂岩、砂质页岩夹核形灰岩；中部以砖红色、紫红色云母砂质灰岩为主，夹石灰岩扁豆体，肝紫色薄层含云母含铁质海绿石石英细砂岩夹钙质砂岩、长石石英细砂岩和钙质砂岩，具板状及双向交错层理；顶部为紫色页岩夹鲕状灰岩[1]。

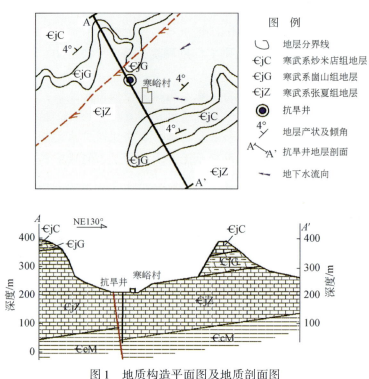

图 1　地质构造平面图及地质剖面图

1.2　地下水赋存特征

根据枣庄市水文地质分区图，工作区处于羊庄盆地水文地质区山亭断块单元内。

山亭断块：面积约 364km²，位于山亭区山亭、张庄和徐庄一带，东、西分别以丘陵地表分水岭为界，北和南以长龙断裂和曹王墓断裂为界。地下水的主要补给来源为大气降水、地表河水渗漏，自东向西、由北向南径流，主要排泄方式是泉水排泄、人工开采和地下径流等，为羊庄盆地的直接补给区。该抗旱井位于该断块内的山间地下水补给区段。

区内具有供水意义的含水岩组主要为碳酸盐岩夹碎屑岩类岩溶裂隙含水岩组，该类型地下水赋存于馒头组、张夏组、崮山组、炒米店组等的岩溶裂隙中，地形位置较高，基本属裸露型，富水性较弱，一般单井涌水量小于 500m³/d。地下水接受大气降水补给后，以自然径流方式排泄（图2、图3）。

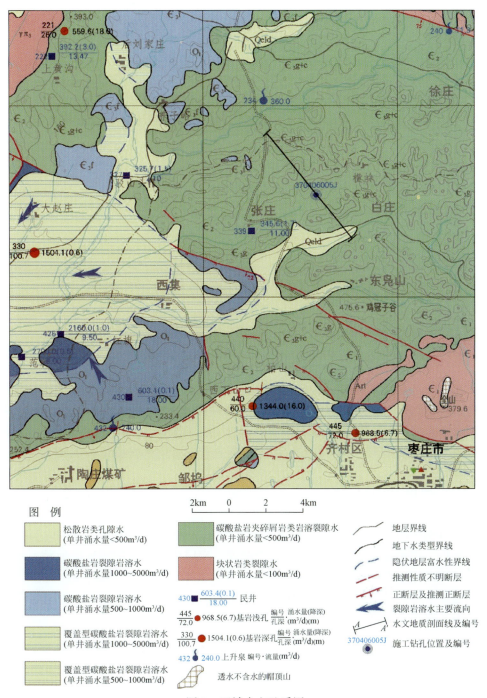

图2 区域水文地质图

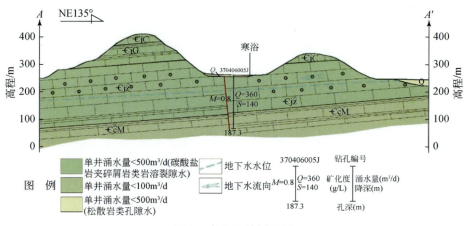

图 3　水文地质剖面图

2　找水靶区的确定及物探工作布置

2.1　找水打井技术方向

在以往资料分析的基础上，结合野外实地调查情况，该地段找水打井工作受制于地层岩性，初步确定富水性相对较好的张夏组石灰岩作为本次工作的目标含水层[2,3]，考虑到汇水面积及断裂构造对石灰岩赋水的影响，因此通过调查与物探工作确定断裂构造位置，查清其性质及影响带范围，从而将孔位拟定于断裂影响带内的张夏组石灰岩区。

2.2　找水靶区确定

在收集分析区内 1∶5 万地质资料及区域水文地质资料的基础上，对区内目标地层岩性进行了分析，初步确定了张夏组石灰岩为勘探目地层位，结合周边地形地貌，该地段地处簸箕形谷地的出水处，地下水由 E、EW 向 W、WN 方向径流，具有较大的汇水面积。现场踏勘过程中发现断裂构造露头，在构造影响带内岩石往往比较破碎，故选定了寒峪村西北部作为本次找水靶区。

2.3　勘探孔孔位确定

在确定找水工作靶区的基础上，沿断裂构造展布方向进行了追索，初步查明断裂的性质，在断裂构造的迎水盘布设了两条物探联合剖面线，野外共完成联合剖面测线两条，联合剖面测点 328 个。该地段联合剖面曲线起伏变化较大，与大面积石灰岩出露及地形起伏大有关[4~10]。1 线位于水泥路北侧，该线有两个正交点（断层点）异常，一个位于桥北的

25 号点（现有供水井为 26 号点），另一个位于村西变压器房东侧的 62 号点（60～64 号点为明显的低阻异常带），经改变装置测得该断层倾向 W，倾角较陡（图 4、图 5）。为确定该断层的走向，又平行 1 线在北面约 80m 处布设了 2 线，与 1 线大致平行，如图 4 所示。在 2 线的 40 号点附近有一正交点（断层点）。40/2 与 62/1 两点的连线为该推断断层的走向，为 NE 向。该断层影响带在 40～60m。经过对所做物探资料的推断解释及分析对比，建议将拟定孔位布设在 62/1 点上。孔深建议 250m。

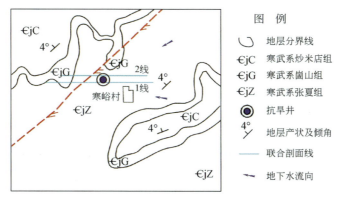

图 4　物探联合剖面线布置图

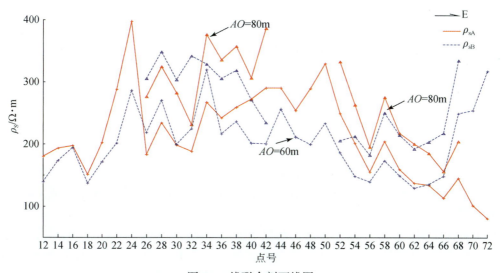

图 5　1 线联合剖面线图

在确定了断裂性质及影响带范围的基础上，拟定了施工孔位，布设于断裂来水盘的影响带内，由于断裂作用使两盘的地层上下位移，对地下水具有一定的阻挡作用，使地下水易于在岩石破碎带内聚集，从而形成相对富水地段[11～13]。

3　钻孔实施

3.1　钻探过程及施工工艺

施工设备采用 SPJ-300 型水文水井钻机，开孔采用 Φ325mm 钻头施工，至 6.0m 进入基岩，在换用 Φ273mm 钻头施工至 19.8m，进入完整基岩 1m，下入 Φ273mm 护壁钢管，水泥砂浆止水固井，然后换用 Φ219mm 钢粒钻头施工至 187.3m，百米及终孔进行孔深校正和测斜。

钻孔施工至 19.8m 时进入完整基岩，下入 Φ273mm 护壁钢管，井管采用提吊焊接法，共下入 Φ273mm 钢管 20m，管口高出地表 0.2m，管壁外采用水泥砂浆止水，基岩段裸孔。

3.2　成井结果

钻孔成井深度 187.3m，揭露地层岩性由上至下依次为第四纪、张夏组石灰岩、鲕粒灰岩、馒头组砂质、泥质页岩等，71～122.8m 发育四段含水层，厚度约 6.2m，岩性为石灰岩、鲕粒灰岩，以溶隙裂隙水为主。地下水静水位为 65m，动水位为 105m，涌水量为 360m³/d。水质评价结果为基本适宜作为生活饮用及农田灌溉用水，极大地解决了当地居民用水困难，缓解当地旱情，取得了较好的社会效益。

4　结　　语

区内地层岩溶裂隙发育相对较好的属张夏组石灰岩，一般情况下，较大的裂隙及节理较为发育，为地下水的贮存及运移提供了空间，但往往发育深度不大，制约着井孔涌水量的大小。具有较大汇水面积地段，可以更多地截取地表径流较为地下水，张性断裂的存在加强了地下岩溶裂隙发育，增大了贮水、导水空间，具备上述 3 个条件才形成了区内相对富水的地段。

利用张性断裂定井，一般将井定在断裂交汇处或张性断裂影响带上，抗旱井位置上多处于山间沟谷或山前平原的基岩裸露或浅覆盖区，位于基岩地下水的补给区和径流带上，地形位置高度较大，水位埋藏较深，水动态变化随季节变化较明显。

物探工作中应注意的问题：在时间允许的情况下尽可能地多做些工作，在老地层上要选择风化层厚的点；在石灰岩隐伏区，当第四系厚度不大时，要先做联合剖面工作以查找隐伏断层，然后再在断层异常点两侧做电测深工作，以了解随深度的变化电性的变化情况；当第四系厚度大时，联合剖面法查找断层效果不理想，要以较大距的电测深法为主，查找深部断层和岩溶裂隙发育情况。石灰岩覆盖区的基岩井大多拟定在了断层（正交点）附近或电测深断面低阻带上。

参 考 文 献

［1］ 张增奇，刘书才，杜圣贤等．山东省地层划分对比厘定意见．山东国土资源，2011，27（9）：1~9

［2］ 王祥永，王建，彭超等．泰安市山丘区地下水找水方向．山东国土资源，2011，27（11）：28~33

［3］ Terzic J，Sumanovac F，Buljan R．An assessment of hydrogeological parameters on the karstic island of Dugi Otok，Croatia．Journal of Hydrology，2007，343：29~42

［4］ Angulo B，Morales T，Uriarte J A，et al．Hydraulic conductivity characterization of a karst recharge area using water injection tests and electrical resistivity logging．Engineering Geology，2011，117：90~96

［5］ 苏永军，马震，孟利山等．高密度电阻率法和激发极化法在抗旱找水定井位中的应用．现代地质，2015，29（2）：265~271

［6］ 宋希利，宋鹏，田明阳等．物探方法在侵入岩地区抗旱找水定井中的应用．地球物理学进展，2012，27（3）：1280~1286

［7］ 王德强，董金报，曾照明．水文地质调查与物探结合在石灰岩地区找水定井的应用．山东国土资源，2013，29（1）：30~33

［8］ 孟庆鲁，刘彦，赵法强等．高密度电阻率法在山东泰安地区抗旱打井工程中的应用．山东国土资源，2017，30（7）：54~57

［9］ 宋希利，林海，姜春永等．电阻率测深法在云南省玉溪市抗旱找水定井中的应用．山东国土资源，2011，27（7）：22~28

［10］ 周立国．电法在日照市丘陵区找水中的应用．山东国土资源，2017，33（12）：55~59

［11］ 贾德旺，赵庆令．沂蒙缺水山区地下水赋存规律及找水定井范例．山东国土资源，2016，32（5）：56~64

［12］ 彭玉明．沂南县贫水山区找水定井技术研究．山东国土资源，2012，28（1）：35~39

［13］ 王宇，彭淑惠，王梓溦等．云南省抗旱井定井论证方法．中国岩溶，2013，32（3）：305~312

基于蓄水构造类型的岩溶山区定井技术研究
——以山东沂水县云头峪村地下水勘查为例

李传磊[1,2]　程秀明[1,2]　韩永东[1,2]　刘春伟[1,2]　刚什婷[1,2]

[1. 山东省地矿局八〇一水文地质工程地质大队（山东省地矿工程勘察院），济南　250014；
2. 山东省地下水环境保护与修复工程技术研究中心，济南　250014]

摘要：蓄水构造是富集地下水的地质构造形式，它是地下水形成、运动和蓄存的场所。本文在对区域地质条件、地下水系统资料进行详细分析并结合野外现场调查的基础上，基于蓄水构造控水理论，对云头峪村岩溶岩地区基岩地下水找水进行了探讨。断裂旁侧富水、断裂带富水、断裂交汇部位片状富水都是找水打井的有利地段。总结出云头峪村地下水区域性蓄水构造类型主要为阻水型岩溶裂隙蓄水构造，并提出了该区地下水找水方向与开发利用模式，有助于当地村民合理开发利用地下水。

关键词：岩溶山区　定井技术　阻水型岩溶裂隙蓄水构造　找水方向

1　引　　言

岩溶地区地下水主要赋存于岩溶裂隙和岩溶管道中，在岩溶地区定井找水存在着一定的难度，主要受储存空间分布和相互间连通的高度不均匀这一特性控制，成井率极低，中国不少岩溶地区的成井率低于50%"隔墙不打井"的观念始终提醒着人们在岩溶地区打井要谨慎。如何准确、经济、快速确定地质构造的空间展布特征和富水部位，是提高找水准确率的关键[1,2]。近几十年来，国内外学者对定井技术进行了若干研究，将地质力学、新构造、物探、核技术及岩溶水系统理论、蓄水构造理论等应用到找水实践中，取得了较好的效果[3,4]。

山东省沂水县夏蔚镇是沂蒙山区红色革命根据地，受山区自然条件限制，普遍存在不同程度的缺水难题，水源也成了制约当地经济发展和群众生活水平提高的一个重要原因。断裂构造是云头峪村附近的主要构造形态，断裂构造也是成井最多的一类蓄水构造[5]，它对于不同类型的含水岩组，都具有一定的富水意义；其富水地段的位置及水量大小，主要取决于断裂的性质、规模、破碎程度，以及含水岩组的区域含水性和补给条件等因素。本项目依托于水文地质调查项目，基于蓄水构造理论，对区内构造特征进行分析，尝试明确岩溶山区的找水方向，在云头峪村成功实施了井1眼，结束了该村500余人吃水窖水的历史，同时可灌溉农田300亩，为此类地区解决饮水困难问题提供示范和参考。

2 环境地质条件

2.1 地形、地貌

云头峪村行政区隶属于沂水县夏蔚镇，属暖温带季风气候区，具有显著的大陆性气候特点，四季变化分明，春季干燥；夏季高温高湿，雨量集中；秋季秋高气爽；冬季干冷，雨雪稀少，年降水量为880mm，年平均气温13.4℃，区内主要水系为沂河。云头峪村地貌类型为低山丘陵区，西部、北部为低山区；东部、东北部为丘陵区；中部南部为平原，地形位置较高，一般为350～260m，最高372m；相对高差达120m。

2.2 含水岩组特征

该地基底为古元古界—太古宇泰山群，自古至今依次为元古宇震旦系、古生界寒武系及新生界第四系。泰山群和震旦系埋藏于寒武系之下，倾角较平缓，一般5°～25°。寒武系为馒头组、毛庄组、徐庄组、张夏组；徐庄组、毛庄组多分布于山体的中下部，下部的馒头组石灰岩为相对含水层，张夏组仅出露于山顶，俗称"崮"；第四系厚度较小无良好含水层（图1）。区内分布的主要含水岩组特征如下：

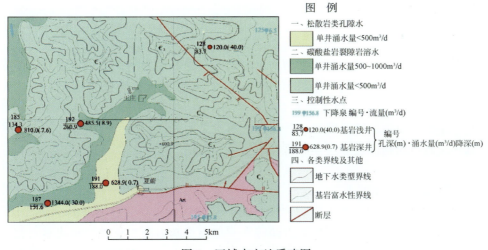

图1 区域水文地质略图

下寒武统馒头组：顶部为鲜红色易碎页岩，中部主要为紫色页岩，其中夹薄层–中厚层泥灰岩6层，下部三层含燧石条带状灰岩，底部为紫褐色粉砂岩及石英砂岩。该层石灰岩裂隙岩溶发育，为碳酸盐岩夹碎屑岩含水岩组的主要含水段。该层厚67～182m。

下寒武统毛庄组：紫红色砂质页岩，下部夹薄层状泥灰岩。厚41～90m。在调查区山脚处大面积出露。

中寒武统徐庄组：紫红色砂质云母页岩夹薄层泥质灰岩，底部有交错层砂质灰岩。厚度 42 ~ 125m。在调查区四周山体山坡处大面积出露。

中寒武统张夏组：主要指厚层鲕状灰岩，该层石灰岩较厚，地表裂隙岩溶较发育，厚 73 ~ 258m。在调查区主要分布于北部、东部山的顶部。

2.3　地下水补、径、排特征

该区处于鲁中南中低山丘陵水文地质区，肥城-沂水单斜断陷水文地质亚区，沂水断块岩溶水小区。地下水主要赋存于馒头组中的岩溶、裂隙中，含水层岩性主要为石灰岩夹页岩。区内毛庄、徐庄、张夏组石灰岩广泛裸露，岩溶发育，断裂构造密集分布，岩溶发育强烈，沟谷纵横，有利于大气降水和地表水（坡面流）的入渗，还可得到分水岭地带大面积泰山群变质岩区汇集的地表水渗漏补给及地下径流侧渗补给。寒武系馒头组有多层石灰岩，底部夕质灰岩厚度较大，裂隙岩溶较发育，该层为岩溶裂隙水含水岩组中相对富水层；径流方向则是由西向东径流；岩层产状呈单斜构造，在倾没端可形成地下水相对较富集区，加之断裂或不透水岩层的阻隔，还可以使地下水位升高或以泉的形式排出。

3　断裂构造特征及蓄水作用

3.1　断裂构造特征

云头峪村处于 NW 向的金星头断裂与 EW 向的夏蔚断裂之间。区内展布北西断裂多具张性、张扭性特征，并具多期活动性。如 NW 向的金星头断裂为张扭性正断层，走向为 45°~ 50°，长 25km，力学性质十分复杂，张、压、扭的特征均有，并具多期活动性。第一次为左行张扭，石英岩脉沿其侵入，第二次再次发生张扭活动，石英脉形成张性断层角砾岩，第三次右行压扭，使断层角砾岩又遭受右行剪切。

3.2　断裂带富水特征

断裂的张性活动，又导致了岩浆岩的侵入，在底部泰山群变质岩与寒武系石灰岩断层接触地段，断裂的高角度正断层特征十分明显。断层带内保存有断层角砾岩，角砾大小混杂，断裂带本身结构疏松，胶结和充填程度较低，是地下水赋存的有利场所，常常构成廊道式断裂富水段或导水通道。云头峪村东部的断裂带在古生界寒武系中通过，在北段有燕山期闪长岩侵入体，由于沿断裂带火成岩侵入及地层错位，页岩阻水，因而该断裂形成地下水分水岭。夏蔚断裂位于沂水县城西，断裂上盘以寒武系为主，下盘则以太古宇变质岩为主，长约 50km。

4 找水技术方法

4.1 水文地质特征分析

地下水系统分析是找水的基础[6]。地下水系统分析是在收集有关地质、水文地质资料和对已有失败或者成功钻孔调查与分析的基础上进行的。其目的是了解和掌握具体找水区域所处的地下水系统的基本特征，确定目标含水层。对于含水介质，要研究它的空隙特征及非均质特性；对于水循环条件，要研究蓄水构造、地下水的补给和排泄条件及相互关系，确定蓄水构造及其所处的地下水系统或外界水量交换的形式、地下水主要的径流部位的富水特征，进而为找水靶区的圈定和井位的选定提供宏观决策的依据[7]。

云头峪村庄外围山顶出露寒武系张夏组，坡麓地带出露为毛庄组，下部为馒头组石灰岩，通过对以往资料和野外勘查工作分析，初步提出找水目标含水层或对象为：寒武系馒头组石灰岩的岩溶裂隙带。

4.2 蓄水构造特征分析

构成一个蓄水构造必须同时具备 3 个要素，即含水的岩层、隔水的边界及补给条件，这是任何一个蓄水构造都不能缺少的基本蓄水条件[8]。在透水性较强的岩层，如果在地下水通流的下游有横截地下水流的阻水体存在，地下水就会因为受到阻挡而抬高水位，并在阻水体上游的强透水岩层里富集起来。其情形很像一个地下水库，而阻水体就像水坝一样把水挡在水库里，这样的蓄水构造就是阻水型蓄水构造，包括大型岩体阻水的、岩墙（或岩脉）阻水的、断层阻水的及地层阻水的。

定井位置北侧为一断裂构造，上盘地层为张夏组—徐庄组，下盘为泰山群片麻岩，断裂下盘抬升而阻水，从而使得断裂上盘存在蓄水空间。地下水在该区有一定的补给面积，地下水径流随着地势由西向东，在村北山一带遇泰山群片麻岩受阻，而成为地下水富集地带，即确定蓄水构造类型为：断层阻水型蓄水构造（图 2）。

4.3 富水地段的确定

对断裂蓄水构造首先应掌握其在地下水系统中所处的位置，查明主要补给区的构造位置，然后圈定补给区范围，补给区范围的圈定一般可考虑地表水分水岭、蓄水构造的延伸范围、含水岩组出露条件及隔水边界等因素，径流条件是确定找水靶区的关键。经地质、水文地质条件综合分析，云头峪村附近蓄水构造类型为断层阻水型蓄水构造。云头峪村处于断层的上盘，因此圈定富水靶区在断层上盘径流路通道上。

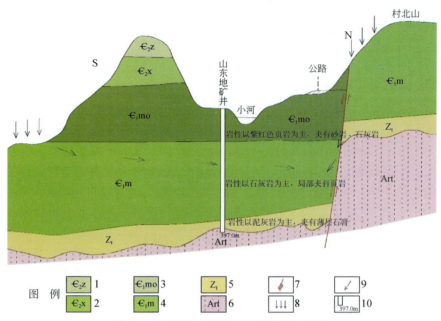

图 2　云头峪地矿井蓄水构造模型示意图

1. 寒武系张夏组；2. 寒武系徐庄组；3. 寒武系毛庄组；4. 寒武系馒头组；5. 震旦系土门组；
6. 泰山岩群；7. 断裂；8. 大气降水；9. 地下水运动方向；10. 成井位置及深度

4.4　井位的确定

在系统分析富水特征的基础上，参照已有成功或失败的实例（位置见图 3），综合分析、反复对比、优化选择、确定井位。最终确定了井位位于已有水井 4# 的西部 40m 处，成功实施了 1 眼孔深为 400m 的井，该井所利用的含水层层位为寒武系馒头组，其岩性主要为中厚层石灰岩、夕质灰岩，岩溶裂隙较发育，含水段总厚度为 40.40m，涌水量为 552m³/d。

5　结　　论

岩溶含水介质是一种非均匀的介质，在岩溶水流场强透水介质汇集和排泄弱含水介质中的地下水中起着主要的输水作用。地质构造蓄水理论认为，地质构造是控制地下水埋藏、分布和运移的主导因素，在一定有利的地质构造组合形式下，就会形成有利于地下水形成、运动和蓄水的蓄水构造。通过分析岩溶水系统结构寻找蓄水构造的方法称之为蓄水构造分析定井法。根据云头峪村附近成井实例及其地质、水文地质背景分析，此处的主要的蓄水构造为断裂阻水蓄水构造。

（1）寻找"阻水构造"，地层阻水或断裂带阻水，有阻才有"滞蓄存在"。"无阻不

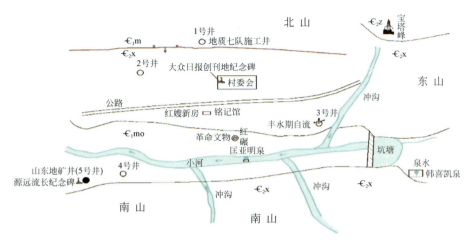

图 3　勘查工程附近已有水井平面位置示意图

滞，无滞不蓄"是寻找岩溶裂隙蓄水构造特有规律。

　　（2）断裂带找水定井：断裂带中一般在上盘定井，在区域地下水位以下一定深度穿过断裂破碎带；脆性岩石中，在断裂的影响带附近是找水定井的方向；柔性岩石地层中，在断裂构造附近则不宜定井。

参 考 文 献

[1] 潘晓东，梁杏，唐建生，苏春田，孟小军. 黔东北高原斜坡地区4种岩溶地下水系统模式及特点——基于地貌和蓄水构造特征. 地球学报，2015，36（1）：85～93
[2] 左昌群，徐颖，陈志超，罗林，陈建平. 断裂群碳酸盐岩深埋隧道突水机制及风险减避. 公路交通科技，2014，31（1）：89～95，117
[3] 李旺林，束龙仓，李砚阁. 地下水库蓄水构造的特点分析与探讨. 水文，2006，（5）：16～19
[4] 刘新号. 基于蓄水构造类型的山区综合找水技术. 水文地质工程地质，2011，38（6）：8～12
[5] 覃小群，宋开本，黄奇波，蓝芙宁，黄春阳，黄辉. 广西岩溶峰林区地下水赋存特征及钻探成井模式. 中国岩溶，2017，36（5）：618～625
[6] 王新峰，宋绵，龚磊，肖攀，何锦，刘元晴. 赣南缺水区地下水赋存特征及典型蓄水构造模式解析——以兴国县为例. 地球学报，2018，39（5）：573～579
[7] 吉学亮，尹学灵，潘晓东，陈志兵. 岩溶斜坡地带基于蓄水构造的地下水富集模式. 科学技术与工程，2017，17（22）：8～15
[8] 乔光建，梁韵，王斌. 邢台百泉岩溶水库蓄水构造特征分析及功能评价. 南水北调与水利科技，2010，8（1）：139～143

第二篇
黄土高原和地方病区地
下水勘查实例

晋西南峨嵋台塬找水打井勘查示范工程
——以临猗县找水打井为例

党学亚

（中国地质调查局西安地质调查中心，西安 710054）

摘要： 山西省西南部的峨嵋台塬是资源性和水质性缺水地区。本次工作通过地质分析法和简单物探手段，在峨嵋台塬成果找到了水量较为丰富的岩溶水，验证了对峨嵋台塬岩溶地下水补、径、排条件和赋存富集规律的认识是正确的。

关键词： 晋西南　台塬　岩溶水　地质分析法

1　引　　言

山西省西南部的峨嵋台塬是黄河、汾河和涑水河所环绕（图1），区内地势高，降水少，无河流、水库等地表水体，水资源十分匮乏，工农业用水完全依靠浅层地下水维系，群众吃水则完全依靠雨水，是资源性和水质性缺水地区。以往主要打井开采第四系地下水，少量开采岩溶水，开采井主要集中在东部碳酸盐岩裸露的稷王山或第四系较厚的万荣-

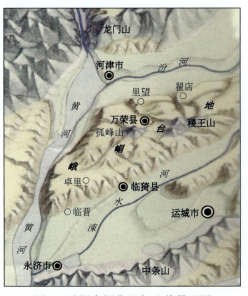

图1　峨嵋台塬位置与地貌景观图

汉薛凹陷带。孤峰山西南部缺水,长期以来水源问题没能有效解决。对此,中国地质调查局鄂尔多斯盆地地下水勘查计划项目的工作项目——"晋陕富平-万荣地区岩溶地下水勘查"项目,在 1999 年实施伊始,就将峨嵋黄土台塬纳入勘查范围,希望找到优质的新水源,为当地缓解缺水问题提供水源和打井示范。

2　地质与水文地质条件

2.1　地质条件

根据区域地质资料[1,2],峨嵋台塬发育的地层有:第四系、新近系、古近系松散岩类,燕山期火成岩,石炭-二叠系碎屑岩、中奥陶统峰峰组—寒武系辛集组碳酸盐岩,以及太古宇涑水群变质岩。第四系松散岩类遍布全区;火成岩主要为花岗闪长岩,出露于孤峰山,隐伏分布于大、小嶷山一带;石炭-二叠系碎屑岩分布于孤峰山-大嶷山-小嶷山西侧的临猗县北辛至万荣县高村一带;岩溶地层为中奥陶统峰峰组—中寒武统徐庄组第二段的碳酸盐岩,受孤峰山及大嶷山、小嶷山火成岩侵入体影响,岩溶地层围绕火成岩体周边地带分布,顺山势向四周低洼地带倾斜(图 1、图 2)。

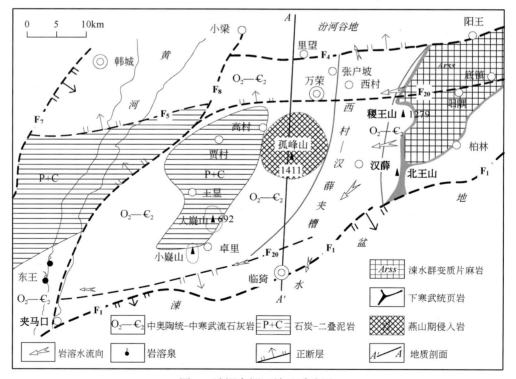

图 2　峨嵋台塬区域地质略图

2.2　水文地质条件

根据区域水文地质资料[1,2]，峨嵋黄土台塬地下水主要为第四系松散层孔隙水和寒武-奥陶系岩溶地下水两种类型[1,3]。其中：①第四系松散层孔隙水含水层为中—上更新统黄土层及下更新统三门组冲湖积层。黄土层富水性差，几乎不含水；三门组冲湖积层富水性较差，水位埋深大于100m，单井出水量在200m³/d左右。②寒武-奥陶系岩溶地下水含水层为中—下奥陶统—寒武系碳酸盐岩，以石灰岩、白云岩、鲕状灰岩为主。

3　找水方向与靶区的确定

3.1　找水方向

通过分析区域地质构造和岩溶水文地质资料认为，峨嵋台塬为一个补、径、排完整的岩溶地下水系统。其东界为稷王山东侧下寒武统泥页岩和太古宇涑水群变质岩体（图2），属隔水边界；西界为黄河，属排泄边界；南界为双泉-临猗断裂（F_1）、北界为里望-紫金山断裂（F_4）。另据项目在峨嵋台地取得的高精度重力勘探资料，F_1、F_4两断裂上盘石灰岩埋深分别达1350m和1800m，使石灰岩与新生界松散层对接（图3），为隔水-弱排泄边界。此必然导致来自东部稷王山万荣-汉薛凹陷带的岩溶水在获得大气降水直接和间接补给后，向西部的黄河谷地方向径流、排泄。但孤峰山、大嶷山、小嶷山等火成岩体底部相连，几乎呈SN向横亘在峨嵋台地中部，必然阻碍地下水向西部运移，致使岩溶水向南北分流，绕行至南部的双泉-临猗断裂（F_1）和北部的里望-紫金山断裂（F_4）处沿断裂带

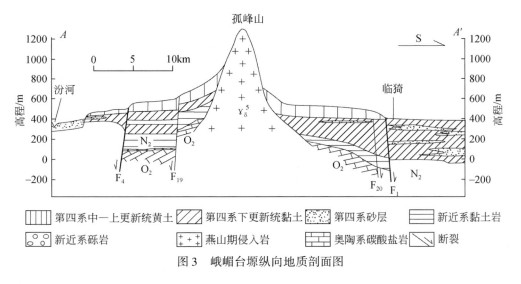

图3　峨嵋台塬纵向地质剖面图

向西径流，此断裂带不仅成为岩溶水主要的径流通道，而且使其成为岩溶水赋存富集的主要场所[2,4]。由此可见，在合适的构造部位，必然存在岩溶水富水区。因此，该地区找水的目标层为寒武–奥陶系岩溶地下水。

3.2 靶区的确定

本地区以往开采井主要集中在稷王山或万荣–汉薛凹陷带，单井水量多在 500 ~ 1000m³/d。孤峰山西南部井孔较少，岩溶水的水质、水量不明。结合区域地质资料，以及刚刚揭露到石灰岩即终孔而未形成井的 L–13 勘探孔地层资料、临猗县城 LD₂ 岩溶热水井资料进一步分析判断，虽然孤峰山、大嶷山、小嶷山等连片火成岩区有无岩溶含水层不清楚，但小嶷山南部的卓里乡寺后村一带，邻近双泉–临猗断裂带（F_1），是岩溶水向西径流的必经之路；同时，LD_2 号岩溶井降深为 30m，单井涌水量为 959m³/d，说明断裂带有较好的水量。据此将找水靶区靠近 F_1 断裂的卓里镇寺后村一带（图4）。

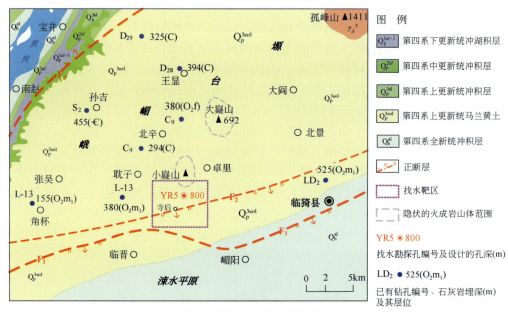

图4 临猗县区域地质构造图

4 孔位的确定与打井工程示范

4.1 勘探井位置的确定

综合上述分析，以及岩溶水赋存富集受控于地层岩性和断裂构造的规律综合考虑，钻孔向北太靠近小嶷山可能直接进入火成岩体，而太靠南部则双泉–临猗断裂新生界松散层太厚，有可能够不到碳酸盐岩。结合渭北东部地区找水工作经验和地形地貌特征，具体定位我们只采用了氡射气测量，在探测的 α 值异常区定位了断层（F_{20}）及其走向，发现其是一条与双泉-临猗断裂平行展布的次级断裂，分析判断 F_{20} 的断裂带是岩溶水由东向西径流的必经通道。同时，该处 SN 向展布的深切沟壑在某种程度上也许对岩溶水的形成与富集会产生有利影响。由此，结合场地条件，最终将 YR_5 定位于寺后村北约 200m 处的深切沟壑旁，地理坐标（高斯投影）为 3899750，194818880。根据 YR_5 孔西侧 4km 处的 L-13 钻孔揭露的碳酸盐岩顶面埋深判断，该处新生界覆盖层厚度在 480m 左右，为确保钻孔尽可能揭穿奥陶系，设计孔深 800m。

4.2　勘探孔施工与成井

　　勘探孔施工要求覆盖层可采用泥浆钻进，进入基岩段必须清水钻进；松散层孔径必须满足 Φ273mm 井壁管安全下入，井壁管管脚必须置于完整基岩上，并做永久性止水，止水段高度不小于 30m；止水段顶面以上至孔深 30m 处孔壁间隙用 2～5mm 圆砾密填，孔深 30m 以浅用水泥固封。基岩段孔径不小于 215mm 具体施工严格按照设计要求执行。

　　YR_5 号勘探孔于 2002 年 5 月 17 日开钻，施工采用 TSJ-1000 型钻机，第四系松散层采用泥浆护壁无岩心钻进，松散层孔径为 420mm，在 364m 揭穿第四系，至 458m 揭穿新近系黏土岩和底砾岩，再向下至 459.21m 进入碳酸盐岩完整基岩 1.21m，钻探结果与预想完全一致。至此进行下管、止水和固井。固井采用 500# 水泥作止水材料，共用水泥 3t，采用搅拌机以 0.5 水灰比搅拌均匀后，使用高压水泵压入管脚单向阀下，在孔壁、井管之环状间隙形成 35.47m 水泥环，待水泥凝固 72 小时后达到止水目的。其上部环状间隙再用黄土回填至地面。扫掉止水阀后，孔内水位高程在 375m，与区域岩溶地下水位一致而高于区域潜水位，证明止水效果良好。进入基岩段钻进改用清水钻进。在石灰岩界面位置取心，进尺 1m，岩心采取长度为 0.8m，岩心采取率为 80%。界面取心后以下段每钻进 20m 取心 1 次，无岩心钻进段每 10m 捞取岩粉样 1 件，并进行现场鉴定。碳酸盐岩段取心钻进 15 个回次，累计取心进尺 23.63m。据 801.98m 岩心判断，钻孔已进入上寒武统，完全穿过了奥陶系下马家沟组，随即终孔成井。2002 年 8 月 27 日竣工。

4.3　水质水量情况

　　抽水试验和水质测试结果显示：YR_5 孔岩溶水静水位埋深为 135.06m，最大抽水降深 24.80m，涌水量为 1890m³/d。水温为 35℃，水化学类型为 Cl·SO_4-Na 型水，溶解性总固体为 1399.60mg/L、总硬度为 384.34mg/L、硫酸盐含量为 376.17mg/L、氯化物含量为 361.09mg/L，超出饮用水标准，氟化物含量为 3mg/L，超出生活饮用水标准，其他元素符合生活饮用水标准。水中偏硅酸（H_2SiO_3）含量为 29.61mg/L 达国家饮用天然矿泉水标准。该井水是良好的农业灌溉水源。对于一般工业锅炉用水，该井水属锅垢很多，具有软沉淀物、起泡的、腐蚀性水。

5　示范工程总结

5.1　技术总结

YR$_5$孔的孔位是基于对区域地质、水文地质条件的分析及简单的物探手段确定的。其成功显示了地质分析法对找水成功的基础支撑作用意义重大。同时，该孔出水量大，显示峨嵋台塬有较为丰富的岩溶水，验证了对峨嵋台塬岩溶地下水补、径、排条件认识和对岩溶水赋存富集规律的认识是正确的。虽然水质多项指标超出生活饮用水标准，但可满足工业生产和农业灌溉需求。水中氟化物、硫酸盐含量较高，可能与含水层围岩性质、径流不畅及岩溶水可能得到了上层松散层高氟地下水的补给有关。

5.2　社会效益

通过该孔示范工程，缓解临猗县卓里寺后村用水急需，其揭示了峨嵋台塬岩溶水的资源前景，示范带动间接解决了近万人畜饮水困难和农田灌溉用水，受到当地人民的高度赞扬和好评，产生了良好的社会效益和经济效益。

5.3　有关建议

建议在此勘探孔开展地下水长期监测，为研究周边地下水开采对该地区岩溶水的水质水量是否影响提供第一手资料。希望随着地下水开采的持续，径流和循环交替的加强，该地区岩溶水水质向好的方向转化，造福更多的缺水群众。

参 考 文 献

[1] 李连生，余建德，赵乃亮等．山西省临猗县农田供水水文地质详查报告．1982
[2] 党学亚，喻胜虎，周成科等．晋陕富平–万荣地区岩溶地下水勘查报告．2002
[3] 何瑛雄，孙丽萍．晋西南峨嵋台地地下水补给特征浅析．西北水电，1994，49（3）：15～19
[4] 党学亚，张茂省．晋西南峨嵋台塬的岩溶水系统及岩溶水资源潜力．水文地质工程地质，2007，（4）：70～73

陕西渭北黄土旱塬找水方法与工程示范
——以富平县隐伏岩溶区找水打井为例

党学亚

（中国地质调查局西安地质调查中心，西安 710054）

摘要： 渭北黄土旱塬称作陕西的"旱腰带"，是陕西省严重缺水的地区之一，处于旱塬中部的富平县兼具资源性和水质性缺水。为解决水源问题，基于地质分析法和物探手段，成功钻获深层岩溶，揭示了富平县岩溶水的良好前景，为渭北旱塬地区主要城镇解决供水水源难题指引了方向并提供了工程示范。该井被命名为"中国西北隐伏岩溶第一井"，并立碑明示。对推动渭北乃至整个鄂尔多斯台地周边岩溶水资源的勘查开发具有重要意义。

关键词： 渭北黄土旱塬　缺水区　深层岩溶水

1 引　　言

渭北黄土旱塬地处陕西中部，为北起陕北丘陵沟壑区南缘，南至关中平原灌区北部，东起黄河，西至陇山的广大台塬、丘陵、山川及沟壑地区，包括铜川、咸阳、延安、渭南四市的 14 县 3 区。该地区土地宽阔，是陕西省重要的农业和果业基地[1]，人口占全省的16%。区内气候干旱[2]，又被称作陕西的"旱腰带"，是陕西省严重缺水的地区之一，生活饮水困难，农业生产用水靠天[3]。富平县位于旱塬中部，面积为 1242km²，人口为 81万，水资源总量为 17799.53×10⁴m³，可利用量为 17217.16×10⁴m³，人均 263.5m³。县域内约 2/3 地区的地表水和浅层地下水矿化度在 1～3g/L，同时有一半之多地域的氟含量大于 1mg/L，171 个村 46% 的人口有地氟病。富平县兼具资源性和水质性缺水，作为全县政治、经济、文化中心的富平县城，虽地处过境河流石川河河谷。但受上游来水量减少、人口增加带来的需水量增大，以及 20 世纪 70 年代末过量开采浅层地下水造成水位大幅下降大量水井报废的影响，县城供水水源严重不足，供需矛盾突出。对此，1996 年，原地矿部"西北地区地下水资源特别计划"的"陕西渭北黄土旱塬区隐伏岩溶地下水普查"项目，针对富平县城严重缺水问题，在其北侧 3km 处的王寮塬华朱乡部署实施了隐伏岩溶区深部找水工作，并施工了 Y1 号水文地质探采结合井，以期实现找水突破，为富平县城及周边村庄生活饮用水解决供水水源，为类似地区提供找水的技术方法和工程示范。

2　地质与水文地质条件

2.1　地质条件

富平县大面积为第四系松散层所覆盖，前第四系仅在北部的山区和深切的黄土台塬冲沟内有露头，主要是中奥陶统峰峰组的碳酸盐岩、平凉组的灰色页状与薄板状石灰岩，石炭系夹煤线及煤层的泥岩和砂岩，以及新近系棕红色的黏土和钙质胶结的灰质砾岩。第四系主要是中更新统风积相并夹有多层棕红色古土壤条带的黄土状砂质黏土、上更新统风积相的浅黄色粉质砂土，以及全新统冲洪积相的砂卵砾石（图 1）。地貌从北向南依次为基岩断块山、山前洪积倾斜平原和黄土台塬，西南部为石川河谷地。形态上呈现出多条 NE 向黄土洼地与垄岗相间分布的特征。

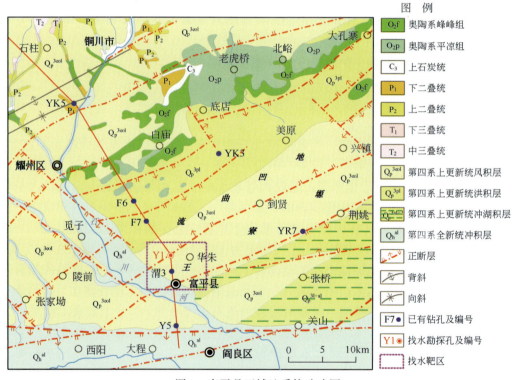

图 1　富平县区域地质构造略图

富平县在构造上处于渭北断褶带。区内分布 EW 向的压性构造带及 NE、NW 向的压扭性和张扭性构造带（图 1）。喜马拉雅期汾渭断陷强烈下沉，致该区内先期形成的 NE、NW 向压性、压扭性断裂向张性转化；其中后期的大幅度区域性的差异性升降运动，导致从北向南呈现出垒堑相间的地质构造格局，依次有白庙–北峪地垒、流曲地堑、王寮塬地垒、卤阳地堑，与黄土洼地与垅岗相间分布的地貌特征相吻合。

2.2 水文地质条件

渭北黄土旱塬地下水主要有第四系松散层孔隙水和奥陶系岩溶水两种类型。第四系黄土层赋水条件差，总体上水量小、水质差；河谷第四系含水层分布范围小，地下水资源有限且受河流来水量和开采影响较大。但岩溶水，根据渭北东部地区调查研究成果[4~6]，其以泉水在黄河及洛河河谷产出，水量丰富，水质优良，主要有峰峰组、上马家沟组及下马家沟组 3 个区域性含水层组，埋藏深度从北向南总体上越来越深。岩溶水赋存富集受控于岩相古地理、断裂构造及补给条件。总体规律为质纯层厚的碳酸盐岩岩溶化程度高，岩溶水富集；断裂构造区岩石破碎、裂隙密集，溶蚀作用强烈，岩溶化程度高，岩溶水富集。在这些条件具备时，主要是断裂构造条件控水。渭北东部岩溶水在质纯层厚的峰峰组及上马家沟组、下马家沟组碳酸盐岩与断裂共同作用，不仅断裂带附近富集，而且沿断裂带形成了强径流，单井出水量大，一般可达 1000~8000m^3/d；无断裂且碳酸盐岩不纯的区域，单井出水量一般小于 1000m^3/d，甚至无水。

3 找水方向与靶区的确定

3.1 找水方向

富平县在 1996 年以前，受经济能力及对深部岩溶水文地质条件认识不足的局限，区内基本未利用岩溶水，隐伏岩溶区鲜有水文地质钻孔揭示水质、水量情况，利用地下水就是开采赋存在浅表的第四系松散层水。但根据区域地质条件和岩溶水文地质条件分析，富平县处于渭北东部岩溶水系统的补给、径流区，其黄土台塬深部应该存在中奥陶统上马家沟组、下马家沟组和峰峰组这些区域性岩溶含水层。区内黄土梁洼相间的地貌形态显示其深部基岩基底是断裂纵横交错形成的垒堑相间格局，必为岩溶水在富平县赋存富集提供良好的存储空间和导水通道。同时，岩溶水极易接受县域北部和域外铜川市境内大面积裸露碳酸盐岩接受大气降水的入渗补给和河流的渗漏补给。因此，确定富平县找水的方向是隐伏于地下深部的岩溶水。

3.2 靶区的确定

从北山出露的奥陶系峰峰组、县城北部刚刚钻遇碳酸盐岩就终孔的渭 3 号石油勘探孔资料看，富平县城正北 3km 处的王寮塬受两侧断裂挟持，为基底隆起的地垒型蓄水构造。加之西南方向石川河断层的截切，王寮塬可沟通大范围的水力联系。结合交通条件考虑，选择王寮塬西南端距离县城最近的华朱乡页坡村作为找水靶区。

4　孔位的确定与打井工程示范

勘查选定靶区后，重要的工作是确定断裂构造的具体位置和岩溶层的埋深，需要通过物探手段来实现，具体工作如下。

4.1　物探方法的选择

物探方法的选择兼顾适应性和成本，勘查工作选择了氡射气测量、电法和地震三种方法，依此展开，从大范围向小范围递进，为最终确定勘探孔位提供依据。其中：氡射气测量成本低，可以控制断裂构造在区域上的位置和走向，为此横跨王寮塬，沿靶区东部华朱乡向北的村道、县城通往北部宫里乡的公路及二者之间布设了 3 条勘测剖面。结果 3 条剖面均显示出了氡射气 α 粒子高值区，且高值区连线的走向与王寮塬走向一致。在此基础上，沿县城通往北部宫里乡的道路、东部华朱乡向北的村道两条交通便利的放射性勘测剖面，跨越高值区布设联合四极电法勘测剖面，进一步确定了断层位置和石灰岩顶面埋深。最后在县城至宫里乡的道路，布设人工浅地震，进一步确定了断层位置和石灰岩顶面埋深。结果证明，正如起初的分析推断，王寮塬南北两侧确有断层存在，其中：北侧断层在页坡村北的黄土斜坡中部，南侧断层在富平县城北侧。北侧断层附近碳酸盐岩埋深相对较浅，约 800m。

4.2　勘探井位置的确定

参考物探测量结果，考虑岩溶水来自北部补给及含水层埋深，最终将勘探孔布设于页坡村北的黄土塬面（图 1、图 2），高斯坐标为：19331841.57、3852657.98，地面高程为498.8m，预计石灰岩顶面埋深800m，设计孔深1000m，编号为 Y1。

4.3　勘探孔施工与成井

位置选定后进入施工阶段。为保证成井质量和水量水质，要求第四系下入 Φ325mm 钢管，新近系下入 Φ273mm 钢管，奥陶系完整基岩段裸孔，孔径不小于215mm。1996 年 12 月 26 日开钻，采用牙轮钻头回旋钻进，于490m 钻遇奥陶系中统峰峰组石灰岩。随即按照设计下管止水，隔离上层劣质地下水。之后开始基岩钻进，于710m 钻遇溶洞，冲洗液突然全部漏失，738m 钻穿溶洞，但提钻后溶洞泥沙迅速填满下部孔段，埋钻和卡钻问题突出，为防止事故发生，钻进过程中在钻具上增加了捞砂筒。但泥沙太多，难以捞净，进一步钻探非常苦难。经专家组技术会商，在 1997 年 3 月 17 日停止钻探，进行抽水。其时，勘探孔静止水位埋深117m，降深12m 的单井涌水量为13300m³/d。水质测试结果显示：水中可溶性总固体含量973.26mg/L、F 含量 1.2mg/L，Sr、Li、Br 等元素及 H_2SiO_3 含量

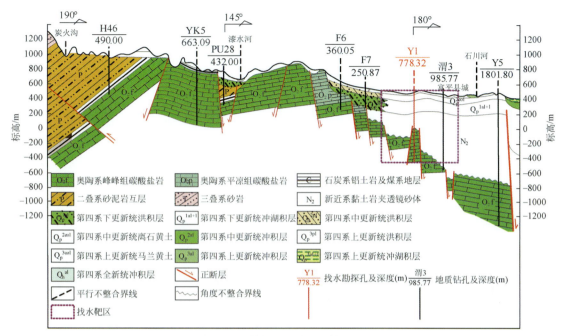

图 2 Y1 勘探孔纵向地质剖面图

达到或接近国家饮用天然矿泉水标准，水化学类型为 $SO_4 \cdot Cl-Na \cdot Ca$ 型，是优质的淡水资源；同时井口水温达到了 43℃，属中温热水，完全达到了勘探目标。考录到进一步钻探风险较高，最终于 778.32m 终孔成井。

5 示范工程总结

5.1 技术总结

Y1 井的岩溶含水层为中奥陶统峰峰组，与推测完全一致。钻遇溶洞出水也进一步证实了断层带是渭北旱塬岩溶水主要的储水空间和径流通道的认识。由此可见，基于地质分析法确定找水靶区和孔位是准确可靠的。虽然地球物理勘探所确定的石灰岩顶面埋深与实际有显著偏差，但其确定断层的位置是较为准确的。

Y1 井的出水层位为溶洞，深度在 710～738m，位于石灰岩顶面以下 220m 处。按正常地热增温梯度推算，此孔岩溶水的循环深度可达−500～−400m，这一新情况打破了海平面以下岩溶不发育的传统认识。该井的成功实施实现了深层岩溶找水的重大突破，揭示了富平县岩溶水的良好前景，为渭北旱塬地区主要城镇解决供水水源难题指引了方向并提供了工程示范。该井被命名为"中国西北隐伏岩溶第一井"，并立碑明示。中科院院士、我国著名的岩溶专家袁道先考察该井后认为，Y1 孔的成功是岩溶水文地质理论的一大突破，对推动渭北乃至整个鄂尔多斯台地周边岩溶水资源的勘查开发具有重要意义。

5.2　社会效益

　　Y1孔的成功振动富平及周边地区，受到了陕西省政府的高度重视，并为这一突破性成果专门召开了新闻发布会，中央电视台二套架金桥节目及省内各大新闻媒体向全国作了详细报道，新华社还向海内外发了专电进行报道。时任陕西省副省长的王寿森同志欣喜地说："这相当于建成了一个小水库。"富平县县长说："富平严重缺水的状况是历届政府的一大难题。这口优质高产井不仅缓解了城区供水紧张的矛盾，也解决我县严重缺水这个自唐朝设郡以来历代县令未能解决的千古难题，为振兴富平经济做出了重大贡献。"

　　基于这一成功，富平县跟进打井，在页坡村相继建成了深度在830~912m供水井5眼，形成了岩溶水源地。各供水井岩溶水水化学特征相似，水温最高达46℃，单井涌水量均在4300m³/d以上。互阻抽水试验表明，页坡水源地岩溶水开采资源在50000m³/d以上，可彻底解决富平城区及周边较长时期内的用水问题。目前，富平城区供水全部来自页坡水源地。Y1孔的找水突破与成功示范带动了渭北东部的蒲城、合阳、澄城、铜川及渭北西部的礼泉、永寿等县市开展岩溶找水，在600~900m深度相继建成了一批质优量大的供水井，不同程度地解决了亟须的供水水源问题，缓解供水矛盾。其中，蒲城、合阳、澄城三县依靠岩溶水完全解决了县城和大部分乡镇的水源问题。

5.3　有关建议

　　陕西渭北地区岩溶水分布广泛，其中渭北东部地区岩溶水水力联系密切，属于同一地下水系统。在目前各地均将岩溶水作为供水以来的情况下，需要不断深化对区域岩溶水赋存条件与分布规律的认识，使岩溶水尽可能多地满足当地用水需求。同时，需要加强水位、水质监测，以及岩溶水资源潜力研究，确保可持续利用，更好地造福地区经济社会发展。

参 考 文 献

[1] 孟丹丹，殷淑燕．陕西渭北地区县域经济发展与生态建设互动研究．干旱区资源与环境，2010，24（1）：20~24

[2] 彭维英，殷淑燕，鲍小娟．陕西渭北旱塬气候暖干化及干旱灾害趋势预判．农业现代化研究，2012，33（1）：121~124

[3] 张崇信．渭北"旱腰带"地下水埋藏特征的初步认识——以礼泉县石潭人民公社为例．陕西师大学报（自然科学版），1979，（1）：199~213

[4] 陈月娓，董天印，杨喜成等．陕西省渭北东部地区岩溶水普查-详查报告．陕西省地矿局第二水文地质工程地质队，1990

[5] 党学亚，喻胜虎，周成科等．晋陕富平-万荣地区岩溶地下水勘查报告．陕西省地矿局第二水文地质工程地质队，2002

[6] 党学亚，张茂省，喻胜虎．陕西渭北东部寒武纪-奥陶纪岩相古地理与岩溶水赋存关系．地质通报，2004，23（1）：1103~1108

甘肃省庆城县花村勘查找水实例分析

沙 娜 程旭学 连 晟 刘伟坡 程正璞

（中国地质调查局水文地质环境地质调查中心，保定 071051）

摘要： 庆城县位于西北黄土高原鄂尔多斯盆地，由于水资源短缺、水质差，是我国严重缺水地区之一。由于地表水污染严重、水质差、处理成本高，难以利用，黄土孔隙水富水性相对较差，不能满足集中供水需求，因此，勘查开发利用白垩系深层地下淡水对缓解当地居民用水紧张、助力地方政府脱贫有重要意义。本文以 2017 年实施的"陕甘宁革命老区 1∶5 万水文地质调查"项目为依托，通过对庆城县花村实施的白垩系井位勘查、分层抽水及成井工艺的归纳总结，对指导区域白垩系深层地下水勘查、分层监测及科学合理开发利用有重要借鉴意义。

关键词： 庆城县 白垩系 深层地下水

1 引 言

花村位于庆城县高楼乡，所处地貌类型为黄土残塬，由于塬面汇水面积小，黄土孔隙水富水性差，无法满足集中供水需求，同时，由于深井施工成本高，当地居民无力承担，居民饮用水及农作物主要依赖大气降水，饮水安全无法保障。为解决当地居民饮水水源问题，改善因水致贫的现状，2017 年以"陕甘宁革命老区 1∶5 万水文地质调查"项目为依托，通过对研究区以往资料的系统分析，综合运用遥感地质解译、水文地质调查、地球物理勘查等方法在花村成功实施白垩系深层钻孔 1 眼，成井深度为 900.0m，单井出水量为 $579m^3/d$，矿化度为 0.88g/L，水量大、水质优良，解决了当地居民约 1 万余人饮水水源问题，为助力地方政府脱贫做出了积极贡献。

2 研究区概况

2.1 区域概况

庆城县位于内陆中纬度地带，具有显著的大陆性气候特征。年平均气温 10.0℃，平均最高气温 10.7℃，平均最低气温为 9.0℃，气温自西北向东南逐渐递增。多年平均降水量为 537.4mm，年变化幅度在 312～948mm，降水分布自北向南递增。全年蒸发量为 1478.6～1692.1mm，相当于降水量的 2.7 倍，最多年份的蒸发量可达 1805.7mm，相当于概念总降水量的 3.8 倍，最少年份的蒸发量只有 987.4mm，但也相当于概念总降水量的 1.2 倍。庆城县最主的灾害性天气是干旱、山洪、霜冻、干热风、沙尘暴、冰雹、病虫害等，尤其是干旱严重制约着地方经济的发展。

境内有国道 309 线、211 线、省道 202 县、G22 青兰高速等主要干线公路和乡村道路，组成四通八达的交通网路。其中，309 国道从西向东经过太白梁、铜川、驿马、白马铺、高楼等乡镇，211 国道从西北向东南沿环江经马玲、三十里铺、庆城镇穿境而过，县乡道路与各乡镇、村庄相连，交通条件便利（图 1）。

县境内河流多发源于境外，依地形由北而南顺势而下，可分马莲河和蒲河两大流域。东北部有环江，全长 150km，县境内 60km，柔远河全长 120km，县境内 30km，平均年径流量为 0.876 亿立方米，输沙量为 2149 万吨，在县城南汇合后称马莲河，全长 100km，县境内 10km，多年平均流量 1.78 亿 m³，含沙量 330kg/m³。西部有大、小黑河，在太白梁尖汇合后称蒲河，全县主河段长共计 200km，均属于泾河水系。

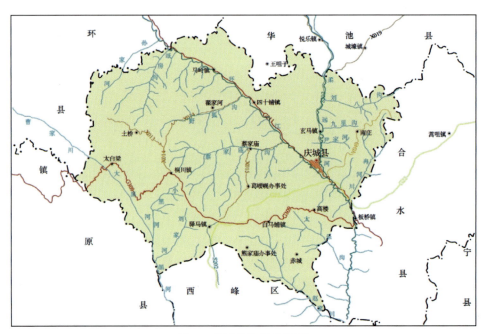

图 1　庆城县地理位置图

2.2　区域水文地质概况

根据含水岩组空间组合及含水层介质特征，将地下水划分为两大类、6 个亚类（表 1）。

表1 地下水类型一览表

地下水类型		含水岩组及含水介质特征	分布范围
第四系松散岩类孔隙-裂隙水	风积黄土孔隙-裂隙水	中更新统离石黄土，黄土孔隙、裂隙	黄土塬及较大梁峁区
	河谷冲洪积孔隙水	第四系冲洪积砂砾石层孔隙	马莲河及其支流柔远河、环江河谷
白垩系碎屑岩孔隙-裂隙水	白垩系浅层风化裂隙水	环河组中、细粉砂岩裂隙	全区分布
	环河组孔隙-裂隙水	环河组中、细粉砂岩	全区分布
	洛河组孔隙-裂隙水	中、粗砂岩孔隙、裂隙	全区分布

Ⅰ. 第四系松散岩类孔隙-裂隙水

Ⅰ-1 风积黄土孔隙-裂隙水

主要赋存分布于第四系中更新统离石黄土中，含水介质以黄土孔隙及压实垂直裂隙为主，广泛分布于黄土塬及较大梁峁区。根据含水层厚度、孔隙-裂隙发育程度及汇水面积大小等控制因素影响，富水性空间差异较大，自庆城县以北至宁县黄土丘陵区黄土塬面增多，黄土层厚度由200m渐变至400m，富水性呈逐渐增大趋势，由于塬面有较稳定汇水区域和地下水储存空间，为当地居民主要供水水源，西峰区董志塬黄土孔隙-裂隙水单井涌水量可达$500 \sim 1000 m^3/d^{[1]}$。

Ⅰ-2 河谷冲洪积孔隙水

广泛分布于马莲河及其支流河谷阶地，空间上呈树枝状分布，阶地高差$1 \sim 20m$不等，宽$10 \sim 200m$不等，有效含水层厚度较薄，不具备单独供水意义，常与黄土孔隙-裂隙水混合开采。

Ⅱ. 白垩系碎屑岩孔隙-裂隙水

下白垩统为一套巨厚型陆相碎屑岩沉积建造，在区内广泛分布，是区内主要含水层之一，在马莲河及其支流河谷中呈树枝状出露于地表。白垩系残余地层厚度在空间上表现为自环县向外围延伸厚度逐渐变薄（图2），在环县沉积中心实施的YQ4钻孔揭穿白垩系厚度达10873.9m，向流域SW边界延伸，厚度逐渐变薄，L301揭穿白垩系厚度为282.8m，华池县—B12孔一线以西白垩系残余厚度小于700m，仅在西峰区西部白垩系残余厚度超过700m，呈NW-SE条带状展布。

Ⅱ-1 白垩系浅层风化裂隙水

主要赋存于白垩系浅层风化壳裂隙中，含水层岩性以环河组中细、粉砂岩为主，广泛分布于马莲河、环江、柔远河谷及流域南部黄土塬区，风化壳厚度$5 \sim 30m$不等，富水性空间差异较大，单井涌水量小于$100m^3/d$，集中供水意义不大，常与黄土孔隙-裂隙水混合开采，水质较好，矿化度小于1.0g/L，为居民主要供水水源。

Ⅱ-2 环河组孔隙-裂隙水

主要赋存于环河组孔隙-裂隙中，全区境内均有分布，含水层岩性以中细、粉细砂岩为主，自环县沉积中心向流域边界厚度逐渐变薄（图3），由700m渐变至250m，华池—

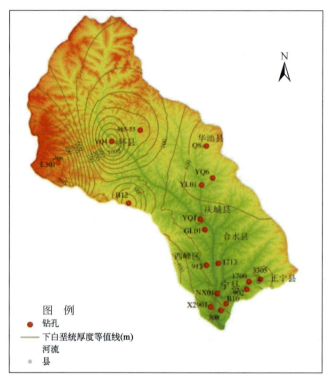

图 2　下白垩统厚度等值线

庆城—宁县一线以东环河组残余厚度小于 350m，在空间上呈现自东向西逐渐变厚的趋势，在流域西部边界实施的 HJP01 钻孔揭穿环河组厚度为 502.9m。在沉积中心环县 YQ4 揭露沉积厚度达 770m，流域南部正宁县实施的 3305 钻孔揭穿环河组厚度为 211.4m。受环河组残余地层厚度、地质构造、沉积环境等因素控制作用影响，环河组富水性及水化学特征空间差异大，单井涌水量为 1000 ~ 3000m³/d，上下部均夹有多层薄层状石膏层或团块状石膏，水质较差，矿化度多大于 3.0g/L。

Ⅱ-3 洛河组孔隙-裂隙水

主要赋存于洛河组孔隙-裂隙中，全区境内均有分布，含水层岩性中、粗砂岩为主，自在环县和流域南部正宁县形成连个较大的残余厚度中心（图 4），残余厚度大于 400m，由中心中外围延伸厚度逐渐变薄，自正宁县向北至庆城县，实施的 YQ1 钻孔揭穿洛河组厚度为 299.4m，自环县至 L301 残余厚度由 470.8m 渐变为 49.4m，庆阳-环县以西地层厚度为 400m 以上，为区内白垩系主要含水层，富水性强，单井涌水量为 3000 ~ 5000m³/d，局部地段达 5000 ~ 10000m³/d，水质较好，矿化度为 1.0 ~ 1.5g/L。

洛河组是区内最重要的含水层，具有含水层厚度大、富水性强、水质好等特点，有很大的开发潜力[2]。

图3　环河组厚度等值线

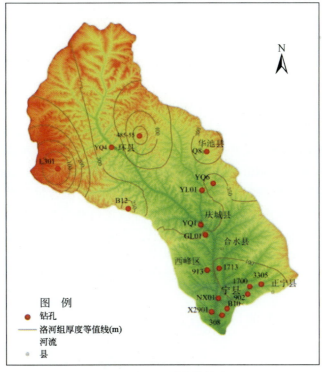

图4　洛河组厚度等值线

3　勘查找水示范

3.1　勘查技术路线

系统收集工作区已有地质、水文地质资料为基础，开展遥感地质解译，初步查明工作区所处地形地貌、地质构造、汇水条件、地表水系、泉点等水文地质要素，通过 1 : 5 万水文地质调查工作进一步校验地质构造空间展布特征、地层岩性、泉点流量等，结合工作区已有研究成果的综合分析，初步选定勘查靶区，开展地球物理勘查工作，结合区域水文地质资料综合分析研究确定井位，实施水文地质钻探、洗井、分层抽水、成井及水样分析测试[3]。

3.2　靶区选择及孔位确定

黄土孔隙潜水由于埋藏浅、水质好，开发利用程度较高，在人口密集的局部地区已经出现了严重超采现象；下白垩系环河组由于石膏层发育，地下水矿化度较高，开发利用价值不大；下白垩系洛河组富水性强、水质好，开发利用潜力大，因此，本次勘查找水方向为下白垩系洛河组深层地下水。

受研究区高压线电磁干扰影响，本次选用物探方法为可控源音频大地电磁测深（CSAMT）法。CSAMT 单点测量曲线图（图 5）自上而下为分别为视电阻率–频率曲线、相位–频率曲线、相关度–频率曲线和 Bostick 一维反演电阻率–深度曲线。从 Bostick 一维反演电阻率–深度曲线中可以看出，曲线首先电阻率值迅速下降，推测为第四系风积黄土，底界埋深约 190.0m；随后电阻率值趋于稳定，推测为白垩系砂岩、泥岩地层，底界埋深约 800.0m；白垩系以下电阻率值出现下降拐点，推测为侏罗系，主要是由于侏罗系较白垩系泥质含量高，致使电阻率值降低，限于 CSAMT 的近场效应，无法识别侏罗系厚度。

结合单点曲线解译结果，从 CSAMT 剖面勘查结果图（图 6）可以看出，浅部高阻层为第四系风积黄土，厚度约 180~200m，对应电阻率值为 $40~200\Omega \cdot m$；黄土层下伏地层为白垩系砂岩、泥岩，底界埋深约 800m，受沉积颗粒、泥质含量等因素影响对应电阻率值为 $25~40\Omega \cdot m$，推测水质较好；侏罗系泥质含量较白垩系高，对应电阻率值比白垩系明显偏低。综合对比其他地区 CSAMT 勘查结果，认为研究区内白垩系电阻率自东向西逐渐减小，约从 $40\Omega \cdot m$ 减小至 $20\Omega \cdot m$；花村白垩系深层电阻率值在区域上表现为最高，认为该村白垩系深层地下水水质最佳，故在剖面 300m 处部署钻孔一眼。

3.3　钻探成果及水文地质参数计算

成井深度为 900.0m，第四系厚度为 206.6m；新近系厚度为 34.7m，地层岩性为泥岩、

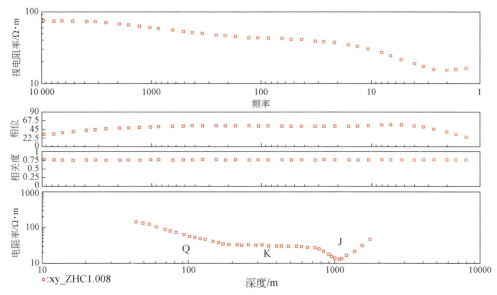

图 5 HC1-8 点 CSAMT 观测曲线

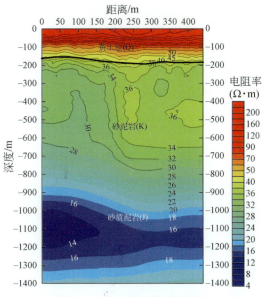

图 6 CSAMT 剖面勘查解译图

砂质泥岩；白垩系环河组厚度为 299.7m，地层岩性以泥质砂岩与粉细砂岩互层为主；白垩系洛河组厚度为 360.5m，地层岩性主要为中粗砂岩，夹有薄–中层泥质砂岩，揭露侏罗系厚度为 49.6m，地层岩性以泥岩为主。

该孔进行了 6 层分层抽水和混合抽水试验，混合水静止水位埋深为 282.21m，水位降深 7.03m 时，单井涌水量为 579m³/d，渗透系数为 0.11m/d，溶解性总固体为 0.88g/L，水质优良，直接解决了附近 1 万余人饮水水源问题。

4　勘查找水技术总结

（1）在综合分析前人已有地质、水文地质研究成果的基础上，了解区域地层结构特征及所处地质构造单元，初步确定勘查目的层及埋藏深度，综合运用水文地质调查、地球物理勘查、资料对比分析等方法，确定宜井位置及勘查深度。

（2）白垩系洛河组含水岩组具有空间分布范围广、富水性强、水质优良等特点，开发潜力大，是区内最主要的含水层之一。但由于深层地下水循环慢、更新能力差，地下水资源短时间内得不到及时补给，因此，白垩系洛河组深层地下水一定要做好合理、适度开发，以防止地下水资源枯竭和不良环境地质问题的出现。

参 考 文 献

[1] 刘心彪. 陇东白垩系盆地地下水赋存特征及水资源属性. 吉地下水，2010，（32）6：39~40
[2] 刘心彪，赵成，郭富赟，朱裕振. 陇东盆地洛河组深层地下水开发利用研究. 水文地质工程地质，2013，40（4）：13~19
[3] 张贵，周翠琼等. 滇东南岩溶区找水打井经验——以云南省广南县朱琳地区为例. 中国岩溶，2017，36（5）：626~632

宁夏海原县武塬村勘查找水实例分析

刘伟坡　连　晟　程旭学　沙　娜　马岳昆

（中国地质调查局水文地质环境地质调查中心，保定　071051）

摘要： 遥感地质解译、水文地质调查、地球物理勘查、对比分析等多方法的综合运用是地下水勘查找水的重要工作手段。本文以 2016 年实施的"陕甘宁革命老区 1:5 万水文地质调查"项目为依托，通过对海原县山前洪积扇武塬村实施的探采结合井进行综合分析，总结了找水技术方法、勘查工作流程，对宁夏中南部类似黄土丘陵地区开展第四系及新近系勘查找水提供了找水经验和勘查找水方向。

关键词： 海原县　黄土丘陵　勘查找水

1　引　　言

　　海原县地处宁夏中南部黄土丘陵区，武塬村位于海原县西北，所处地貌类型为南华山山前洪积扇，由于降雨量小、蒸发量大，水资源短缺、水质差，且大多以苦咸水为主，当地居民常以窖水、人工拉水为主，饮水安全无法保障[1]。为解决当地居民饮水水源问题，改善因水致贫的现状，2016 年以"陕甘宁革命老区 1:5 万水文地质调查"项目为依托，通过对研究区以往资料的系统分析，综合运用遥感地质解译、水文地质调查、地球物理勘查等方法在武塬村成功实施探采结合孔 1 眼，成井深度 300.0m，第四系单井涌水量为 1054m³/d，矿化度 1.69g/L，新近系单井涌水量为 193m³/d，矿化度为 0.52g/L，水量大、水质较好，解决了当地居民约 1 万余人饮水水源问题，为助力地方政府脱贫做出了积极贡献。

2　研究区概况

2.1　区域概况

　　海原县地处西北干旱区，地形地貌以黄土丘陵为主，海拔为 1600~1800m，残塬、梁、峁及山间洼地波状起伏，沟壑纵横，山大沟深，切割深度多在数米至数十米，甚至百余米。多年平均降水量为 384.2mm，降水多集中在 6~9 月，占全年降水量的 71.8%，多年平均蒸发量 1920.3mm，是降水量的 5.0 倍。多年均气温为 7℃，1 月均温为–6.7℃，7 月均温为 19.7℃，无霜期 149~171 天。年干燥度为 2.17。主要灾害有干旱、霜冻、风沙、冰雹等，以旱灾最为常见且严重。

2.2　区域水文地质概况

　　研究区地下水类型主要以第四系松散岩类孔隙水为主，主要分布于南、西华山北部山前古洪积扇，西安及干盐池断陷洼地，受地形地貌、构造控制、气候、地层岩性组合特征等因素影响，地层岩性主要以黏砂土与粗砂、砂砾石互层结构为主，含水层厚度为30～100m不等，富水性空间差异较大，自山前至盆地中心，富水性为300～2000m³/d不等（图1）；地下水水化学特征空间差异大，山前倾斜平原地下水径流强度大、地下水循环快、水-岩作用强烈，地下水溶解性总固体低，一般小于0.5g/L；从山前倾斜平原过渡到低平原区，地下水径流强度变弱，地下水溶解性总固体普遍增大，介于0.5～2.0g/L；至地下水排泄区、洼地中心，地下水埋藏深度变浅，一般小于10m，或直接以泉的形式溢出地表形成地表径流，蒸发-浓缩作用强烈，地下水溶解性总固体达到最大，达2.0～4.0g/L；新近系、古近系岩性主要以砂质泥岩、细砂岩砂岩、泥岩互层结构为主，泥质含量高，胶结致密，孔隙裂隙发育程度低，且埋藏深度大，地下水径流迟缓、可更新能力差，地下水溶解性总固体为1.5～3g/L；南、西华山地层岩性主要由前震旦系海原群变质岩和志留系—泥盆系砾岩、砂岩组成，受区内多期构造演化、气候、大气降水等控制因素影响，岩石风化破碎，裂隙发育程度空间差异大，富水性分布极不均匀，为地下水主要补给区，且常以泉的形式在山前地带出露，泉水流量为0.5～6.0L/s，水质较好，溶解性总固体小于1g/L。

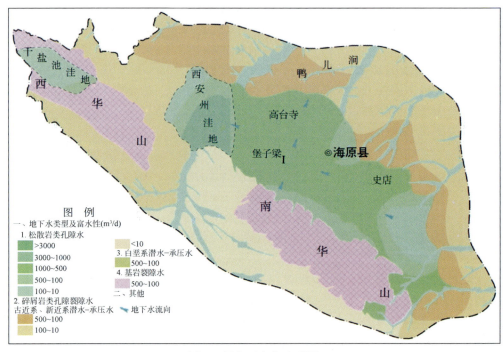

图1　研究区水文地质图

2.3　区域地质构造

　　宁夏中南部大地构造位于柴达木–华北板块中南部，地处华北陆块之鄂尔多斯地块西缘、阿拉善微陆块东南部和祁连早古生代造山带东部交汇地区，是连接我国北方西部与东部不同大地构造单元的枢纽地区，也是我国地层、构造、地貌及各种地球物理场的重要分界区域。海原构造区位于我国南北地震带的北段，青藏高原东北缘的秦岭–祁连褶皱区、鄂尔多斯地块与阿拉善地块的拼合处[2]。海原县位于宁南弧形构造带的兴仁–海原前陆凹陷盆地，属景泰–海原弧后盆地组成部分，位于香山南麓断裂以南、西华山–南华山北麓断裂以北的广大区域内，为一 NW–SE 向的新生代前陆拗陷盆地，在六盘山早白垩世湖盆沉积基础上又上叠沉积了较厚的古近纪—第四纪地层，第四纪沉降中心位于近西华山–南华山北麓断裂一侧的兴仁堡西，第四系厚 439m，其中，下、中、上更新统分别厚 49m、255m、115m，全新统厚 20m。

3　勘查找水示范

3.1　勘查技术路线

　　勘查找水以系统收集工作区已有地质、水文地质资料为基础，开展遥感地质解译，初步查明工作区所处地形地貌、地质构造、汇水条件、地表水系、泉点等水文地质要素，通过 1:5 万水文地质调查工作进一步校验地质构造空间展布特征、地层岩性、泉点流量等，结合工作区已有研究成果的综合分析，初步选定勘查靶区，开展地球物理勘查工作，结合区域水文地质资料综合分析研究确定井位，实施水文地质钻探、洗井、抽水试验、成井，以及水样分析测试[3,4]。

3.2　靶区选择及孔位确定

　　研究区位于武塬和段塬两个黄土塬之间的低洼地带，为解决武塬及周边村庄饮水水源问题，需在武塬实施供水井一眼。根据前人已有钻孔资料显示，工作区南 1km 处第四系厚度为 178.5m，其中，浅部黄土层厚约 99.0m，下伏地层为砂砾石与含砾黏砂土互层结构；新近系地层岩性为粉砂质泥岩和砂质泥岩，夹薄–中层砂砾岩或细砂岩，底界埋深为 401.0m。该孔抽水试验结果显示，第四系含水层单井涌水量为 104.4m³/d，矿化度为 1.9g/L，水质相对较差；新近系含水层富水性差、水质较好，单井涌水量为 29.5m³/d，矿化度为 0.3g/L。因此，本次勘查找水方向为新近系砂岩孔隙裂隙淡水。

　　为查明新近系结构及富水性空间分布特征，在该村部署音频大地电磁剖面一条，剖面方向 N40°E，剖面长度 1200m。从勘查结果可以看出（图 2），浅部黄土层厚度为 100 ~

150m，对应电阻率大于40Ω·m，黄土层底部可能有砂砾石层，但由于两层电阻率相似，难以区分；第四系下伏新近系地层岩性以砂岩、泥质砂岩互层为主，对应电阻率为16～36Ω·m，该种电阻率高低分布反映了岩性变化规律，认为剖面南段局部分布厚度在100m以内厚度的泥岩层，推测该段地层泥质含量较高，剖面北段相对电阻率较高区域为新近系砂岩、泥质砂岩地层。综合分析认为宁夏海原地区黄土下伏地层普遍泥质含量高，电阻率低，宜在"低阻中找高阻"，而本村剖面北段新近系电阻率达30Ω·m，推测富水性较好，孔位部署上宜选择黄土覆盖层较薄，新近系电阻率较高，场地条件合适位置。对比钻孔揭示地层，与勘察结果基本一致。

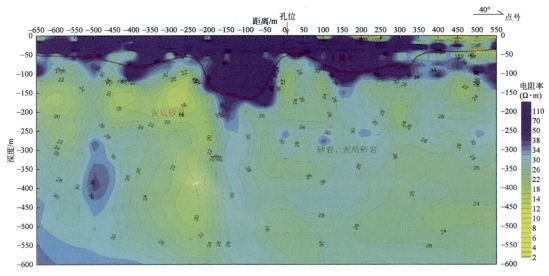

图2　武塬视电阻率断面图

3.3　钻探成果及水文地质参数计算

成井深度为300.0m，第四系厚度为210m，其中0～185m以砂黏土为主，中间夹有3～8m不等粉砂、细砂及粗砂层，185～210m夹有3层2～9m不等厚度砂砾石层，共计18.0m，为第四系松散岩类孔隙水主要含水层段，抽水试验最大降深单井涌水量为1054m³/d，水位降深4.36m，渗透系数为8.0m/d，矿化度1.7g/L；揭露新近系地层厚度为99m，地层岩性以砂质泥岩、细砂岩、粉砂岩互层为主，抽水试验单井涌水量为193m³/d，水位降深为32.21m，渗透系数为0.17m/d，矿化度为0.52g/L，上、下层混合水矿化度为1.3g/L。

4　勘查找水技术总结

（1）在综合分析前人已有地质、水文地质研究成果的基础上，了解区域地层结构特征及所处地质构造单元，初步确定勘查目的层及埋藏深度，综合运用水文地质调查、地球物理勘查、资料对比分析等方法，确定宜井位置及勘查深度；

（2）黏土、粉砂质黏土，颗粒较细，电阻率较低，砂岩电阻率相对较高，因此，勘查找水目的层主要为物探解译低阻中的高阻异常带且厚度较大的地段，即含水地层厚度和岩性粒级较大的位置布设钻孔。

参 考 文 献

[1] 杨世雄. 宁夏海原县水资源浅析. 价值工程，2014，（10）：102～103

[2] 杨吉焱，段永红. 海原构造区及其周缘上部地壳结构研究. 地震学报，2016，38（2）：179～187

[3] 张贵，周翠琼等. 滇东南岩溶区找水打井经验——以云南省广南县朱琳地区为例. 中国岩溶，2017，36（5）：626～632

[4] 张顺东. 山丘区勘查找水实例与分析. 工程地球物理学报，2013，10（2）：190～194

宁夏彭阳县宽坪村勘查找水实例分析

刘伟坡　程旭学　沙　娜　王雨山　马岳昆

（中国地质调查局水文地质环境地质调查中心，保定　071051）

摘要：白垩系砂岩、奥陶系石灰岩是地下水储存的良好载体，具有富水性强、水质优良等特点，是基岩山区勘查找水的主要目的层。本文以 2012 年实施的"宁夏中南部严重缺水地区地下水勘查与供水安全示范"项目为依托，通过对彭阳县红河乡宽坪村实施的探采结合井进行综合分析，总结了找水技术方法、勘查工作流程，对宁夏中南部类似黄土丘陵地区开展白垩系砂岩、奥陶系石灰岩勘查找水提供了找水经验和勘查找水方向。

关键词：彭阳县　黄土丘陵　勘查找水

1　引　　言

宽坪村位于彭阳县红河乡，所处地貌类型为河谷谷地，由于降雨量小、蒸发量大，水资源短缺、水质差，大多以苦咸水为主，当地居民人畜饮用水靠打深井抽取地下水来解决，远离沟谷两侧的居民，只能靠收取雨水、雪水维持生活，如逢干旱年景人畜饮用水极为困难，饮水安全无法保障。为解决当地居民饮水水源问题，改善因水致贫的现状，2012年以"宁夏中南部严重缺水地区地下水勘查与供水安全示范"项目为依托，通过对研究区以往资料的系统分析，综合运用遥感地质解译、水文地质调查、地球物理勘查等方法在武塬村成功实施探采结合孔 1 眼，成井深度为 350.0m，单井出水量达 2160m³/d，矿化度为 0.67g/L，水量大、水质优良，解决了当地居民约 2 万余人饮水水源问题，为助力地方政府脱贫做出了积极贡献。

2　研究区概况

彭阳县属典型的温带半干旱大陆性季风气候，地势高，气候温凉，空气半温润，降水多集中在 6~9 月，历年平均气温 7.4℃，历年最高气温 36.1℃，最低气温为 -20℃，年平均降水量为 429.8mm，年平均蒸发量为 1562.9mm。红河乡地处红河流域，属泾河水系，为黄河的二级支流，属典型的黄土丘陵地貌，红河上游具有常年性水流，溶解性总固体较低、泥沙较少、径流变化较大等特点，多年平均径流量为 200mm。

彭阳县境内交通比较便利，平惠公路穿境而过，北至县城，南达平凉市，309 国道、兰—宜公路横贯东西。县内等级公路总里程达到 1540.8km，密度达到 54.5km/百 km²。其中国道 67.9km，省道 95.4km，全县 100% 的乡镇通油路且建有汽车客运站，156 个行政村基本通沥青水泥公路且100%通班车。

2.1 区域地质概况

红河流域大部分地区被黄土覆盖，总体地势北高南低，海拔为1300~1900m，沟谷切割深，地形破碎。北部黄土堆积厚度100~150m，局部地段厚度达200m；南部残余黄土较薄，最厚达100m，沟谷边缘处残余厚度仅有20~50m。红河谷地南部多发育深切沟谷，呈"V"字形，沟底局部可见古近系、新近系红色泥岩。谷地北部和茹河川地之间多发育黄土塬，如王家塬、徐塬、夏塬及杨塬，面积数平方千米至十几平方千米不等，黄土塬顶面坡度多为1°~3°，边缘可达5°左右，现代侵蚀微弱，是黄土高原地区的主要农耕地所在。

红河河谷宽约1~1.5km，发育有二级阶地，可见有二元结构，上部黏砂土、砂黏土，厚1.5~2.0m，下部砂砾石层厚18.0~38.0m，第四系总厚度为20.0~40.0m。宽坪村西马家山一带有奥陶系三道沟口组石灰岩出露，地层岩性为灰、浅灰色厚层状石灰岩，深灰色白云质灰岩夹硅质灰岩。

"南北古脊梁"断裂构造两侧不同程度沉积了白垩系及新近系红色泥岩。白垩系岩性主要为细砂岩、粉砂岩、砾岩，夹有薄层砂质泥岩，厚度可达138.0m，不整合于奥陶系石灰岩之上。新近系红色泥岩主要是浅湖积相沉积的干河沟组橘红色、棕黄色厚层状砂质泥岩，泥质含量高、透水性差，构成了区域相对隔水层。

2.2 区域水文地质概况

研究区地下水类型主要有黄土孔隙水、河谷砂砾石孔隙潜水、白垩砂岩系孔隙–裂隙水和奥陶系石灰岩岩溶水（图1）。黄土孔隙、裂隙发育，透水性好、储水性差，仅在地势低洼地段零星分布。水质较好，溶解性总固体大都小于1.0g/L，局部地段1.0~3.0g/L。单泉流量较小，一般为1.0~3.0m³/d，地下水埋藏深度40.0~50.0m，不具有实际供水意义。

红河河谷宽约500~1500m，第四系松散层厚度为20~40m，河谷砂砾石孔隙潜水富水性相对较好，单井涌水量为500~800m³/d，局部地段大于1000m³/d，溶解性总固体小于1.0g/L，河谷上游地下水埋深大，多大于20.0m，河谷下游地下水埋深多小于10.0m。

白垩系砂岩孔隙裂隙水受"南北古脊梁"构造影响，富水性空间差异大，近构造轴部地带裂隙发育，利用大气降水入渗补给，富水性较好。红河河谷上游新集一带，地下水埋深为188.93m，单井涌水量为383.0m³/d，溶解性总固体为1.13g/L；河谷下游红河乡政府地下水埋深144.26m，单井涌水量为825.03m³/d，溶解性总固体为0.82g/L。

河谷中游附近有"南北古脊梁"岩溶水补给地段，奥陶系岩溶地下水同白垩系含水层之间无稳定隔水层，水力联系密切，混合承压水位埋深25.75m、水位降深14.25m时，单井涌水量达1441.15m³/d，溶解性总固体0.70g/L，见研究区水文地质剖面图（图2）。

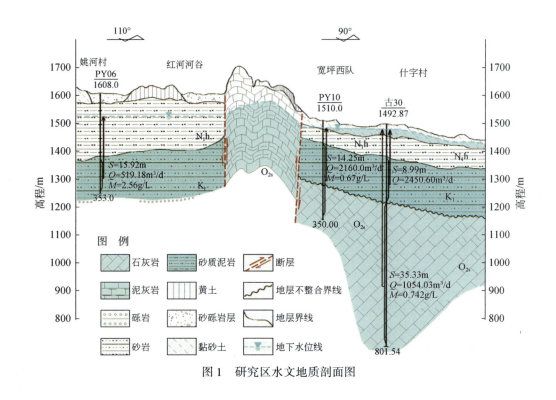

图 1　研究区水文地质剖面图

3　勘查找水示范

3.1　勘查技术路线

系统收集工作区已有地质、水文地质资料为基础，开展遥感地质解译，初步查明工作区所处地形地貌、地质构造、汇水条件、地表水系、泉点等水文地质要素，通过 1：5 万水文地质调查工作进一步校验地质构造空间展布特征、地层岩性、泉点流量等，结合工作区已有研究成果的综合分析，初步选定勘查靶区，开展地球物理勘查工作，结合区域水文地质资料综合分析研究确定井位，实施水文地质钻探、洗井、抽水试验、成井，以及水样分析测试[1~4]。

3.2　靶区选择及孔位确定

通过对研究区以往地质、钻孔资料综合分析，结合区域地质构造发育特征，认为该区白垩系砂岩和奥陶系石灰岩具有良好的储水条件，因此，本次勘查找水目的层为白垩系砂岩和奥陶系石灰岩。由于河谷两侧山高坡陡，钻探设备无法进入，因此在红河河谷地势相对平坦地段布设四条物探剖面，并开展野外水文地质调查工作。靠近构造线部位布设两条近 EW 向 EH-4 测深剖面（图 2），剖面长度分别为 550m、350m，用于查明断层位置、地层岩性特征、奥陶系石灰岩埋藏深度等水文地质条件，勘查解译成果见图 3，1 线（图 3 左）起始端西 200m 的山坡上有石灰岩出露，与 1 线物探勘查结果一致，断层位置相当明显。通过综合分析，认为 2 线（图 3 右）175.0m 处电性比较好，因此，选择 2 线多层砂岩含水层和较浅的石灰岩处作为钻孔位置。

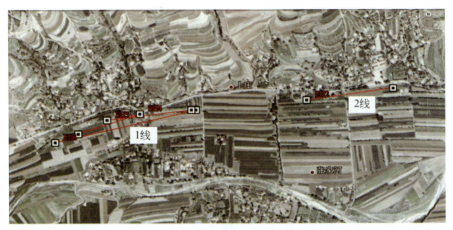

图 2　EH-4 剖面布设位置图

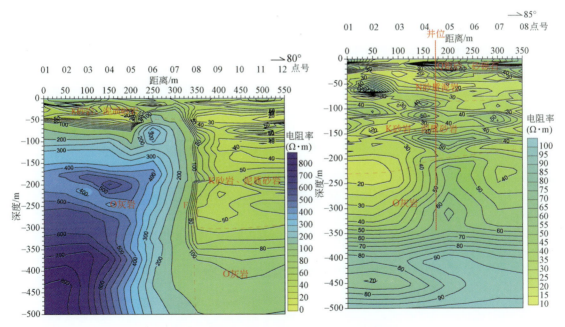

图 3　红河乡宽坪村 EH-4 勘查成果解译图

3.3　钻探成果及水文地质参数计算

　　成井深度为 350.0m，第四系厚度为 27.0m；新近系厚度为 59.3m，地层岩性为干河沟组砂质泥岩、泥质砂岩互层为主；白垩系厚度为 138.0m，地层岩性以细砂岩、粉砂岩、含砾细砂岩、砂质泥岩互层为主，下部多见有砾岩；揭露奥陶系厚度为 125.7m，地层岩性以大厚度石灰岩、泥灰岩互层为主。

　　该孔进行了两个落程混合抽水试验，静止水位埋深为 25.75m，水位降深 14.25m 时，单井涌水量为 2160m³/d，渗透系数为 1.0m/d，溶解性总固体为 0.70g/L，水质优良，直接解决了附近 2 万余人饮水水源问题。

4　勘查找水技术总结

　　（1）在综合分析前人已有地质、水文地质研究成果的基础上，了解区域地层结构特征及所处地质构造单元，初步确定勘查目的层及埋藏深度，综合运用水文地质调查、地球物理勘查、资料对比分析等方法，确定宜井位置及勘查深度。

　　（2）河谷砂砾石孔隙潜水主要接受大气降水入渗和河流侧向径流补给，下部白垩系承压水分布于王洼–沟口和彭阳–红河断裂之间的南北狭长地带，断层之间地层呈地堑式下陷，含水层主要为砂岩、砂砾岩，由于东部彭阳–红河断层的阻水作用，地下水又向东径流受阻，因此，红河乡西部地下水具有承压性，水位埋深高于红河乡东部。

　　本次勘查查明了红河河谷区地层结构特征、含水层空间分布规律和岩溶地下水的补给、径流条件，发现了丰富的白垩系砂岩孔隙裂隙水水及奥陶系石灰岩岩溶水，为严重缺水的红河乡西部、张湾村东部南北狭长地带类似地区勘查找水指明了方向，同时为岩溶深埋区地下水勘查及开发提供了示范。

参 考 文 献

[1] 李世军，王力斌. 物探方法在找水方面的应用. 吉林地质，2008，27（3）：110～112
[2] 马延君，朱裕振. 电测深在翁牛特旗严重缺水地区找水勘查示范工程中的应用. 华北地震科学，2013，31（4）：10～12
[3] 张贵，周翠琼等. 滇东南岩溶区找水打井经验——以云南省广南县朱琳地区为例. 中国岩溶，2017，36（5）：626～632
[4] 张顺东. 山丘区勘查找水实例与分析. 工程地球物理学报，2013，10（2）：190～194

宁夏贺兰山前松散岩类孔隙水勘查实例

刘　蕴[1]　韩强强[2]　陆文庆[2]

（1. 中国地质调查局水文地质环境地质调查中心，保定　071051；

2. 宁夏水文地质工程地质环境地质勘察院，银川　750021）

摘要： 以闽宁镇原隆村安置区供水示范工程为例，分析了松散岩类孔隙水勘查方法过程，认为贺兰山前松散岩类孔隙水丰富，最终施工 Y05 钻孔获得单井涌水量为 $1337.4m^3/d$，为地方政府解决饮水困难提供了充分的技术依据和成果数据，起到了应有的示范作用。

关键词： 贺兰山前　松散岩类孔隙水　勘查

按照国家及宁夏回族自治区各项决策和指示精神，2013 年中国地质调查局安排了"宁夏生态移民安置区地下水勘查与供水安全示范"项目，工作周期 3 年，共实施供水安全示范工程 16 处，可直接解决约 9.2 万民众、1000 头大牲畜饮水困难，为促进本地区社会和经济持续发展、民族团结、社会稳定与发展，做出了应有贡献。宁夏贺兰山前的闽宁镇原隆村安置区是供水示范工程之一。

1　示范区自然地理概况

闽宁镇是福建和宁夏对口协作的窗口，是两省区友谊的象征、东西合作的典型移民示范区。同时也是宁夏"八七"扶贫移民吊庄的重点工程及中南部地区生态移民的重要安置区。2015～2016 年间党和国家领导人多次去本镇考查指导。

1.1　自然地理与气象、水文

闽宁镇位于永宁县西部，首府银川市西南端、紧邻贺兰山东麓。交通便利（图 1）。该区属于中温带干旱半干旱气候区，具有明显的大陆性气候特征，干旱少雨，蒸发强烈，风大沙多，日照时间长，昼夜温差大。据银川市兴庆区气象站（1991～2013 年）的气象观测资料，勘查区多年平均降水量为 180.73mm，多年平均蒸发量为 1643.19mm，蒸发量是降水量的 9.1 倍。降水量多集中在每年的 7、8、9 月，占全年总降水量的 56%。多年平均气温 9.6℃，日温差一般在 11～14℃，无霜期 110～160 天。本区最大冻土深度为 88cm。

本区无常年地表水流。地面径流以暴雨洪水形式出现，洪水年际变化极不均匀，而且总量较少，径流年际、年内变化大，难以得到有效利用，2013 年径流深约 6.4mm[1]。

1.2 缺水现状

闽宁镇是一个纯移民地区，主要是西吉、海原两县易地搬迁的居民。宁夏回族自治区确定了以葡萄、养殖、菌草、劳务输出为主的四大支柱产业。随着经济社会的发展和人口的增加，原有的供水水源已不能满足规划和发展需要，供水困难问题突显。

2 地质、水文地质条件

2.1 地形、地貌

本区内地貌多样，主要分布有丘陵、山前洪积斜平原、冲洪积平原，特点如下：

（1）丘陵区：构造剥蚀形成，主要有岗状、丘陵及波状丘陵，分布于花布山一带，由新近系、白垩系砂岩、泥岩组成。海拔为 1247~1349m，相对高差为 102m，地势西南高东北低，坡度达 35.8‰，分布少量冲沟。

（2）丘间洼地：构造剥蚀形成，主要分布于勘查区南侧。地势相对低洼，由第四系砂砾石黄土状土组成，海拔为 1190~1267m，相对高差为 77m，地形起伏，坡度约 17.6‰，被波状丘陵环绕。

（3）山前洪积斜平原：为本次勘查工作的重点区域，属堆积剥蚀成因，主要由第四系新、老洪积扇携带的砂卵砾石堆积形成。海拔为 1139~1341m，最大高差达 202m，自西向东倾斜，坡度为 25.6‰。

（4）冲洪积平原：堆积剥蚀形成，由第四系冲洪积物组成，海拔为 1130~1139m，相对高差为 9m，自西向东倾斜，坡度较缓，约 2.1‰。

2.2 地质条件

本区内第四系广泛发育，其西南部出露古近系、新近系[2]，现由老到新叙述如下：

（1）白垩系（K）：分布于勘查区西南角，岩性为红色砾岩、砂岩、泥岩、泥灰岩。

（2）古近系（E）：①勘查区内主要有古近系清水营组（E_3q），分布于勘查区西南边界处，岩性主要为红棕色砾岩、含砾泥质砂岩、砂质泥岩夹石膏层；②寺口子组（E_2s），仅在勘查区西南角小面积出露，岩性为砂岩、砂砾岩。

（3）新近系（N）：红柳沟组（N_1h），分布于勘查区西南侧花布山一带，岩性主要为浅、棕色砾岩、中细粒长石石英砂岩具交错层理及钙质结核。

（4）第四系（Q）

①上更新统冲洪积物（Qp^{3-2apl}）：分布于贺兰山山前，岩性为砂砾石、粉细砂、砂卵砾石夹黏性及黏质砂土。

②全新统洪积物（Qh^{3-2pl}）：分布于勘查区中部及北部，岩性为砂砾石、砂质黏土、黏质砂土。

2.3　勘查区水文地质条件

勘查区位于山前洪积斜平原、冲洪积平原及丘陵地带，形成松散岩类孔隙水和碎屑岩类裂隙–孔隙水两个水文地质单元，富水性见图1。

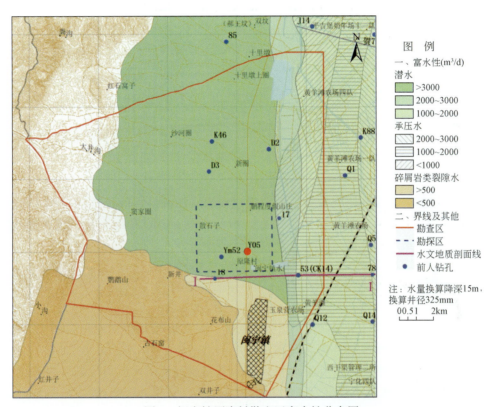

图1　闽宁镇原隆村勘查区富水性分布图

（1）碎屑岩类裂隙–孔隙水

碎屑岩类裂隙–孔隙水分布在勘查区南部，含水层岩性为砂岩、泥质砂岩，孔隙小、裂隙不发育，富水性差。在新井、花布山一带出露砂岩、泥质砂岩地层，其渗透性差，水位埋深大于70m。花布山至闽宁镇一带，地表覆盖薄层松散状砂砾石、砂及黏性土，属透水不含水层；下部岩性为砂岩、泥质砂岩，水位埋深50～60m。

（2）松散岩类孔隙水

松散岩类孔隙水分布于山前洪积斜平原及冲洪积平原，含水层岩性为块石、卵石及砂层，其孔隙大、渗透性强、富水性好。

山前洪积斜平原为单一潜水区，含水层以卵石、粗砂为主，地下水接受山前洪水入渗补给、大气降水入渗补给，自西向东径流，水位埋深大于70m。

本地区前人钻孔Ym52，孔深为205.34m，单井出水量为1903.38m³/d，未揭穿第四系。

3 勘查靶区与井位的确定

3.1 找水拟解决关键技术问题

在研究区内地质、水文地资料资料的基础上，综合确定以分布于山前洪积斜平原及冲洪积平原的松散岩类孔隙水为供水目的层，岩性主要为细砂、粗砂和砾石层，孔隙大、渗透性强、富水性好。山前洪积斜平原为单一潜水区，地下水接受山前洪水入渗补给、大气降水入渗补给，自西向东径流。

3.2 勘查工作程序

首先搜集资料进行综合研究分析，然后提出设想，在有供水前景地段，投入水文地质测绘进行确定井位，随后进行水文地质钻探、取心、测井、扩孔、下管、成井抽水试验、取样化验等工作，最后示范成井机井，交付当地使用。

3.3 找水靶区及井位确定

结合已有勘查资料和工作基础，从区域地质、水文地质条件、水化学特征等条件入手，以下几个方面确定找水打井靶区范围。

①水质达标：供水的矿化度和氟离子（F^-）含量满足地下水三类标准，溶解性总固体含量小于1g/L左右，氟离子含量（F^-）小于1.0mg/L；②单井出水量大于1000m³/d，满足供水需求；③取水目标层水文地质结构稳定，不易遭受污染；④地下水开发利用程度低，具有较好开采潜力。

最终将找水靶区选在闽宁镇水厂西北侧约1.5km处，地理坐标为：$X=4291199$m，$Y=18611348$m，钻孔位置见图1。

4 勘查找水效果

Y05孔岩心为第四系砂砾石、卵砾石、粗砂、细砂。静止水位为46.24m，水位降深为4.37m，动水位为50.61m，单井出水量为1337.4m³/d。

混合抽水试验，三个落程，渗透系数为2.3648m/d，影响半径为109.53m。地下水溶解总固体为1.01g/L。

钻探结果表明，山前洪积斜平原及冲洪积平原的松散岩类孔隙含水层，孔隙大、渗透性强、富水性好。

5 勘查示范工程总结

5.1 找水示范

因项目规模有限不能彻底解决闽宁镇饮水困难，但通过本次地下水勘查与供水安全示范工程的实施，初步查明了勘查区内的水文地质条件，为地方政府解决饮水困难提供了充分的技术依据和成果数据，起到了应有的示范作用。

永宁县的水文地质工作主要以早期开展的南部水源地勘察为主，其西部地区工作很少，条件不详，通过本次示范工程，进一步丰富了工作区水文地质资料，证实了山前洪积斜平原及冲洪积平原松散岩类孔隙水富水性好的特征。

针对闽宁镇饮水困难问题，宁夏财政厅和宁夏国土资源厅根据本工程的示范效果，投入总经费984.0万元，于2015年9月在本项目示范井附近，实施了日开采量达1.5万 m^3/d 的集中供水水源地一处。

5.2 社会效益

经勘查证明本域区水量大、水质较好，单井出水量不小于1000m^3/d，氟离子含量不大于1.0mg/L，基本符合饮用水卫生标准[3]，可作为闽宁镇原隆村人畜饮用水水源。该井完成后，并入水厂供水管网，为移民安置区及闽宁镇8000多人口进行供水，缓解了移民饮水问题。

用于本片区的项目经费粗略估算为40万元，但带动地方政府再次投资984.0万元，社会效益显著，示范效果明显。

参 考 文 献

[1] 宁夏回族自治区. 水资源公报，总第二十八期. 2013，10~11
[2] 吴学华，钱会，郁冬梅等. 银川平原地下水资源合理配置评价. 地质调查系列成果，2018，12：18~23
[3] 生活饮用水卫生标准（GBT 5750—2006）

河南省巩义辛集组岩溶裂隙水勘查实例

李云峰　侯莉莉　叶念军　周锴锷　李　云　叶永红　姜月华

（中国地质调查局南京地质调查中心，南京　210016）

摘要：以巩义市夹津口镇韵沟村为例，分析了当地辛集组岩溶裂隙水勘查目标。认为辛集组石灰岩中岩溶裂隙发育，顶板为厚层钙质页岩，在小断层的作用下与上覆潜水形成两个独立的地下水流系统，结合地质测量及地球物理探测，最终施工 HNGT714 获得单井涌水量为 122.4m³/d，保护了原有浅井不被破坏，弥补了当地供水不足，缓解了旱情。

关键词：巩义市　岩溶裂隙水　地下水　勘查

1 引　言

合理利用地下水需要充分分析当地地质条件[1,2]，明确地下水的补给、径流及排泄特征[3]，进而根据当地气候、经济社会活动情况，结合相应的勘察手段合理的布置地下水开采方案[4~6]。文章以河南省巩义市韵沟勘察井为例，总结华北地区基岩山区辛集组岩溶裂隙水勘查工作方法及意义。

1.1　自然地理与缺水状况

本案例所在地为巩义市夹津口镇韵沟村（图1），位于河南省巩义市南部，嵩山北麓。本区气候上属北温带大陆性气候，夏季炎热多雨，冬季寒冷干燥，多年平均气温 14.3℃。历年平均降水量为 643mm，多集中于 7、8、9 三个月，占全年降水量的 50%~60%；历年平均蒸发量为 2085mm。地处黄河流域与淮河流域分水岭南侧淮河流域境内，地貌以山地丘陵为主，方圆 5km 内无地表水体，地下水是其主要供水水源。地下水主要补给源为大气降水，2010 年 10 月以来该地区降水极少，更加剧了其缺水现象。

1.2　地质构造与水文地质条件

韵沟村沿嵩山北麓的一处冲沟两侧建立。村内发育中元古界五佛山群和下寒武统，实测地层剖面如下（图2）。

辛集组石灰岩与马鞍山组石英砂岩在村南呈不整合接触，可溶性强的石灰岩为良好的储水介质，致密块状的石英岩化石英砂岩为良好的隔水边界，因此，两者在不整合接触部位构成地下水的储水空间。通过接受大气降水补给及地面径流补给，地下水自西往东流与接触面斜交，在接触部位蓄积，形成了接触–岩溶型蓄水构造。

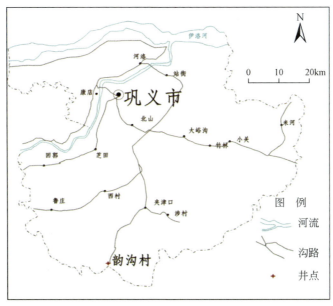

图1 巩义市行政及交通位置图

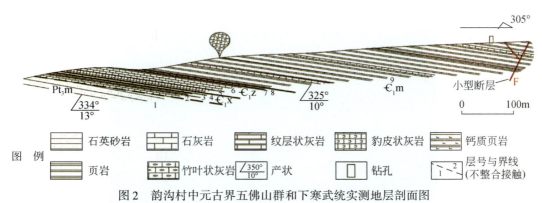

图2 韵沟村中元古界五佛山群和下寒武统实测地层剖面图

2 找水打井勘查示范工程

2.1 找水打井技术方向

根据韵沟村实际存在的情况，专家组经过实地勘察并讨论后最终决定在不对原有供水井产生影响的情况下，设计深层岩溶裂隙承压水供水井以增加供水量。

该点钻进过程中施工顺利。

2.5.3　钻探结果

1）钻孔揭露地层

HNGT714 号钻孔揭露地层及岩性特征如下：

0～0.4m，耕植土：灰黄色，稍湿，硬塑，含植物根系。

0.4～1.0m，亚黏土：灰黄色，稍湿，可塑。

1.0～2.2m，粗砂：红褐色，粗砂含砾，粒径 5～10cm。

2.2～9.0m，粉砂岩：灰褐色，厚层–块状构造，细粒结构，弱风化。

9.0～32.0m，砂质泥岩：褐色砂质泥岩厚层–块状构造，泥质结构，弱风化，夹薄层青灰色页岩、泥岩。

32.0～74.7m，泥岩、页岩：紫红、灰黄、青灰等色，泥岩、页岩互层，页岩每层厚 0.2～0.5cm，从上至下为多个青灰–灰黄–紫红旋回，每个旋回大约 5m 厚。

74.7～110.2m，泥岩、钙质砂岩：上部青灰色泥岩与紫红、黄色泥岩页岩互层；下部青灰色钙质砂岩，依次有多个深灰–浅灰旋回，层厚 0.2～0.5cm，79.3m 处见沿层裂隙，稍有溶蚀现象，87.4m 处初见方解石晶洞，直径约 3cm×5cm，88m 处见多个直径 0.5cm×1.0cm 与 2cm×3cm 方解石晶洞，110m 处漏浆。

110.2～119.8m，石灰岩：110.7m 以上为竹叶状灰岩，紫红色，见黄色泥质竹叶状斑点；下部为鲕粒灰岩，黄色，上有黑色鲕粒，鲕粒直径 0.1～0.3cm。

119.8～137m，钙质砂岩：青灰–灰白色，厚层–块状构造，细粒结构，未风化。

137～184m，石灰岩：青灰色，夹有薄层钙质砂岩，沿节理充填方解石脉，179～181m 处石灰岩有溶蚀现象，孔隙泥质充填。

184～187.4m，石英砂岩：紫红色，厚层–块状构造。

2）钻孔结构

剥离表层约 2m 厚的松散层后，用 Φ325mm 的钻头取心钻进，至 140m 后采用 Φ219mm 的钻头取心钻进至 187.4m。

2.5.4　抽水试验及参数计算结果

洗井结束后，水位恢复至静止水位 45.07m。于当日 00 时 30 分开始进行抽水试验，共进行 8 小时。当抽水试验进行到 120 分钟时水位降至 179.31m，并持续两小时不再变化，总降深为 134.24m，平均出水量为 5.1m³/h。8 时 30 分停泵结束抽水试验，开始水位恢复记录，于 11 时 30 分水位恢复至原静止水位埋深 45.07m，并继续进行观测 2 小时水位没有变化。抽水试验降深及水位恢复曲线如图 5 所示。

抽水实验很好的验证了前期论证：抽水试验过程中水位变化很大，说明该点承压水资源储量并不是很大；水位能较快恢复，说明钻孔底部石灰岩溶隙虽部分充填黏土但仍有一部分连通性较好。

抽水试验后采取的水样经由河南地质矿产开发局第一水文地质工程地质队实验室进行

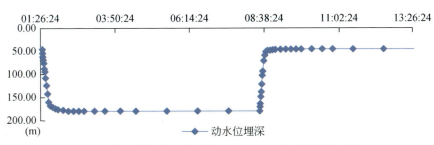

图5　韵沟村抽水试验及恢复试验动水位埋深变化曲线

化验，水化学类型为 HCO_3-Ca 型，各项指标均符合国家饮用水标准，没有污染物质检出，水质分析评价结果如表1所示。

表1　HNGT714 井检出组分水质分析评价结果表

	pH	NO_3^- /(mg/L)	总硬度	COD_{Mn} /(mg/L)	TDS	Zn /(μg/L)	Mn /(μg/L)	F /(mg/L)	总铁/(mg/L)
HNGT714	7.76	9.6	206.47	0.54	253	0.01	0.06	0.17	0.21
评价结果	可饮用	可饮用	可饮用	可饮用	可饮用	可饮用	可饮用	可饮用	可饮用

3　示范工程总结

3.1　技术总结

　　该井井位属于岩溶蓄水构造成井，主要分布于碳酸盐岩区，部分地区可出现接触-岩溶蓄水构造。该区出露下寒武统辛集组石灰岩与中元古界马鞍山组石英砂岩，两者呈不整合接触。辛集组石灰岩可溶性良好，在地表可见发育良好的溶洞和溶蚀裂隙，溶洞可达 100cm×50cm，为良好的储水介质。下伏的紫红色石英砂岩，呈致密块状，具轻微变质现象，构成地下水的隔水边界。因此，石灰岩的溶蚀裂隙与不整合接触面形成一定的储水空间。由于地表水流向自西往东，不整合接触面倾向为 NW，故地下水流斜交于不整合接触面，进而在其接触部位蓄积，储存于石灰岩的溶蚀裂隙中。该区地下水补给以大气降水为主，排泄方式主要为地下水径流与人工开采，局地以泉的形式排泄。

　　利用此类型的蓄水构造，在韵沟村钻探成井。钻孔位于韵沟村的沟谷低洼处，最终穿透辛集组石灰岩至石英砂岩终孔，终孔深度 187.4m。钻探结果显示石灰岩岩心溶蚀现象良好，钻进过程中亦存在漏水现象。但在成井抽水试验过程中，地下水水位下降迅速，在 15 分钟内水位即下降了近 120m，获得单井涌水量仅为 122.4m³/d。究其原因在于韵沟村地处分水岭附近，接受大气降水补给的区域小，补给条件差。石灰岩岩心虽然溶蚀现象良好，但溶蚀裂隙与溶洞内充填部分黏性土，与较小的单井涌水量是相对应的。

　　另外经过连续的抽水试验及后期使用，该井并未对其北西 20m 处的老井产生影响，说明此次找水打井完成了既定目标，既补充了当地供水，又对原有水源地进行了保护。

3.2　社会效益

　　夹津口镇韵沟村 HNGT714 号钻孔隶属于河南巩义市严重缺水地区地下水勘查项目。该项目是由国土资源部部署、中国地质调查局组织实施的支援河南严重缺水地区抗旱找水的一个重大项目，体现了党和政府对缺水地区群众的巨大关怀和帮助。项目"探采结合"水井工程的实施，将在很大程度上解决工作区内人畜的饮水困难及农田的灌溉问题。项目成果可为河南巩义市严重缺水地区社会经济一体化发展提供大量的地质信息，为区域内地下水资源的合理开采与保护提供科学依据；项目提出地下水资源合理开发利用与生态地质环境保护的措施和建议，可以确保当地群众生活和农业生产对水资源的需求。项目成果的应用，将在长时期内使这一地区的严重缺水问题得到解决，同时对地下水资源的合理利用和保护，尤其对保障供水需求和社会经济的可持续发展具有持久性的影响。

　　通过该井的施工缓解了夹津口镇韵沟村 1600 口人、100 头大牲畜饮水困难及 300 亩农田的灌溉。

参 考 文 献

[1] 葛伟亚，叶念军，龚建师等．淮河流域平原区地下水资源合理开发利用模式研究．华东六省一市地学科技论坛，2007
[2] 向速林，王继辉．贵州省地下水资源利用分析及保护管理对策探讨．贵州科学，2003，21（4）：68～71
[3] 邹银先，罗维，张景国等．岩溶山区和太行山区抗旱打井电阻率法运用浅析．贵州地质，2012，29（2）：123～127
[4] 孟庆鲁，刘彦，赵法强等．高密度电阻率法在山东泰安地区抗旱打井工程中的应用．山东国土资源，2014，（7）：52～55
[5] 王书平，杨倩．基于抗旱找水的打井技术方法研究．河南科技，2013，（15）：37
[6] 李云，姜月华，叶念军等．基岩山区找水与蓄水条件分析——以单斜和接触型蓄水构造为例．地下水，2015，（1）：106～108

巩义旱区黄土高地找水打井案例分析
——叶岭村 HNGT707 孔示范工程

龚建师　李　云

（中国地质调查局南京地质调查中心，南京　210016）

摘要： 叶岭村位于巩义市西部邙岭高地上，一直是缺水旱区，2010 年大旱加剧了该地旱情。本着旱地快速找水目的，工作人员详细解读了当地水文地质条件，确定了地下水赋水层位。根据地质条件，选择 SPJ-300 型钻机施工成井，降深 17m 条件下，每小时出水超过 30m³，有效缓解了当地 4000 余人饮水困难。该井的成果实施，为同类区域抗旱打井找水提供了示范。

关键词： 黄土高地　严重缺水地区　巩义市

1　引　　言

巩义市面积 1041km²，人口 90 万（2009 年），历史上一直是严重缺水地区，2010 年秋季大旱加剧了该市的缺水形势。该市属豫西低山丘陵区。地貌类型可分为低山、丘陵和河谷平原三大类型。区内地下水类型主要有河谷滩涂、黄土孔隙水，碳酸盐岩岩溶水和基岩裂隙水。补给源主要是降雨补给、地表水侧向补给、构造输水补给等，自然排泄方式主要是蒸发、河流排泄。

本文案例所在的叶岭村位于巩义西北部邙岭黄土高地上，历史上一直是严重缺水地区。该区域的找水打井工作在黄土丘陵地区具有典型代表意义。

2　叶岭村概况

2.1　地理位置及受旱情况

叶岭村距市区 5km，位于伊洛河西岸康店镇西侧黄土高地上。该村下辖 7 个自然村，总人口 4000 余人。历史上一直属邙岭严重缺水地区，现今部分家庭还保留有水窖（用以存储雨水的地窖）。叶岭村既有水井成孔于 1982 年，取水层位主要是黄土覆盖下的卵砾石层孔隙水。区域地下水位的持续下降使得涌水量从成井之初约 50m³/h 减少到如今的

20m³/h。该井不能满足当地群众饮水需求。2010 年大旱加剧了该村的用水困难。

2.2　地质概况

叶岭村位于嵩山以北的低山区，属低山与丘陵接触地带，山前为黄土陡坎峭壁。海拔在 150~270m。区内松散层厚为 70~150m，其中上部为腐殖土和黄土，下部为薄层卵砾石。松散层以下为三叠系泥岩页岩互层。村南约 4km 处存在一 SE-NW 向断裂（五指岭断裂），村北有一 EW 向小断层，地表上形成一深（南水沟）。

2.3　水文地质条件

区内表层耕植土向下依次为黄土、砂卵石。松散层下伏岩层为三叠系砂岩泥岩互层，局部裂隙发育，为北部断裂影响的破碎带，赋水性较好，与松散层下部水力联系密切（图 1、图 2）。

该区地下水主要接受大气降水补给、构造导水补给，排泄方式主要为人工开采和表土蒸发[1,2]。

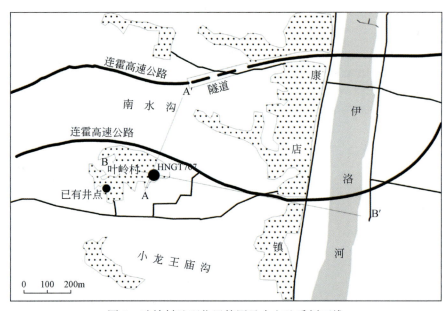

图 1　叶岭村地理位置简图及水文地质剖面线

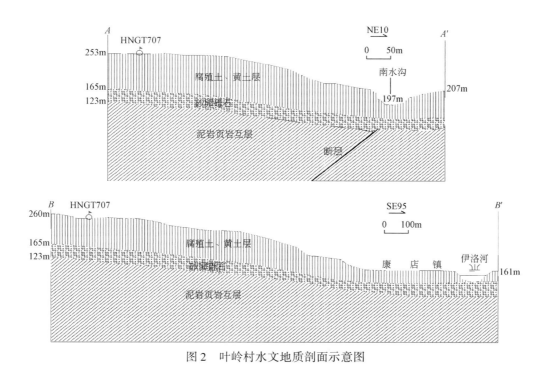

图 2　叶岭村水文地质剖面示意图

3　靶区选择及孔位确定

3.1　储水模型概化及找水目标层位

图 3 为叶岭村储水模型的概化图。该地区主要接受降雨补给，大部分降雨通过地表流入伊洛河，少部分通过表土下渗进入地下，还有一部分通过北部断层进入地下，另有一部分补给来自北部断层导水所得。

该地段理想的两个储水层位是卵砾石层和受断层影响的基岩破碎带。卵砾石层由于受区域地下水位持续下降的影响，作为供水层位的时间将受考验，相较之下基岩破碎带是最为理想的储水层位。

3.2　确定井位

根据对该区域水文地质条件的分析及物探成果的旁证，参考该村已有水井的井孔资料及出水量历史资料，针对两个目标层位，从以下两点进行了井位的确定：

针对卵砾石层，根据已有井孔资料可知，区域地下水位在持续下降，这层水位下降趋势影响将来水井的使用年限。那么在这一层作为供水层组考虑，越靠近低洼地、向东近伊洛河方向越有水量保障。

量越有保障，且井深较浅，钻探成本较低。但是这样使得井位远离村庄，已经非常靠近康店镇区，势必给后续开采、输水造成压力。给当地后续水电管理造成麻烦。在和当地民众充分沟通情况下，做了妥协，在满足水文地质条件约束下井位向村内偏移，减轻当地政府后续工作压力。

5.3　建议

5.3.1　对叶岭村示范井用水建议

（1）为合理利用地下水资源，建议按照平均出水量进行开采，不宜超采。

（2）不可长期将井闲置，以免影响其使用寿命。

（3）建立该井档案，定期进行地下水位动态观测，掌握地下水变化规律，为合理开采地下水提供依据。

5.3.2　对同类型地区打井找水的建议

（1）加强水文地质条件补充调查、地下水动态监测，掌握区域水文地质条件、地下水动态变化规律，为打井找水提供可靠水文地质依据。

（2）对于不同水文地质条件地区，根据实际情况优选适当钻具进行施工，提高工程效率。

（3）靶区选择时候应避开有污染隐患区域，避免污染源对地下水进行污染。

（4）成井之后，机井周边应设置水源保护区，严禁出现破坏水源地水文地质条件的人类工程活动和污染源，以防止地下水遭受污染，保障饮水安全。

参 考 文 献

[1] 河南省地矿局水文地质二队．巩义幅1：20万区域水文地质普查报告．1986
[2] 河南省地矿局环境水文总站．河南省新密市区域水文地质调查报告．1988
[3] 武选民，文冬光，郭建强等．西部严重缺水地区人畜饮用地下水勘查示范工程．北京：中国大地出版社，2006

巩义李家窑村单斜蓄水构造地下水勘查实例

侯莉莉　李云峰　李　云　周锴锷　叶念军　姜月华

（中国地质调查局南京地质调查中心，南京　210016）

摘要：基于对巩义市李家窑村单斜蓄水构造的分析，总结出基岩山区找水工作中，物探所揭示的异常深度与实际地下水含水层位之间呈现良好对应关系，两者的换算系数约为0.75。在实际钻进过程中，根据实际需要进行不同钻探工艺的组合模式，可达到事半功倍的效果。

关键词：地下水　单斜蓄水构造　巩义市　基岩山区

1　引　　言

1.1　抗旱打井找水示范工程背景

2010 年 10 月至 2011 年初，因降水偏少造成华北、黄淮等地出现近半个世纪来最严重的秋冬连旱气象，涉及河北、山西、山东、河南、安徽、江苏、陕西、甘肃等多个粮食主产区，对粮食安全造成严重影响。河南省巩义市是本次旱情最为严重的典型地区之一。"淮河流域（河南巩义）严重缺水地区地下水勘查"项目系中国地质调查局 2011 年下达的地质调查工作项目"淮河流域严重缺水地区地下水勘查（南京地调中心）"的工作内容。通过南京地质调查中心在长期缺水的河南巩义市的抗旱找水打井工作，实施了探采结合示范井，解决了当地人畜饮水困难和农田灌溉问题，取得了良好的社会和经济效益。西村镇李家窑村水井，即是本次打井勘查示范工程的典型案例之一。

1.2　自然地理与缺水状况

西村镇李家窑村位于巩义市中部丘陵区，距巩义市区 18km。全村人口约 1100 人，长久以来，村民日常生活用水的供给基本依靠村内的一口 20 余米的浅井，勉强维持日常用水，属典型的资源型缺水地区。李家窑村山高坡陡，河沟底部卵砾石含水层储水空间有限，加之受大气降水影响显著，在干旱之年缺水的情况尤为突出。在此次大旱中，浅井已干涸近月余，村民生活用水仅能依靠远距离机器输送供给，农田几乎颗粒无收。

1.3　地质与水文地质条件

1.3.1　地质概况

　　李家窑村地处低山与丘陵接触地带，地势南高北低。南侧基岩大面积出露，北侧黄土覆盖严重，沟壑纵横，下伏二叠系砂、泥岩。该村总体位于沟谷内及其附近，地势较平坦（图1）。沟谷西侧壁陡峭，二叠系紫红色砂岩出露，上覆黄土。东侧壁相对平缓，黄土轻微覆盖，偶见砂、泥岩出露。冲沟内松散层覆盖厚度在10~50m左右，主要为冲、洪积的卵砾石层，上覆少量黏性土。

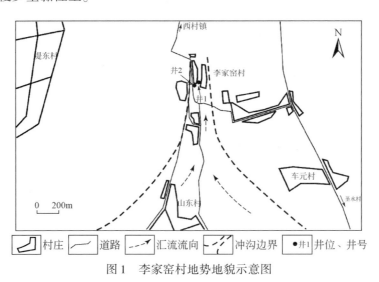

图1　李家窑村地势地貌示意图

1.3.2　水文地质条件

　　该处地下水以二叠系碎屑岩孔隙-裂隙水为主，以及冲沟内少量冲、洪积卵砾石层内的松散层孔隙水，主要接受大气降水的入渗补给及沿基岩裂隙的径流补给，排泄则主要为人工开采和径流排泄。冲沟内松散层以卵砾石层为主的特征，为地下水的大气降水补给提供了良好的入渗通道。同时，冲沟由南往北至李家窑村，地势降低，冲沟宽度逐渐缩小，在形态上呈"倒喇叭口状"，在一定程度上增加了该处地下水的补给量。

1.4　蓄水模式分析

　　中深层地下水包括中、古元古界变质岩裂隙水和二叠系、三叠系碎屑岩裂隙水，只有在地形、岩性、构造都有利的地段，地下水相对富集，才具有开采利用价值。在基岩山区，地下水蓄积通常需要具备3个条件：补给面积、导水通道和储水空间。蓄水构造的富水性及地下水的开采条件主要就取决于这 3 个要素的变化情况。

李家窑村下伏地层为二叠系单斜构造地层，产状为 340°∠20°，岩性主要为二叠系砂、泥岩（图 2）。单斜构造蓄水并富水的条件在于：一是含水层的埋藏部分不能被沟谷切断，否则，地下水会严重流失；二是含水层在逆倾斜方向上有足够的出露面积和适于接受补给的地形。

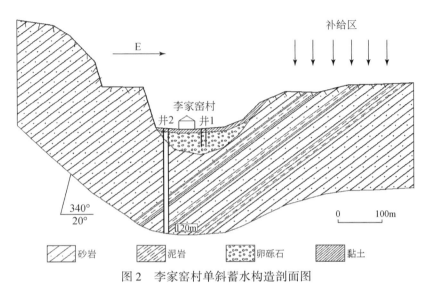

图 2   李家窑村单斜蓄水构造剖面图

2   找水打井勘查示范工程

2.1   找水打井技术方向

在李家窑村，由于地层倾向 NW，东侧、南侧平缓的微覆盖区为该单斜构造提供了良好的补给区域。东侧山坡平缓，轻微覆盖，不易形成径流。而裸露地表的紫红色砂岩，节理裂隙发育，保障了大气降水的入渗补给。同时，南侧由南往北倒喇叭口状的冲沟，通过卵砾石层作为流水的"快速通道"起到汇集上游大气降水补给的作用，增加了含水层的补给量。而沿倾斜方向，含水层内的裂隙发育程度随深度的增加而减弱，透水性降低，起到相对隔水作用，构成良好的储水空间。综上所述，李家窑村具有良好的单斜蓄水构造及补给条件，其中砂岩为含水层，泥岩为隔水层。因此，在此成井出水的可能性大。

2.2   找水靶区确定

通过综合分析当地地质构造及水文地质条件，拟在该村以二叠系的碎屑岩孔隙裂隙水为目标，圈定沟底砂卵石层较薄的区域为找水靶区。

2.3　勘探孔孔位确定

鉴于李家窑村的地形及钻探施工对场地的限制，在该村选取了两个点（D_2、D_1）进行激电测深试验以作比较。激电测深试验采用对称四极装置，定比极距法，侧线沿沟谷呈 SN 向展布。

D_1 测深点位于西村镇李家窑村内的冲、洪积沟谷中，可见卵砾石出露。激电测深曲线总体呈 K 型，可划分出两个含水异常区（图 3）。异常处曲线特征均为视电阻率曲线斜率变小，半衰时和衰减度均呈高值，偏离度呈低值。其中，异常 1 极距（$AB/2$）等于 36m，推测为潜水面；异常 2 极距（$AB/2$）等于 144m，推测为深部含水变化层位。曲线尾部综合推测为假低阻异常。

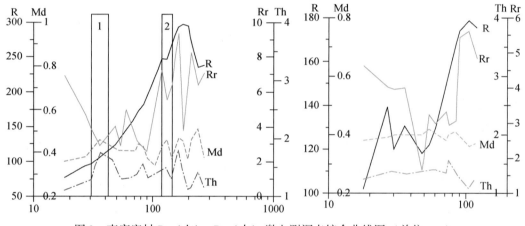

图 3　李家窑村 D_1（左）、D_2（右）激电测深点综合曲线图（单位：m）

D_2 测点位于 D_1 测点北侧，黏性土轻微覆盖，可见少量卵砾石出露。激电测深曲线总体亦呈 K 型曲线，不过由于测量电极与地表的接地条件差，浅部电阻率观测值剧烈变化。在极距（$AB/2$）等于 48m 处，呈低阻、高衰减度、低偏离度特征，其认为是由地下潜水面所引起（图 3）。相比于 D_1 测点，D_2 点的潜水面下降，说明地下水位由南往北渐深，论证了地下水的流向整体为由南向北。

通过两个点的比较，认为 D_1 点异常情况更好，与水文地质条件相对应，故拟在 D_1 点处进行水井钻探作业。在基岩山区采用地球物理勘探方法找水时，物探异常的解译深度与实际对应深度之间的换算系数数值可采用 0.75。因此，D_1 点处物探异常所揭示的潜水面埋深（36m）及深部含水变化异常埋深（144m）所对应的实际潜水面及深部含水层层底埋深分别对应为 27m 和 108m，故选定钻探孔位为 D_1 点，并且建议钻探深度为 120m。

2.4 水井施工

2.4.1 钻探过程

在李家窑村抗旱水井的钻探过程中，先后共进行了两次钻探，分别采用的是回旋钻进与空气潜孔锤钻进方法。

在第一次钻进时（井1），选点位于沟谷正中间，冲洪积松散层厚度较大，采用了回旋钻进方法，但由于松散层中卵砾石层厚度大，漂石多，钻进极为缓慢并伴随卵砾石层坍塌，回旋钻进半个月仅约20m，最终塌孔致钻进成井失败。

在第二次钻进时（井2），选点靠近沟谷边部，距井1十几米远。为冲洪积松散层，尤其卵砾石层相对较薄。考虑到抗旱任务的紧迫性，决定对上部0～8.7m卵砾石层用挖掘机进行挖除，至基岩后，下套管–回填–下钻，即采用"挖掘机+回旋钻+气压潜孔锤组合"钻进模式进行施工，施工进度显著加快，平均钻进速度可达4～5m/h，仅用不到3天就完成了钻探。

2.4.2 钻探成果分析

钻探所揭示的地下水静水位埋深（27.1m）及深部含水层层底埋深（110m）与物探宜昌所换算的潜水面埋深（27m）及深部含水变化异常埋深（108m）基本一致，经钻探证实，该处含水层位主要位于27～52m及81～110m段砂岩，裂隙发育。

抽水试验结果表明，该井单井涌水量为907.2m³/d。井水各项指标符合《生活饮用水卫生标准》（GB5749–2006）小型集中式供水的饮用水标准。

3 示范工程总结

3.1 技术总结

（1）在巩义的山地丘陵地区，对蓄水构造的判断正确与否在很大程度上决定了山区成井出水的可能性，李家窑村水井的成功即源于此。而在基岩区利用蓄水构造找水时，要充分考虑到蓄水构造三要素的各自特征，缺一不可。

（2）基岩山区找水，在调查地质及水文地质条件的基础之上，利用地球物理勘探方法的"透视"性，充分发挥水文物探的作用，对山区找水具有很好的指导意义。而正确解译物探异常是其指导找水工作的前提，物探异常深度与实际层位深度之间的换算系数数值可采用0.75。在李家窑村水井的实际钻探中，两者换算深度几近一致，验证了该系数的科学性及可行性，可为以后的基岩山区物探找水解译提供参考。

（3）针对野外实际地质情况，多方法多工艺结合运用，是提高水井施工效率的一种手

主要由风化的中—上三叠统扎尕山群（T_2zg）和杂谷脑组（T_3z）、侏偻组（T_3zh）的砂、板岩互层组成，局部有花岗岩侵入体（图1）。岩体风化强烈，网状风化裂隙发育，风化带厚 40～60m。由于该区山体较小，且多呈断续孤立状，故泉水补给面积小，径流途径短，排泄条件好，泉流量多为 0.1～1L/s，水质较好，可以作为分散性供水的主要层位。

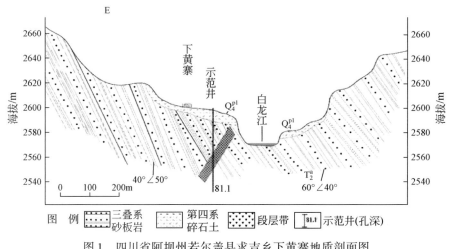

图1　四川省阿坝州若尔盖县求吉乡下黄寨地质剖面图

2　找水打井勘查示范工程

2.1　勘探孔孔位确定

本次工作是在分析区内水文地质条件的基础上，通过详细的水文地质调查，首先遴选找水靶区[1]，再针对富水断层的低阻特性，选择有效的物探方法组合[2]，对比分析其电性差异，进而准确判别富水断层，解决该村长期以来的缺水问题。

区内布设音频大地电场测线两条，方位角为 350°，两条测线基本趋于平行。测线线距 20m，点距 5m，测线长分别为 130m、75m；电测深测线一条，方位角为 167°，测线长 75m（图2）。

音频大地电场曲线显示（图3），勘测曲线反映有两低值异常点，40m 处为冲沟反映，100m 处为断层反映。沿断层低值异常点与河道对岸断层露头连接，可以推断为一整条断层裂隙带，具有一定的富水条件。结合现场地质资料分析，推断该工作区内存在一条规模较小的断层裂隙带。

从电测深等值线剖面图中可以看出（图4），在电测深剖面图中，垂向上视电阻率等值线变化特征反映出三层电性结构。第一层为粉质黏土层岩性的横向变化。第二层对应的岩性为碎石土。底部视电阻率逐渐下降，当 $AB/2$ 大于 10～20m 时为砂板岩（上覆强风化）层，其底界反应明显。

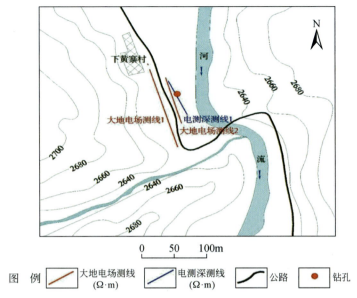

图2 若尔盖求吉乡下黄寨村牙沟寨工作布置示意图

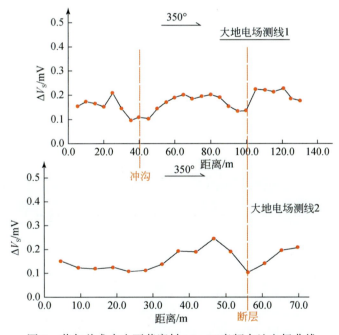

图3 若尔盖求吉乡下黄寨村1#，2#音频大地电场曲线

依据求吉乡下黄寨村电测深剖面显示，有一处明显等值线异常带，推断为地下断层裂隙之反映。

依据音频大地电场及电测深资料综合分析：音频大地电场曲线显示，勘测曲线反映有一低值异常点，沿低值异常点与河道对岸断层露头连接，可以推断此部位为断层裂隙带，具有一定的富水条件。通过电测深剖面显示，剖面第二层与第三层接触带砂岩强风化强烈，推断为富水性较强部位。另据剖面显示，反映出有两处明显异常带，结合地质资料分析，推断一处为地下断层破碎带之反映，与音频大地电场资料相吻合。

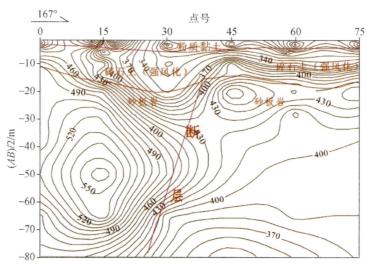

图 4　若尔盖求吉乡下黄寨村电测深等值线剖面图（单位：Ω·m）

2.2　勘探孔钻孔施工

2.2.1　钻探过程

施工采用 Y-2 型钻机，动力机类型为 HP-15 柴油机，泥浆泵类型为 W-16，钻塔类型为人字塔。钻进方法采用了机械回转钻进，以泥浆作冲洗液。该孔于 2008 年 9 月 21 日开孔，2008 年 10 月 1 日终孔，终孔深度 81.1m，10 月 3 日完成抽水试验。

2.2.2　钻探结果

该孔揭示岩层表部 5.5m 为浅黄色含碎砾石粉质黏土，碎砾石含量约 30%，成分主要为砂岩，次圆-次棱角状，底部含少量卵石，结构松散，不含水。5.5 ~ 7.7m 强风化灰黑色板岩，含脉石英，岩心破碎，不含水。7.7 ~ 14.5m 青灰色砂岩夹板岩，强风化，夹石英脉，岩心破碎。14.5 ~ 19.15m 青灰色砂岩，17.15m 以上段岩心较破碎，17.15 ~ 19.15m 相对完整，岩心呈短柱状。19.15 ~ 31.45m 灰黑色板岩，风化强烈，岩心破碎。31.45 ~ 58.75m 青灰色钙质砂岩风化强烈岩心破碎，透水性较好，为主要含水层。58.75 ~ 81.1m 青灰色钙质板岩，风化强烈岩心呈片状及短柱状（图5）。

钻孔位置	四川省阿坝州若尔盖县求吉乡下黄寨村					施工日期		2008.9.19~2008.9.28		
钻孔坐标	33°43′39.62″N 103°21′11.84″E					地面高程	2620.3m		孔深	81.10m

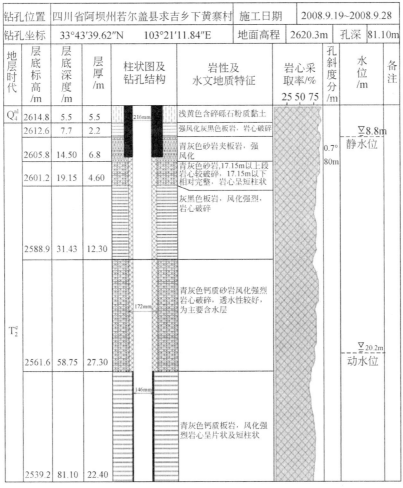

地层时代	层底标高/m	层底深度/m	层厚/m	柱状图及钻孔结构	岩性及水文地质特征	岩心采取率/% 25 50 75	孔斜度分/m	水位/m	备注
Q_4^{al}	2614.8	5.5	5.5	216mm	浅黄色含碎砾石粉质黏土				
	2612.6	7.7	2.2		强风化灰黑色板岩，岩心破碎			▽8.8m 静水位	
	2605.8	14.50	6.8		青灰色砂岩夹板岩，强风化		0.7° 80m		
	2601.2	19.15	4.60		青灰色砂岩，17.15m以上段岩心较破碎，17.15m以下相对完整，岩心呈短柱状				
	2588.9	31.43	12.30		灰黑色板岩，风化强烈，岩心破碎				
T_2^c	2561.6	58.75	27.30	172mm	青灰色钙质砂岩风化强烈岩心破碎，透水性较好，为主要含水层			▽20.2m 动水位	
	2539.2	81.10	22.40	146mm	青灰色钙质板岩，风化强烈岩心呈片状及短柱状				

图5 若尔盖求吉乡下黄寨村示范钻孔柱状图

2.2.3 抽水试验及参数计算结果

根据抽水试验结果，涌水量为 $34.56m^3/d$。该孔地下水类型为构造裂隙水，补给源主要为侧向裂隙水补给，计算含水层渗透系数 $K \approx 0.38m/d$。

根据本次水样分析结果，地下水化学类型为重碳酸钙镁型水，矿化度为 1154mg/L，总硬度（以 $CaCO_3$ 计）为 503mg/L，总碱度（以 $CaCO_3$ 计）为 702mg/L，pH 为 7.49，属弱碱性水，耗氧量小于 1.27mg/L。钾离子为 16.7mg/L、钠离子为 104.3mg/L、钙离子为 33.8mg/L、镁离子为 102.9mg/L、总铁为 0.10mg/L、碳酸氢根为 856mg/L、氯离子为 3.62mg/L、硫酸根为 25.02mg/L、氟离子为 0.80mg/L、总硬度（以 $CaCO_3$ 计）为 228mg/L、总碱度（以 $CaCO_3$ 计）为 234mg/L。其中偏硅酸、锶、偏硼酸分别达到 7.47mg/L、2.73mg/L、2.16mg/L，游离二氧化碳为 4.7mg/L。

上述元素除了硬度与矿化度略高于饮用水标准外，其他毒理学指标均在生活饮用水标准之内。除细菌学和放射性元素因受分析条件限制未作外，所测常规项目均符合农村生活饮用水标准。

3　示范工程总结

　　本示范井所在地区位于若尔盖东部深切割侵蚀构造高山区河谷地带。其第四系含水层厚度较小，富水性较差；浅部含水层不易成井供水；而在局部风化裂隙发育的地段，岩石较为破碎，若有比较好的补给、径流条件，可以形成富水地带。因此，在当地找水打井的主要方向是寻找基岩风化裂隙水或者构造裂隙水。

　　在基岩山区物探勘查主要是确定松散覆盖层厚度及储水构造部位，大地电场及电阻率测深方法经济有效；沟谷第四系分布区物探的主要目的是确定松散层厚度及相对富水程度，因人饮工程需水量小，成井深度一般小于100m，电阻率测深法较实用[3]，但存在受地形条件制约的不足。

参 考 文 献

[1] 武选民，郭建强，文冬光等. "逐步逼近式"找水方法及其在缺水地区水文地质勘查中的应用. 西北地质，2009，42（4）：102～108
[2] 武毅，郭建强，曹福祥等. 多种物探技术勘查宁南深层岩溶水的试验组合. 物探与化探，2002，26（4）：113～117
[3] 武毅，孙银行，李凤哲等. 西南岩溶地区不同含水介质地球物理勘查技术. 物探与化探，2011，30（3）：278～284

四川省广元市旺苍县鼓城乡元山村找水打井勘查示范工程

何　锦　付　雷　刘元晴

（中国地质调查局水文地质环境地质调查中心，保定　071051）

摘要： 大巴山区属于大骨节病水质性缺水地区。本次在广元市旺苍县利用水文地质调查和物探勘查相结合的办法，在中切割侵蚀构造中山区寻找到较为丰富的岩溶裂隙水，证明了在山区第四系覆盖层较薄的地区，使用大地电场及电阻率测深组合寻找岩溶裂隙水的办法可以获得比较满意的勘探效果。

关键词： 大巴山区　岩溶裂隙水　电阻率测深法

1　引　言

1.1　任务来源

大骨节病是四川省地方病中的主要病种，因其发病率高和致残率高，对病区人民群众生存环境构成极大威胁。对此，中央及地方政府领导极为重视，国务院扶贫办、四川省人民政府在充分调查研究的基础上，为了综合措施预防大骨节病、引导解决病区安全饮水问题，中国地质调查局和四川省人民政府合作开展"四川省大骨节病区地下水调查与供水安全示范打井工程"项目。本次施工钻孔为2010年中国地质调查局水文地质环境地质调查中心在广元市旺苍县大骨节病区开展的地下水勘查与供水安全示范工程之一。

1.2　自然地理与水文地质条件

旺苍县位于四川盆地北缘，米仓山南麓。元山村位于旺苍县鼓城乡政府驻地南部。元山村及周边村寨位于属于构造侵蚀溶蚀中山地貌，全村200多人长期以来主要饮用窖水。近年来降雨稀少加之地表水污染严重，其供给和保证能力已经远远不能满足当地群众需要。由于其地处石灰岩山区，地质构造复杂，富水性差异较大，当地政府几次打井工作均为成功，目前解决该区缺水问题已成为头等大事。

工作区位于东河支流上游山腰台地之上，山体中部坡角地带。上部含水层为第四系潜水含水层，岩性主要为碎石土夹卵砾石。含水层厚度较薄，一般小于20m，富水性较差，无供水意义。该村西侧、北侧为高耸的山体，东侧、南侧临近河谷，坡降迅速下降。通过野外调查，发现村庄附近出露微晶白云岩，推测其下伏亦为白云岩，受地形控制基岩地下水汇水面积较小，地下水往往在沟谷地带渗出地表，泉流量较小，一般为 0.1 ~ 1L/s（图 1）。

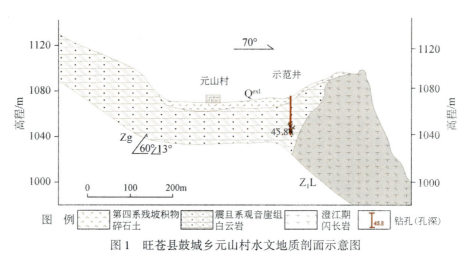

图 1　旺苍县鼓城乡元山村水文地质剖面示意图

2　找水打井勘查示范工程

2.1　勘探孔孔位确定

本次工作是在分析区内水文地质条件的基础上，通过详细的水文地质调查，首先遴选找水靶区[1]，再针对富水断层的低阻特性，选择有效的物探方法组合[2]，对比分析其电性差异，进而准确判别富水断层，解决该村长期以来的缺水问题。

测区地处旺苍县鼓城乡元山村，地表为山坡地。寨子一侧傍山另一侧为河道，基岩岩性以震旦系白云岩为主，夹细砂岩。采用的物探方法为音频大地电场法和直流电测深法，其中音频大地电场法主要目的是了解区域内的地质构造，直流电测深法是了解下伏地层的垂直变化。

区内布设音频大地电场测线三条，方位角分别为 50°、65°、67°，两条测。测线线距为 20 ~ 50m，点距为 10m，测线长分别为 110m、140m；电测深测线一条，方位角为 75°，测线长为 180m（图 2）。

音频大地电场曲线显示（图 3），勘测曲线反映有低值异常点，两条测线 50m、30m 处为断层反映，有一致性，沿断层低值异常点与山体后方缺口头连接，可以推断为一整条断层裂隙带，具有一定的富水条件。结合现场地质资料分析，推断该工作区内存在一条规模较小的断层裂隙带。

通过在拟定打井处开展电测深工作，根据视电阻率断面图分析，推断测区内存山前地

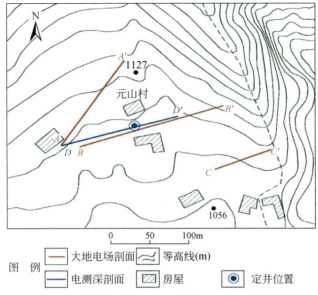

图 2 旺苍县鼓城乡元山村工区物探工作测线布置示意图

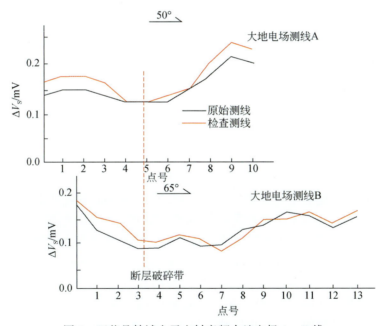

图 3 旺苍县鼓城乡元山村音频大地电场 A、B 线

带在一条断层破碎带，具有一定的富水条件。随即定井位置为电测深剖面测线 8 号点，宜井位置设计孔深为 100m（图 4）。

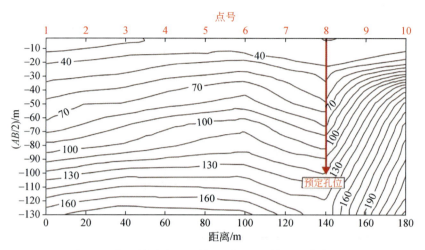

图4　旺苍县鼓城乡元山村电测深5号等电阻率断面图

2.2　勘探孔钻孔施工

2.2.1　钻探过程及施工工艺

施工采用 XY-4 型钻机，动力机类型为 R4100ZD 柴油机，泥浆泵类型为 BW250，钻塔类型为四脚塔。钻进方法采用了机械回转钻进，以清水自然产浆作冲洗液。该孔于 2010 年 8 月 20 日开孔，2010 年 8 月 27 日终孔，终孔深度 45.8m，8 月 31 日完成抽水。

2.2.2　钻探结果

该孔揭示岩层 0~1.03m 为耕植土，褐色，颗粒以黏粒为主，黏性强。1.03~11.22m 为碎石土，碎石主要为灰白色、浅灰色的白云质灰岩、石灰岩，碎石粒径从几厘米到十几厘米，岩心成碎块状，偶有十几厘米的岩心。11.22~13.5m 为全风化石灰岩，岩心呈砂状，颗粒以方解石、石英为主，夹有黏粒。13.5~20.0m 强风化石灰岩，主要为碎石、块石，岩心破碎。20.0~25.3m 为中等风化的石灰岩，岩心主要为小碎石，偶有大理岩，在 21.15~21.25m 处有一灰绿色条带，岩心较破碎。25.3~29.5m 为灰白色、灰色的石灰岩，中等风化，岩心多为块状较完整。29.5~34.81m 为碎角砾，石灰岩、白云岩风化产物，岩心为砂状偶有小碎石。34.81~44.0m 为灰白色、浅灰色的石灰岩，岩心有风化的小溶孔，偶夹有褐黄色物质，岩心短柱状。44.0~45.8m 为灰白色石灰岩，粗粒，岩心完整呈长柱状。该孔主要为岩溶裂隙水，补给源主要为侧向裂隙水及降雨入渗补给。井孔具体情况详见示范钻孔柱状图（图5）。

2.2.3　抽水试验及参数计算结果

根据抽水试验结果，井孔涌水量为 23.66m³/d。该孔地下水类型为岩溶裂隙水，补给

钻孔位置	旺苍县鼓城乡元山村		施工日期	2010.8.20~2010.8.27		
钻孔坐标	106.2853°E	32.3318°N	地面高程	1080.8m	孔深	45.8m

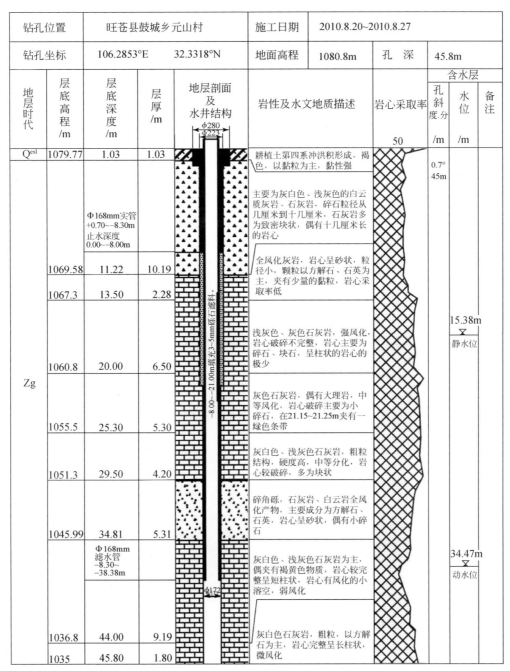

地层时代	层底高程/m	层底深度/m	层厚/m	地层剖面及水井结构	岩性及水文地质描述	岩心采取率/50	含水层 孔斜度.分/m	含水层 水位/m	备注
Q^esl	1079.77	1.03	1.03		耕植土第四系冲洪积形成,褐色,以黏粒为主,黏性强		0.7° 45m		
Zg				Φ168mm实管 +0.70~-8.30m 止水深度 0.00~-8.00m	主要为灰白色、浅灰色的白云质灰岩、石灰岩,碎石粒径从几厘米到十几厘米,石灰岩多为致密块状,偶有十几厘米长的岩心				
	1069.58	11.22	10.19		全风化灰岩,岩心呈砂状,粒径小,颗粒以方解石、石英为主,夹有少量的黏粒,岩心采取率低				
	1067.3	13.50	2.28	-8.00~21.00m填充3~5mm砾石滤料				15.38m ▽ 静水位	
	1060.8	20.00	6.50		浅灰色、灰色石灰岩,强风化,岩心破碎不完整,岩心主要为碎石、块石,呈柱状的岩心的极少				
	1055.5	25.30	5.30		灰色石灰岩,偶有大理岩,中等风化,岩心破碎主要为小碎石,在21.15~21.25m夹有一绿色条带				
	1051.3	29.50	4.20		灰白色、浅灰色石灰岩,粗粒结构,硬度高,中等分化,岩心较破碎,多为块状				
	1045.99	34.81	5.31	Φ168mm 滤水管 -8.30~ -38.38m	碎角砾,石灰岩、白云岩全风化产物,主要成分为方解石、石英,岩心呈砂状,偶有小碎石				
				Φ172	灰白色、浅灰色石灰岩为主,偶夹有褐黄色物质,岩心较完整呈短柱状,岩心有风化的小溶空,弱风化			34.47m ▽ 动水位	
	1036.8	44.00	9.19		灰白色石灰岩,粗粒,以方解石为主,岩心完整呈长柱状,微风化				
	1035	45.80	1.80						

图5 旺苍县鼓城乡元山村示范钻孔柱状图

源主要为侧向裂隙水补给,井位处沿补给方向的导水系数为 $T=0.276\text{m}^2/\text{d}$。

根据本次水样分析结果,地下水类型为重碳酸钙型水,矿化度为 318.2mg/L,pH 为 7.49,属弱碱性水。套用《生活饮用水卫生标准》中"小型集中式供水和分散式供水部分水质指标及限值"，该井水质属于优质饮用水源，完全符合生活饮用水水质标准。根据同时，依据《农田灌溉水质标准》（GB5084 — 2005），该井水水质完全符合农田灌溉用水水质标准。为优质农灌水源。

3　示范工程总结

本示范井所在地区位于旺苍县北部中切割侵蚀构造中山区，地形起伏大，地质构造复杂。其第四系含水层多呈分散状，厚度较小，基本上无供水意义；而当地基岩地层主要为石灰岩，如在局部构造发育和断层阻水地带，若有比较好的补给、径流条件，可以形成富水地带。因此，在当地找水打井的主要方向是寻找碳酸盐岩溶裂隙水。

在基岩山区物探勘查主要是确定松散覆盖层厚度及储水构造部位，大地电场及电阻率测深方法经济有效；沟谷第四系分布区物探的主要目的是确定松散层厚度及相对富水程度，因人饮工程需水量小，成井深度一般小于100m，电阻率测深法较实用[3]，但存在受地形条件制约的不足。

参 考 文 献

[1] 武选民，郭建强，文冬光等."逐步逼近式"找水方法及其在缺水地区水文地质勘查中的应用. 西北地质，2009，42（4）：102～108

[2] 武毅，郭建强，曹福祥等. 多种物探技术勘查宁南深层岩溶水的试验组合. 物探与化探，2002，26（4）：113～117

[3] 武毅，孙银行，李凤哲等. 西南岩溶地区不同含水介质地球物理勘查技术. 物探与化探，2011，30（3）：278～284

陕北高氟水区找水打井勘查示范工程
——以定边县找水打井为例

党学亚

（中国地质调查局西安地质调查中心，西安 710054）

摘要： 通过总结定边县为改善县城等地区水质性和资源性缺水问题，开展的水源勘查工程，确定该区找水目的层位为白垩系环河组含水层，其上部120m厚度内水质较好，可满足生活饮用所需。

关键词： 高氟水区 环河组 缺水

1 引 言

定边县位于陕西省西北部，与宁夏盐池、甘肃环县接壤，县域面积为6920km²，人口为33.05万。以白云山为界，北部为沙漠高原的内流区，占县域面积的39%，在西北部分布有多个盐池，是陕西土盐的重要产地；南部为黄土沟壑水土流失区，占县域面积的61%，是闻名全国极度贫困的白于山区。区内多年平均降水量为316.9mm，蒸发量为2490.9mm，属于干旱-半干旱地区。境内有十字河、安川河、石涝河、红柳河、八里河等河流，但只有北部滩地区的八里河是唯一可灌溉的河流，其他河流水质苦涩，不宜灌溉，更不宜饮用，地表水缺乏。浅层地下水为主要饮用水源，大面积为高氟水、苦咸水，地氟病高发，群众饮水困难[1~6]。因此定边县兼具了水质性和资源性缺水问题，为此地方政府实施了多项工程，包括盐环定扬黄工程、移民搬迁工程等改善区内的用水条件[1~6]，有效改善了县城等地区的饮水困难问题。但由于工程资金投入、配套之后、工程覆盖能力不足及用水成本所限，区内不仅在白于山区而且在北部的风沙滩区仍有突出的缺水问题存在[3,9]，尤其是远离黄河引水工程的定边县东北部地区。对此，2009年榆林市政府在中国地质调查局部署实施的"鄂尔多斯盆地地下水勘查"和"陕北能源化工基地地下水勘查"项目成果基础上，部署实施了榆林市南部地下水勘查工作，以期查明榆林南部地区的地下水资源状况和开发利用前景。中国地质调查局西安地质调查中心承接项目后，结合目标任务，围绕区内严重缺水的问题部署了地下水勘查工作，并将其中人口多、石油经济发达的定边县作为重点，针对现实问题，在分析研究水文地质条件的基础上，对其东北角的堆子梁乡王滩子村开展了水源勘查，并布设了白垩系地下水勘探孔B6，希望通过该孔寻找到优质水源并提供找水打井示范，为定边地区解决农村不安全饮水问题提供新途径。

2　区域地质与水文地质条件

2.1　区域地质条件

定边县位处鄂尔多斯地块伊陕斜坡西部边缘，西侧为天环向斜，构造作用微弱，主要发育有 NE40°~70°、NW20°~40° 两组节理裂隙。境内出露白垩系（K）、新近系（N）和第四系（Q），深部为三叠系—寒武系。其中：

（1）白垩系分布于全境，总厚度为 600~900m，由东向西逐渐增厚。由洛河组（K_1l）、环河组（K_1h）构成。洛河组为一套砖红色、浅棕红色风成沙丘砂岩夹丘间细粉砂岩、泥质岩组合，埋藏于环河组之下，在境内未见出露，埋深自东向西由浅变深，东部堆子梁、学庄一带为 500~700m，西部罗庞塬一带为 800~1000m，与下伏侏罗系平行不整合。环河组是一套水成沉积的紫灰、棕红、青灰色长石砂岩夹棕红色泥岩、泥质粉砂岩。其在北部以河流相沉积为主，南部以三角洲、湖泊相沉积为主，出露于白于山南坡诸沟谷及定边北部，其他地段多埋藏于第四系和新近系之下，埋深为 100~200m，厚度 400~600m。

（2）新近系为上新统保德组（N_2b），出露于沟谷边坡下部，顶底面起伏大，分布在定边县南部黄土山区。保德组为一套干旱-半干旱至半湿润气候环境条件下的河湖相红层沉积。岩性为深红色含钙质结合层、砂质黏土岩及灰白色、棕灰色砂砾岩或砾岩，含三趾马及其他动物骨骼化石，致密坚硬，厚度为 10~80m，为较好的隔水岩层。

（3）第四系（Q）分布广泛，成因类型以风积为主，其次为冲洪积、冲湖积。风积相分布于黄土梁峁区和沙地；冲洪积相分布于河谷阶地区；冲湖积相分布于滩地、洞地。

2.2　区域水文地质条件

根据鄂尔多斯盆地地下水勘察研究成果与资料[10]，区内地下水主要为第四系孔隙水和白垩系孔隙裂隙水两大类。其中：

（1）第四系孔隙水在大部分区域水量较贫乏，单井出水量小于 100m³/d，仅在有萨拉乌苏组分布于的县城周边古河湖洼地、长茂滩滩地、八里河古河槽等区域水量较大，可达 500~1000m³/d（图 1），但其中仅在县城以东至白泥井、安边以北，堆子梁以东、石洞沟-郝滩以南局部范围矿化度在 350~840mg/L，为淡水。其他区域的矿化度均大于 1000mg/L，定边东北部盐湖带、贺圈-砖井以北、八里河流域局部地段矿化度普遍接近或大于 2000mg/L，总体水质较差（图 1）。

（2）白垩系孔隙裂隙水，在区域上的主力含水层为洛河组砂岩。但在定边县由于其埋藏深，成井和开发利用成本高，且南部的白于山区的钻孔揭示其矿化度在 4000mg/L，水质较差。北部风沙区水质缺少钻孔控制并不清楚，从区域构造条件分析水质较差。因此，目前区内主要利用的是上部环河组地下水，单井涌水量一般小于 500m³/d。其中大部分地区矿化度大于 1000mg/L，淡水仅小范围分布于安边以北沙带覆盖区、堆子梁以北上覆风积沙区的局部地区，矿化度一般在 300 ~ 700mg/L。总体上，白垩系孔隙裂隙水表现出在定边、靖边与内蒙古乌审旗交界地带水量大、水质优的赋存分布特征。

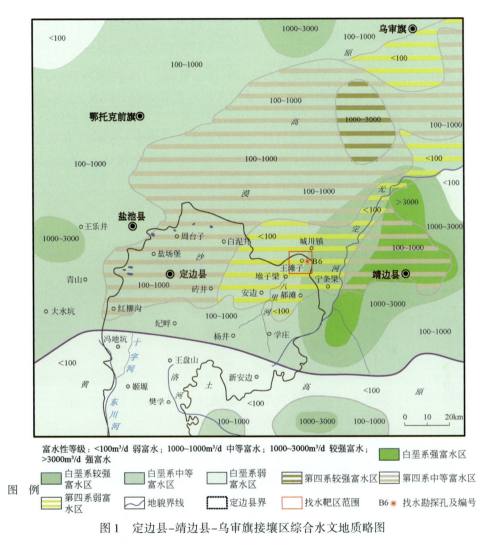

图1 定边县–靖边县–乌审旗接壤区综合水文地质略图

3 找水方向与靶区的确定

3.1 找水方向

通过前述区域水文地质条件可见，第四系地下水在改水工程覆盖不到的区域水质复杂，矿化度和含氟量高。结合鄂尔多斯盆地地下水勘查资料与成果看，与其毗邻的靖边县和内蒙古乌审旗同为白垩系环河组的地下水的水质水量均好，由此判断在定边、靖边与内蒙古乌审旗交界地带可找到量大、质优的白垩系地下水，故将找水方向确定为白垩系环河组地下水。

3.2　靶区的确定

结合已有资料从以下几个方面确定找水打井靶区范围。一是要水质达标，即矿化度在 1000mg/L 左右，氟离子小于 1.0mg/L；二是单井出水量要达到 1000m³/d 左右，满足供水需求；三是取水目标层不易遭受污染；四是开发利用程度低、水位不宜超过百米，具有较好开采潜力和低廉的开采成本。通过开展详细的水文地质调查，排除了在白于山区找水，同时掌握了定边县北部沙漠高原地下水中氟离子的分布规律（图 2）。基此，最终将找水靶区选在定边、靖边与内蒙古乌审旗交界地带靠近定边一侧的堆子梁乡东北部的王滩子一带。

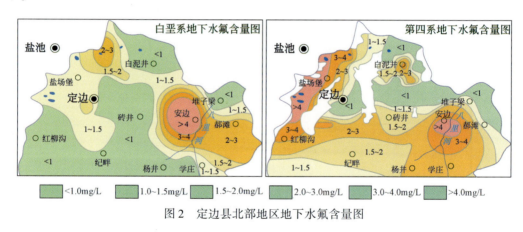

图 2　定边县北部地区地下水氟含量图

4　孔位的确定与打井工程示范

4.1　勘探孔位的确定

白垩系在区域上基本连续，富水性在靶区内变化不大，确定孔位的主要考量是水质。根据区域白垩系地下水勘探资料和数据分析，推测矿化度 1000mg/L 界线位于堆子梁乡西南侧一带，氟离子含量自西向东逐渐减小的变化规律，最终结合场地条件，将勘探孔定位在堆子梁乡东北部的王滩子村，地理坐标为 108°17′02″，37°38′01″，孔号 B6。

4.2 勘探孔钻探施工与成井

定边县以往找水打井井深一般小于50m，开采目的层为第四系地下水，水质水量不稳定；开采白垩系环河地下水基本不对上层的第四系地下水进行封堵，混合开采，导致许多开采井水质变差。另外，对区内氟离子的分布未有系统研究，其超标区范围与分布规律不清，因此许多供水井实施在高氟水区，水质不达标。故本次找水的难点就是如何才能准确掌握氟离子超标区的范围与分布规律，以及采用何种成井工艺阻断上层水进入白垩系含水层。

根据区域资料，推断靶区白垩系含水层为环河组，厚度为300~350m，其上部120m厚度内水质较好，下部水质较差，为此设计孔深200m。施工以清水为冲洗液，采用回旋钻进。在完整基岩面下管止水，以深基岩段裸眼。实际施工中，钻进至92m揭穿第四系松散层进入完整基岩，下入 Φ273mm 钢管，管外水泥封堵，止水固井。之后采用 Φ245mm 牙轮钻头钻进，至201.30m终孔，进入白垩系环河组110m。

4.3 水质水量情况

B6孔第四系地下水水位埋深4.35m，环河组地下水位埋深4.4m。环河组地下水抽水试验和水质检测揭示：降深22.59m，单井出水量870.05m³/d，矿化度300mg/L，水中氟离子浓度为0.57mg/L，水质优良，满足饮用水标准，达到了预期目标。

5 示范工程总结

5.1 技术总结

B6勘探孔的成功，为定边县及周边类似缺水地区找水提供了经验借鉴，对鄂尔多斯白垩系盆地南部地区找水工作有一定的指导意义。类似地区找水首先应系统调查研究已有机民井的施工与运行情况，其次钻井过程中必须使用清水钻进或低固相泥浆等。

5.2 社会效益

B6孔成功实施，为王滩子村提供了良好的饮用水水源，也为定边县解决10万饮水困难问题提供了找水方向，进一步扩大开采，有望解决堆子梁乡6000人不安全饮水难题。

5.3 有关建议

该地区属典型的黄土高原和冲洪积平原地区，资源型、水质型缺水严重，地下水开采过程中严格控制开采强度，分层取，切不可混采，同时禁止利用白垩系地下水含水层从事污水回注等活动。

参 考 文 献

[1] 侯喜杰. 定边县城供水现状分析及水务市场化管理研究. 低碳世界，2015（22）：88~89

[2] 宋小平. 定边县集中供水方案探析. 黑龙江水利，2016，2（1）：71~73

[3] 陈江红，李怀志. 浅谈引黄工程是改善定边县高氟病区人畜饮水问题的根本途径. 科技信息，2011（34）：465

[4] 尚洪泽. 定边县白于山区饮水困难问题调查. 陕西水利，2006，（1）：17~18

[5] 陕西省定边县人民政府. 定边县白于山区移民搬迁工作情况. 2011

[6] 张茹，王耀麟，张爱国等. 陕西省定边县扶贫移民安置模式分析. 中国人口，2014，24（11增刊）：315~318

[7] 梁成林. 引水驱氟造福老区——定边供水工程巡礼. 陕西水利，1997，（6）：8~9

[8] 秦延安，王凌涛. 牵引黄河水瑞泽革命老区. 陕西水利，2012（1）：37~40

[9] 高宁生，周健伟. 别人造福工程成负担——从盐环定扬黄工程看西部大开发应吸取的教训. 民族团结，2000，（1）：22~24

[10] 侯光才，张茂省，刘方等. 鄂尔多斯盆地地下水勘查研究. 北京：地质出版社，2008

陕西省关中平原地氟病区找水示范

——以大荔县氟病区找水打井为例

党学亚

（中国地质调查局西安地质调查中心，西安　710054）

摘要：陕西省大荔县地跨渭北东部黄土台塬与渭河平原两大地貌单元，是全国闻名的地氟病高发区。通过勘探，确定东北部黄土台塬岩溶含水层为中奥陶统上、下马家沟组的灰质白云岩，裂隙发育，水量较丰富，水质良好，可作为当地人畜用水和生态用水的水源。

关键词：地氟病　黄土台塬　岩溶水

1 引　言

陕西省大荔县位于渭河盆地东部的黄河、洛河、渭河汇流地区，地跨渭北东部黄土台塬与渭河平原两大地貌单元，县域面积 1800km^2，总人口 75 万人。区内不产流，虽然有三条大河绕流，水资源较为丰富（图 1），但河水泥沙多，仅能用于农业灌溉，不能直接饮用。浅层地下水较为丰富，但遍布高氟水、苦咸水[1]。历史上，全县有 25 个乡镇301 个行政村饮用水氟含量在 4～11.19mg/L，14 个乡镇 159 个行政村饮用矿化度在 3～10mg/L 的苦咸水[2]，是全国闻名的地氟病高发区[3]。解决区内群众不安全饮水是大荔县群众的热盼及历届政府工作的头等大事之一。早在 20 世纪 80 年代后期，该县在联合国粮食计划署援助下，利用在世界银行于 1985～1992 年大荔县在距县城西北 23km 处的段家镇育红村洛河一级阶地上建成了岩溶水源地，将符合饮用水标准的岩溶水引到县城，解决了几十万人口的不安全饮水问题[4]。20 世纪 90 年代，该县实施了"甘露工程"，通过打井解决部分乡镇群众用水问题，但限于工程设计标准低和配套工程不完善等因素影响[5]，1999 年前仍有大量人口的安全饮水问题没有解决，包括县域东北部的缺水区和劣质水分布区。对此，中国地质调查局鄂尔多斯盆地地下水勘查计划项目的工作项目——"晋陕富平–万荣地区岩溶地下水勘查"，在 1999 年实施伊始，就将大荔县黄土台塬区纳入勘查范围，2001 年在高明镇北布设了 YR6 号岩溶水探采结合孔，希望找到优质新水源，为该县东部地区缓解农村不安全饮水问题提供水源和找水打井示范。

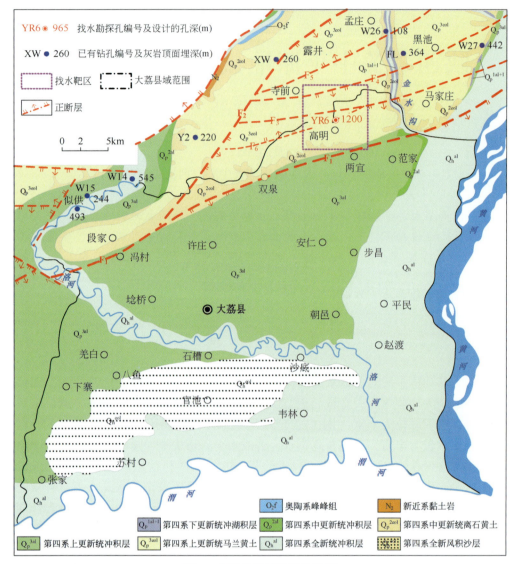

图 1　大荔县区域地质构造图

2　地质与水文地质条件

2.1　地质条件

大荔县地表为新生代地层所覆盖，无任何基岩出露。构造上，其处渭河断陷盆地东部偏北的拗陷区。表现为北部属断块隆起，中部是断坡阶梯状，南部和东部为构造深陷区。

区域资料显示区内的新生界的沉积基底为奥陶系碳酸盐岩。新生界厚度在中北部的黄土台塬区为 200~1000m，中南部的构造深陷区为 3000~4500m。

2.2 水文地质条件

大荔县地下水类型主要为奥陶系隐伏岩溶水和第四系孔隙水。其中：岩溶水分布于大荔县北部的黄土台塬区，含水层为奥陶系碳酸盐岩，单井涌水量为 4000~8000m³/d，矿化度基本小于 1000mg/L，水中氟含量在 1.23~1.27mg/L，总体表现为水量大、水质优，是除氟改水的良好水源。尽管其被厚度 200~1000m 的新生界松散层所覆盖，开发利用成本较高，但仍可作为优质的饮水源加以开发利用[6,7]。第四系孔隙潜水含水层主要为全新统冲积砂砾石层、上更新统冲积砂砾石层及中更新统冲积层，含水层埋深 39m，厚 12m 左右，最大单井涌水量为 2254.32m³/d，富水性强；承压含水层主要为全新统冲积砂砾石层、下更新统上部的冲湖积粉细砂层及新近系上部至下更新统下部的砂层，水位埋深为 62~81m，单井涌水量达 240~720m³/d，渭河四级阶地西部单井涌水量达 720~1200m³/d。总体上第四系孔隙水除在渭河阶地水量较大，氟含量一般为 0.5~1mg/L 外，其他大部分地区氟含量较高，水质较差。

3 找水方向与靶区的确定

3.1 找水方向

大荔县段家镇育红水源地显示了区内岩溶水的良好前景。工程覆盖不到的东部地区，在高明镇与合阳、澄城两县接壤一带，黄土梁洼相间的地貌形态显示其深部基岩基底是断裂纵横交错形成的垒堑相间格局，必为岩溶水在大荔县北部黄土台塬区赋存富集提供良好的存储空间和导水通道。因此，确定大荔县找水目标是隐伏于地下深部的岩溶水。

3.2 靶区的确定

从区域条件分析，大荔县北部黄土台塬区地处渭北东部岩溶水系统径流区。东北的高明镇及其周边地区处在双泉大断裂（F_1）、韩城大断裂（F_2）、金水沟交切的三角地带。区内地形形态为两岗、两洼。由南而北依次为铁镰山垅岗、西高明洼地，王彦王垅岗和洼地，EW 向展布，北部与寺前塬相连。垅岗、洼地相间的地貌景观是基底断裂继承性的反映，其两侧均为断裂所限。垅岗预示着隐伏地垒，洼地预示着隐伏地堑。高明镇地段有北洼-洼底断裂（F_3）、寺前-范家洼断裂（F_4）、申庄-夏阳正断裂（F_5）、王彦王-北刘断裂（F_6）等条大断裂。故将找水靶区选在高明镇的北洼-洼底断裂（F_3）与王彦王-北刘断裂（F_6）交会区。

4　孔位的确定与打井工程示范

　　勘查选定靶区后，孔位的确定就是通过物探手段了解断裂构造的具体位置和岩溶层的埋深，具体工作如下。

4.1　物探方法的选择

　　兼顾方法的适应性和成本，勘查工作选择了音频大地电磁测深（EH-4）、人工地震等综合手段，递进展开。各手段的勘测剖面基本垂直于构造垄岗和洼地布设。其中：

　　①氡射气测量共获异常 12 处。异常点均位于洼地或垅岗地形变化明显处，反映了基底断裂的存在。②EH-4 勘探发射频率 0.1～1000Hz，电偶极矩 100m，测量点距原则上 500m，结果显示高明镇北部的王彦王地垒一带基岩顶面埋深为 700m。③人工地震勘探在前两项工作基础上进行，横跨王彦王地垒布设了东、西两条剖面进行控制。两剖面均显示了 5 个反射层位，其中：T4 层位的埋深 965～1105m，认为是奥陶系的反映。同时在西高明北侧发现了基底断裂 3 条，两条对应着区内的 F_3 及 F_6。

4.2　勘探井位置的确定

　　综合 3 种物探结果和渭北东部地区碳酸盐岩埋深由北向南总体由浅到深的宏观规律判断：王彦王地垒处新生界厚度在 965m，之下为奥陶系；王彦王地垒之南、北断裂，向 W、WS 及 NE 方向延伸与韩城大断裂（F_1）、北洼–洼底断裂（F_3）可沟通大范围的水力联系，是岩溶地下水赋存富集的有利部位。最终选定西高明东北 1000m 处的 F6 断裂上盘布设勘探孔，编号 YR6，孔位高斯坐标为 19413768.5，3874805.1（图 1）。预计碳酸盐岩顶面埋深为 965m，孔深设计为 1200m、岩溶水位埋深 100～120m、单井涌水量在 800m³/d 上下、TDS 约在 1000mg/L、水温 30℃左右。

4.3　勘探孔施工与成井

　　勘探孔于 2001 年 4 月 9 日开工，采用 TSJ-2000 型钻机施工。覆盖层采用泥浆不取心钻进，基岩段采用清水钻进、进行分段取心，每 30m 取心一次。完整基岩段以上层段下入套管，阻断上层水进入岩溶含水层；完整基岩段段裸眼，孔径为 150mm，保证出水量。成井套管采用 Φ377mm 和 Φ178mm 两种规格，以喇叭口变径、管箍丝口方式连接，一次性下入。上部较大管径保证水泵顺利下入和取水，基岩段段裸眼保证出水量。2001 年 9 月 18 日完工，终孔深度为 1215.59m。其中，新生界覆盖层厚度 1094.5m，揭露中奥陶统碳酸盐岩 121.09m。该勘探孔降深为 52.3m，涌水量为 668m³/d。井水无色、无味、无嗅、透明，水化学类型为 Cl·HCO₃·SO₄–Na·Ca 型，pH 为 7.81，TDS 含量为 938.58mg/L，总硬度为 364.41mg/L，含氟量为 1.78mg/L，（标准为<1mg/L）。化学指标和毒理学指标除氟稍高外，均符合国家饮用水卫生标准。与当地缺水及长期饮用氟含量大于 4.0mg/L 的水质相比，为质量较好的水源。同时，水中偏硅酸含量为 47mg/L，达到国家天然饮用矿泉水标准，且溴化物（Br）已接近国家天然饮水矿泉水标准。另外，该井水水温 30℃，属低温热水。

5　工 程 总 结

5.1　技术总结

通过该勘探孔，确定该大荔县东北部黄土台塬岩溶含水层为中奥陶统上、下马家沟组的灰质白云岩，裂隙发育，水量较丰富，水质良好，可作为当地人畜用水和生态用水的水源，为今后在该地区勘查找水提供了技术方法借鉴，同时为同类地区找水打井指明了主攻方向。

该地区地质构造复杂、断裂发育，碳酸盐岩顶面埋深差异较大，物探确定石灰岩顶面埋深误差较大，但勘探孔最终取得了成功，其关键还是在结合区域地质、水文地质的规律分析。方法中 EH-4 误差最大，地震相对可靠。综合比较认为，在渭北东部地区，采用地质分析法、氡射气测量和人工浅地震可满足钻孔定位要求。

5.2　社会效益

通过该孔示范工程大荔县高明镇解决了 10000 人畜饮水困难，近千亩灌溉农田灌溉用水困难，产生了良好的社会效益和经济效益。

5.3　有关建议

该地区降水相对较少，地表水资源有限，浅层地下水资源不足，且在富平、蒲城、澄城、大荔、合阳等县分布大面积苦咸水、高氟水，所以水资源问题长期困扰当地经济发展和人民的生活，岩溶水作为区内十分珍贵的地下水类型，以其质优、量丰、便于集中开采，越来越受当地政府和人民的重视。建议该地区结合人民群众生活需求，进一步开展打井找水工作，解决用水急需。

参 考 文 献

[1] 朱桦，杨炳超，赵阿宁等．陕西省大荔县高氟地下水的形成条件分析．中国地质，2010, 37（3）：672～676
[2] 陈立明．浅析大荔县奥灰岩溶水源优质矿泉水．陕西煤炭，2009,（1）：72～73

［3］柯海玲，朱桦，董瑾娟等．陕西大荔县地方性氟中毒与地质环境的关系及防治对策．中国地质，2010，37（3）：677～685

［4］俞尧龙，骆传柱．陕西省大力岩溶矿泉水开发效益．陕西地质，1995，13（1）：82～85

［5］王同榜，田德山．大荔县人饮解困再上新台阶．陕西水利，2005，（6）

［6］陈月娓，董天印，杨喜成等．陕西省渭北东部地区岩溶水普查–详查报告．1990，陕西省地矿局第二水文地质工程地质队

［7］党学亚，喻胜虎，周成科等．晋陕富平–万荣地区岩溶地下水勘查报告．2002，陕西省地矿局第二水文地质工程地质队

陕西省大荔县找水打井勘查示范工程

朱　桦　　刘瑞平

（中国地质调查局西安地质调查中心，西安　710054）

摘要： 为了研究北方内陆盆地型高氟苦咸水区傍河找水打井可行的一套水文地质调查方法，本文以典型的高氟苦咸水广布的陕西省关中盆地大荔县为例，基于野外水文地质调查和钻探手段相结合，研究得出：①大荔县地下水类型主要为第四系孔隙裂隙水和奥陶系隐伏岩溶水。渭河阶地第四系承压水和北部的黄土台塬区的岩溶水，水质优良，可加以开发利用。②DK1 水文地质勘探孔揭示了大荔县赵渡镇一带第四系承压水水质较为优良，可作为大荔县高氟水、苦咸水区的安全水源，该井解决了约 3500 人的安全饮水问题，取得了良好的经济和社会效益，起到很好的工程示范作用。这对大荔县和临渭区等其他高氟水区在傍河地带勘查找水具有引导意义。

关键词： 找水打井　高氟苦咸水　勘查　示范工程

1　引　　言

陕西省大荔县大面积分布高氟水、苦咸水，是全国著名的地氟病高发区[1]。同时随着经济的迅速发展，城镇人口的不断增长，需水量日益增加，加剧了水资源的供需矛盾。人们长期饮用这种劣质水，普遍出现氟斑牙、氟骨病、肠胃病等疾病，当地老百姓叫苦不迭。为了保障当地群众健康生活，促进当地经济持续发展，农村水安全就成了亟待解决的问题。该问题得到了社会各界的关注[2~5]，国家和县政府也投入大量的工作[6]，20 世纪80 年代后期，该县利用国际贷款在西北部洛河河谷的段家乡育红村建成了岩溶水水源地，将符合饮用水标准的岩溶水引到县城，基本解决了县城和输水管线经过地区的群众不安全饮水问题，但上述工程均因设计标准及技术原因，县域内其他地区还未用上安全水。90年代该县实施了"甘露工程"，通过打井解决部分乡（镇）群众用水问题，大荔北部的高明、范家及南部许多乡镇未仍存在安全饮水问题。截至 2004 年年底，大荔县农村饮水不安全人口数为 32.51 万人，其中饮用高氟水人数 18.78 万人，饮用苦咸水人数 3.35 万人，用水方便程度不达标人数 10.38 万人。总体而言，水质型缺水是影响当地经济发展和人群健康的主要原因。同时由于缺少详细、可靠的水文地质资料，无法明确找水方向及准确定位施工水井的位置，工作实施效果并不理想，多数村镇居民的吃水难、用水难问题仍未得到解决。2006 年，中国地质调查局为贯彻落实中央关于让广大群众喝上干净的水的指示，部署实施了"陕西省大荔县高氟水调查评价"项目，本文以该项目为依托，对大荔县缺水区水文地质特征进行了详细分析研究，并总结了找水打井实践经验，以供为相关区域的类似研究工作提供宝贵参考依据。

2　研究区概况

2.1　地理位置

大荔县位于陕西省关中平原东部黄、洛、渭三河汇流地区。南与潼关、华县、华阴市为邻；西与蒲城县、临渭区毗连；北与澄城、合阳县接壤；东与山西省永济市隔黄河相望。总面积 1766km² （图1）。

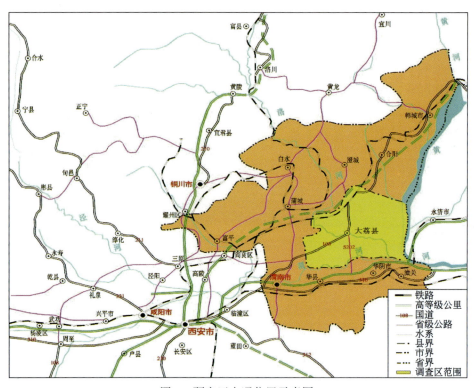

图1　研究区交通位置示意图

2.2　水文气象条件

大荔县境内地表径流极少，"三河"滩地及风积沙地，地势低下平坦，为不产流区，全县地表径流量仅约 0.290m³/s。而地面水资源丰富，境内黄河、洛河、渭河三大河流绕境穿流，年径流量大，水资源较为丰富（图2），但多泥沙，不能直接饮用，多用于农业灌溉。县境内的地下水资源虽然较为丰富，但由于地势平坦低下，年蒸发量大，地下水矿化度和含氟量极高，出现高氟水、苦咸水。

2.3 地形地貌条件

该县地形地貌特征表现为：地形起伏不大，海拔为 533～329m，地势西北高东南低，略微向渭、洛河倾斜。地貌从北向南分属渭北黄土台塬区和渭、洛河下游冲积平原区，进一步细分为黄土台塬、渭河平原、风积沙地、黄河滩地及侵蚀构造洼地等（图2）。

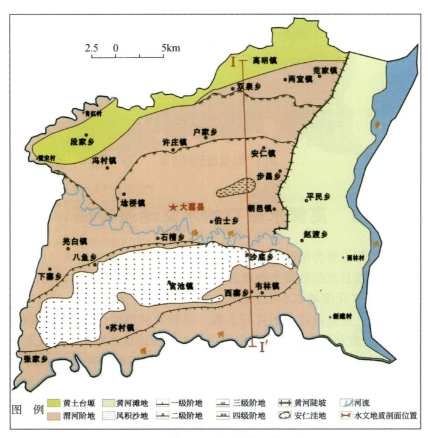

图2 研究区地形地貌类型分区图

2.4 地质构造

大荔县地处渭河断陷盆地东部偏北拗陷区，属渭河断陷地堑构造，北部是断块隆起，中部是断坡阶梯状，南部和东部为构造深陷区（图3）。现有资料显示区内分布奥陶系碳酸盐岩，之上覆盖有巨厚的新生界沉积层。其中北部的黄土台塬新生界较薄，厚度在 200～1000m 左右，中南部的构造深陷区新生界厚达 3000～4500m。

岩溶水及渭河傍河地带的第四系孔隙承压水。

划定大荔县北部的隐伏岩溶水、洛河两侧第四系孔隙承压水及黄河、渭河漫滩第四系孔隙承压水为安全可靠地地下水源分布区。考虑到中国地质调查局安排实施的"晋陕富平-万荣地区岩溶地下水勘查"项目于2001年在大荔高明镇施工的YR6孔对大荔县北部的隐伏岩溶水找水打井已起到了示范作用，本项目将亟须解决安全饮水水源的黄河沿岸高氟水区作为目标区，通过野外详细调查将第四系孔隙承压水分布区的赵渡镇所在区域作为找水靶区（图6）。

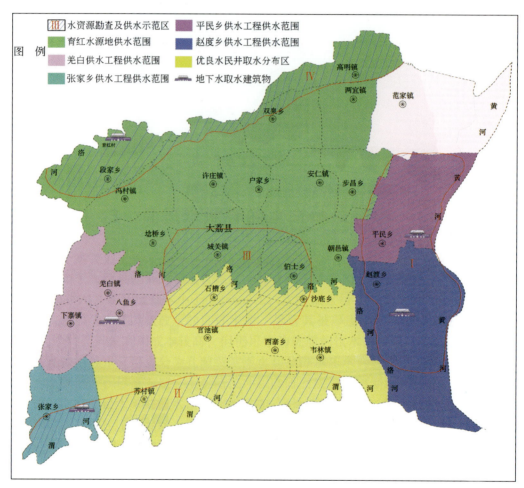

图6 找水靶区分布图

4.2 勘探孔孔位确定

大荔县地处黄、洛、渭三河汇流区，地势低平，地下水丰富。但大部分地下水水质极差。野外调查及样品测试结果表明：大荔县城以东、洛河以北的黄河广大阶地区地下水氟含量较高，在安仁-朝邑低洼地带普遍达到4.0mg/L以上，最高达11.8mg/L，而黄河滩地南部的赵渡乡氟含量满足饮用水水质标准，大部分为低氟水。因此，最终认为赵渡镇雨林村黄河滩地具备实施第四系承压水安全供水示范的水文地质条件。结合场地条件，定位该勘探孔于110°12′39″，34°43′52″。钻孔编号为DK1。

4.3 示范工程结果

DK1钻取水目的层为浅层承压水。抽水试验采用200QJ50-78/6型潜水泵，进行了一试段大降深稳定流抽水，抽水稳定时间8小时。

该勘探钻孔揭露了3个含水层：83.30m以浅为第四系潜水含水层，含水介质主要为含少量泥质的中细砂。83.30～101.20m为区域隔水层，介质特征为浅褐色粉质黏土。101.20～182.10m为第四系承压含水层，承压水位埋深为6.94m。该层进一步分为两个含水层和一个隔水层，其中：101.20～144.50m为含水层，含水介质主要为灰白色中细砂；144.50～159.50m为浅褐色黏土构成的隔水层；159.50～182.10m为含水层，含水介质主要为含有少量泥质的灰白色细砂，颗粒均匀。

水质测试结果显示：该井水矿化度为1194.1mg/L，氟含量为0.69mg/L，水化学类型为$Cl \cdot SO_4-Na$型，基本符合饮用水标准和除氟改水的目标要求，灭菌后可作为生活饮用水水源。根据抽水试验数据计算DK1孔承压含水层渗透系数为2.67m/d和DK1孔抽水时影响半径为102.78m。

5 结 论

（1）大荔县地下水类型主要为第四系裂隙孔隙水和奥陶系隐伏岩溶水。总体来看，第四系孔隙水地下水位埋藏浅，蒸发作用强，氟含量较高，水质较差；但在渭河阶地，第四系承压水，水量较大，水质优良；以及分布于大荔县北部的黄土台塬区的岩溶水开发利用成本较高，但仍可作为优质的饮水源加以开发利用。

（2）DK1水文地质勘探孔揭示了大荔县赵渡镇一带第四系承压水水质较为优良，可作为大荔县高氟水、苦咸水区的安全水源。该井的成功，对大荔县和临渭区等其他高氟水区在傍河地带勘查找水具有引导意义，第四系浅层承压水可作为同类地区找水打井主攻方向。

（3）该勘查示范工程井的实施，得到中国地质调查局和大力县政府的认可，为解决陕西省大荔县安全供水问题提供了水文地质依据，具有重大的经济、社会价值。目前该井已为大荔县农村安全供水工程所使用，运转良好，解决了约3500人的安全饮水问题，起到很好的工程示范作用。以此为依据，大荔县水务局及国土局制定"十二五"农村除氟改水工程规划。

参 考 文 献

[1] 朱桦，杨炳超，赵阿宁，柯海玲，乔冈.陕西省大荔县高氟地下水的形成条件分析.中国地质，

云南省丘北县曰者镇找水打井勘查示范工程

张 贵 李 芹 王 劲 周翠琼

（云南省地质环境监测院，昆明　650216）

摘要： 滇东南丘北县普者黑盆地西北部边缘，地表、地下水分水岭不一致。结合调查、探采井的成果资料分析认为，盆地北部水文地质条件差异大，地下水自北向南缓慢径流，存在地下水由浅变深的转换地带。转换带以北，岩溶发育均匀性差，地下水深埋找水难度大，打井成功率低；南部地下水埋藏浅，岩溶发育较均匀，打井成功率高。呈条带状分布的"碎裂状白云岩"，其含水介质结构类型为孔隙-裂隙含水层而非岩溶-裂隙含水层，赋水均匀性较好。电测深、EH-4 两种方法对分析判断岩溶发育情况均较为可靠，可作为滇东南地区物探找水的较优方法。

关键词： 普者黑盆地　岩溶水　找水经验

1　引　　言

　　曰者镇位于滇东南丘北县普者黑盆地西北部边缘，距丘北县城 30km。全镇面积为 294km²，有人口 3.3 万余人。该区 80% 以上为碳酸盐岩分布区，年平均气温为 16.5℃，多年平均降水量为 1212mm，蒸发量为 1923mm。盆地内水资源丰富，但盆地周边岩溶山区洼地、落水洞发育，干旱缺水严重。由于研究程度低、水文地质条件复杂，打井风险大，曰者镇及周边广大岩溶山区未开展过打井工程。为提高该区勘查精度，2011 年中国地质调查局安排开展了"北门河岩溶流域水文地质及环境地质调查"项目，布置探采结合井 2 口，均取得了成功，本文以此为例总结找水打井经验，为该区今后开展找水打井提供借鉴。

2　区域水文地质条件

2.1　区域水文地质概况

　　普者黑盆地高悬于南盘江右岸，距南盘江直线距离约 30km，处于南盘江支流补挡河、清水江的分水岭地带。盆地面积为 165km²，为溶蚀盆地。盆地底部地形平坦，标高为 1441～1460m，总体上微向 SE 倾斜。盆地北部湖泊、孤峰发育，为普者黑旅游风景区。盆地底部松散层分布第四系冲、湖积（Q_4^{al+l}）黏土夹砂砾层及新近系（N）黏土岩夹粉砂岩，最大厚度为60m。盆地周边主要出露三叠系个旧组（T_2g）灰、灰白色中-厚层状石灰岩、白云岩[1]。

　　盆地北部山区地形起伏较大，标高一般为1600～1750m，高出盆地200～300m，为峰丛洼地区，洼地、漏斗、落水洞发育，地下水以管道流为主，在北部水头、旧寨一带形成规模较大的地下河系统（图1）。由于北部补挡河切割深，标高在1300m左右，低于盆地底部约140m，形成地下水的袭夺，使得岩溶盆地的地表、地下水分水岭不一致，地表水自北向南径流，而盆地内地下水则自南向北缓慢径流，成为北部水头、旧寨暗河的一部分补给源。据访问调查及县志记载资料，落水洞村历史上曾发生过4次突然落水情况，最近一次在1947年2月，普者黑湖水迅速消落，自旧寨暗河冒出使旧寨为洪水淹没，说明旧寨-落水洞村之间有主管道相通，但近代入口段已堵塞。分析盆地北部地下水以裂隙流方式自南向北径流，且渗透量可能相对较小，大致以老虎冲—塘房—落水洞一线为界，成为地下水由浅变深的转换地带，即北部地下水埋深大，南部地下水埋深相对较浅。

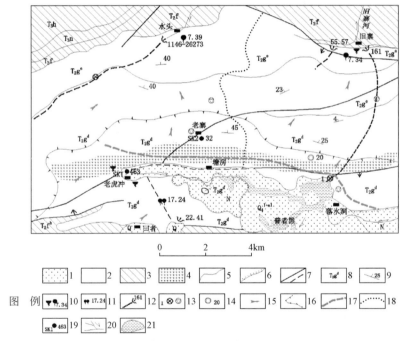

图1　普者黑盆地北部水文地质图

1. 孔隙含水层；2. 岩溶含水层；3. 碎屑岩含水层；4. 碎裂状白云岩；5. 地层界线；6. 不整合地层界线；7. 断层、推测断层；8. 地层代号；9. 地层产状；10. 季节泉、下降泉，右流量（L/s）；11. 泉群，右流量（L/s）；12. 地下河，右流量（L/s）；13. 落水洞、漏斗；14. 竖井，右深度（m）；15. 地下水流向；16. 地表分水岭；17. 地下水由浅变深转换带；18. 地下水系统边界线；19. 钻孔，左编号，右涌水量（m^3/d）；20. 水系及流向；21. 湖泊

2.2 钻井区水文地质条件

2.2.1 老虎冲钻井区

处于普者黑盆地北部边缘近 EW 向延伸的一条岩溶槽谷内，谷底地势西高东低，标高 1450～1500m，主要为第四系残坡积（Q_4^{el+dl}）红黏土覆盖，厚度小于 20m。大致以谷底为界，北部主要出露 T_2gd 灰、灰白色中–厚层状灰质白云岩、白云岩，总体地层倾向 NW，局部地段倾向 N，倾角 40°～56°，节理裂隙十分发育，岩体破碎，呈碎块状或砂状，岩溶发育弱，以针孔状溶孔为主，地表岩石风化强烈，无洼地、漏斗分布，岩溶水主要赋存于孔隙、节理裂隙中，富水性较弱，均匀性较好。南部主要出露 T_2gd 灰、深灰色中–块状白云质灰岩为主，单层厚度 0.2～1m，岩体较完整，地层总的倾向东偏南，倾角 27°～60°，节理裂隙发育，岩溶发育，地表洼地、漏斗多见，岩溶水主要赋存于溶隙、溶孔中，富水性较强，均匀性相对较差。总体上地下水自 SW 向 NE 径流排泄，出露季节泉两个，常流泉群 1 个，雨季偶测流量 17.24L/s，旱季流量 2L/s，动态变化大[2]。

2.2.2 老寨村钻井区

处于普者黑盆地北部边缘缓坡区，总体地势北高南低，标高为 1470～1550m，向北 1km 左右为盆地的地表分水岭，标高在 1700m 左右，为峰丛洼地地貌景观。出露地层为 T_2gd 灰、灰白色中–厚层状灰质白云岩、白云岩，地层总体倾向 N，倾角 10°～35°。老寨附近白云岩呈厚–块状，节理裂隙发育，洼地、漏斗较发育，一般呈圆形，直径 50～100m 不等，深 10m 左右，洼地底部多为厚度小于 10m 的残坡积红黏土覆盖。老寨南部白云岩多数呈碎块状或砂状，岩溶发育弱，以针孔状溶孔为主，地表无洼地、漏斗发育。周边无泉水出露，地下水埋藏深度大于 100m，总体上地下水自南向北径流（图1）。

3 找水打井勘查示范工程

3.1 找水打井技术方向

该区处于普者黑盆地北部边缘，在无泉水出露的地区，适宜在盆地边缘地带打井截取部分地下径流，采用集中供水方式解决人畜饮水困难。勘查工作流程为收集资料→1∶5万水文地质调查→靶区1∶1万水文地质调查→综合分析研究、初选井位→综合物探→物探、水文地质资料综合分析研究→确定井位→钻探→抽水试验→成井。

3.2 孔位确定

（1）老虎冲钻孔。共布置 NE 向展布的激电测深剖面 14 点/2 条，电测深剖面电性明显分为 2 层。Ⅱ线 26 ~ 32 号测点间 0 ~ 20m，$\rho_s = 25 ~ 50\Omega \cdot m$，判断为土层；30m 以上 $\rho_s = 100 ~ 1000\Omega \cdot m$，曲线类型以 KH、HA 型为主，判断为石灰岩；在 50 ~ 200m 深度存在低阻带，判断岩溶裂隙发育但均匀性较差，以溶隙、溶孔为主，为富水岩溶发育段（图 2、图 3）；34 号点附近可能为断层。Ⅲ线 0 ~ 30m，$\rho_s = 50 ~ 125\Omega \cdot m$，判断为土层；30m 以上，$\rho_s = 125 ~ 600\Omega \cdot m$。仅局部有小的低阻异常，判断为石灰岩，完整性较好，富水性弱。物探解释结果与水文地质调查分析结果基本相似，综合考虑施工条件选取Ⅱ线 26 点为钻孔点（SK1）。

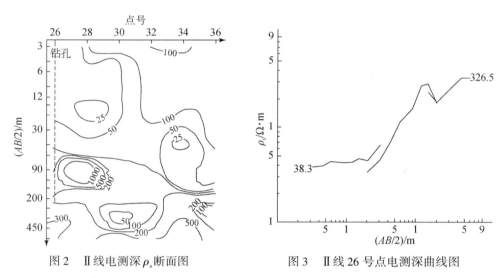

图 2　Ⅱ线电测深 ρ_s 断面图　　　　图 3　Ⅱ线 26 号点电测深曲线图

（2）老寨钻孔[3]。共布置 NW 向平行展布的测线 3 条开展 EH-4 测量、激电测深测量，线距 100m，点距为 20 ~ 50m，各剖面上均开展两种方法的测量，以 EH-4 测量为主。物探结果显示 3 条 EH-4 剖面中部都大体上具有不规则 "V" 字形的低阻异常带分布，电测深剖面Ⅲ线反映以高阻为主，低阻异常带分布较浅（图 4）。两种物探方法均反映存在低阻带，判断 150m 以上浅部岩溶较发育，但均匀性差，150 ~ 200m 深度以下岩溶不发育，岩体完整，富水性弱。物探解释结果与水文地质调查分析结果基本相似，结合施工条件综合考虑选取Ⅲ线 840 号点为钻孔点（SK2）。

3.3　钻探验证结果

经钻探验证，老虎冲 SK1 钻孔深 150.13m，0 ~ 18.45m 为红黏土，基岩为个旧组（T_2gd）泥晶灰岩，其中 102.1 ~ 105.23m 为灰绿色薄层状泥岩，21.85 ~ 22.95m、33.2 ~ 40.65m、53.55 ~ 66.18m、97.2 ~ 101.3m 段溶隙、蜂窝状溶孔发育，岩溶发育程度与物探解释基本一致。钻孔水位为 21.7m，降深为 52.9m，涌水量为 464m³/d。水化学类型为 HCO_3-Ca 型水，pH = 8.0，总硬度为 222.32mg/L，水质较好，适宜饮用。老寨 SK2 钻孔深 301.5m，0 ~ 11.8m 为残坡积红黏土，基岩为个旧组（T_2gd）石灰岩、白云岩，其中，11.80 ~ 144.52m 溶隙、小溶孔发育，144.52m 以下岩体完整，溶隙、溶孔较少，裂隙闭合，岩溶

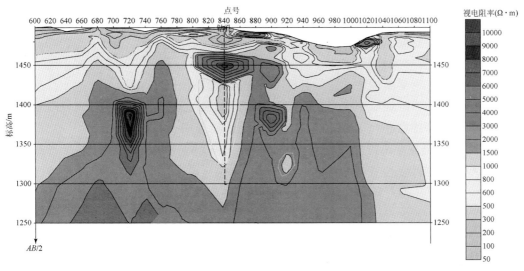

图4　老寨Ⅲ线电测深视电阻率剖面图

发育段与物探解释基本一致。钻孔水位为109.5m，降深为89.9m，涌水量为32m³/d。水化学类型为HCO_3–Ca·Mg型水，pH=7.6，总硬度为291.02mg/L，水质良好，适宜饮用。

4　示范工程总结

　　该区布置的两个探采结合抗旱井都取得了成功，总涌水量为496m³/d，解决了曰者镇老虎冲、老寨两个村760人及近千头大牲畜的饮水困难，为该区和同类地区今后开展找水打井积累了丰富的实践经验。此将该区找水打井经验教训总结如下：

　　（1）地下水转换带的划分对盆地北部寻找岩溶水具有重要的指导意义。通过1：5万水文地质调查，结合探采井的成果资料，进一步证实了普者黑盆地北部地表、地下水分水岭不一致。大致以老虎冲–塘房–落水洞一带为界，为地下水由浅变深的转换地带，北部岩溶发育，均匀性差，地下水深埋找水难度大，打井成功率低，钻孔一般水量小或无水，如SK2孔水量较小；南部地下水埋藏浅，岩溶发育较均匀，钻孔一般水量大，打井成功率高，如SK1孔水量较大。

　　（2）盆地北部地下水侧向径流较弱。普者黑湖泊常年水位变化小于0.5m，在落水洞村附近有长约3km的地段湖岸石灰岩断续裸露，并有底部略低于湖水位的岩溶漏斗存在，中层–块状石灰岩中节理裂隙发育，但无明显渗漏现象（除1号落水洞历史上曾有4次集中漏水外），说明除局部地段外，普者黑湖泊周边岩溶洞隙系统的连通性普遍较差或岩溶发育弱。结合老寨SK2孔水位比湖面低约70m，比老虎冲SK1孔水位低约67m，分析判断普者黑地下水总体上向北径流，水力坡度大，在7%左右，盆地内地下水可能以缓慢的侧向渗流为主向北部水头、旧寨暗河系统径流。

　　（3）条带状分布的"碎裂状白云岩"水文地质意义特殊。该区个旧组d段（T_2gd）

中层–块状灰质白云岩、白云岩层中，常有"碎裂状白云岩"分布，地表出露宽数十至数百米，呈条带状或透镜状，节理裂隙十分发育，岩体破碎，呈碎块状或砂状，但并非风化作用形成，岩溶发育弱，常见针孔状溶孔，无较大溶隙形成。地表岩石风化强烈，常成为当地的良好采砂场。"碎裂状白云岩"分布区地表无洼地、漏斗等岩溶形态，地下水赋存于破碎岩体孔隙、密集裂隙中，构成孔隙–裂隙含水层系统而非岩溶–裂隙含水层系统，赋水均匀性较好，在岩溶地层中既可成为相对的弱透水层，又是富水均匀的良好含水层，水文地质意义特殊。因此，在 T_2gd 中找水打井时应注意识别。

（4）充分利用物探配合确定孔位及合理孔深。由于岩溶发育的不均匀性，在水文地质调查分析的基础上，应充分利用物探方法配合寻找相对富水地段来确定具体孔位，提高钻孔成功率。经示范工程验证，电测深、EH–4 两种方法对分析判断岩溶发育情况均较为可靠，确定孔位时，一般可选择单点电测深曲线在中部、尾支上出现平直段、下降段和呈锯齿状跳跃形态特征的测点，曲线类型主要有 HK、HA 型等。同时，利用物探成果，还可避免盲目加深钻孔深度造成浪费，如老寨钻孔物探反映深部约 200m 以下岩体完整，钻孔深度控制在 200～250m 以内较合适，超过此深度后，增加孔深使水量增大的可能性已不大，分别在孔深 250m、301.5m 抽水时水量相同，证实了孔深增加水量没有增加。

本文是笔者在 1：5 万水文地质调查基础上，结合探采结合井的施工及前人资料进行综合分析后，对普者黑盆地北部水文地质条件的初步认识和打井的经验教训总结。由于理论水平有限，文中不安之处，热忱欢迎提出宝贵的批评意见。同时，对参加该区项目调查、勘查打井工作的同志表示衷心的感谢。

参 考 文 献

[1] 云南省地质局第二地质队. 中华人民共和国区域水文地质普查报告（1：20 万丘北幅）. 1980
[2] 云南省地质环境监测院. 云南省岩溶水开发示范报告. 2008
[3] 云南省地质环境监测院. 云南重点岩溶流域水文地质及环境地质调查（北门河流域）项目物探工作报告. 2012

滇东高原富源县基岩裂隙找水打井勘查示范工程

张 华

（云南省地质环境监测院，昆明 650216）

1 引 言

1.1 任务来源

项目属西南岩溶石山地区地下水及环境地质调查的子项目之一"云南重点岩溶流域地下水勘查与开发示范（块择流域)"[1]，任务书编号：（水）[2010] 环境-06-01，工作项目编码：1012011089024，工作起止年限：2010～2011 年，工作性质：资源评价，实施单位：中国地质科学院岩溶地质研究所，承担单位：云南省地质调查局。

1.2 自然地理与缺水状况

钻孔位于云南省曲靖市富源县营上镇茂河村茂河小学内，地理坐标：$X = 2823259$，$Y = 18436219$，$H = 1687m$，见图 1。

富源县营上镇茂河村距营上镇约 16km，有村镇公路和村内交通道路直达学校内，交通条件较好。茂河村委会辖 5 个自然村，5 个村民小组，耕地面积 1300 余亩，现有农户 820 户 3034 人。

茂河小学现在使用一口民井，水位埋深在 2m 左右，水质较差，供学生生活用水，地表沟水受上游煤矿影响，水质发黑，不利于浇地，生活用水及生产用水水质较差，水资源较为缺乏。

1.3 地质构造与水文地质条件

钻孔位于块择河一级支流茂河河谷底部，附近地质构造复杂，主要为 NW-SE 向逆断层，断层倾角 50°。地表出露上二叠统玄武岩（$P_2\beta$）、泥岩（P_2x）和砂岩（T_1f），为裂隙含水层组，取水层位为玄武岩（$P_2\beta$）。该地段玄武岩沿 SN 向楔形展布。两则被 P_2—T_1f 砂岩和泥岩夹持，有利于玄武岩中裂隙水赋存。取水目的层为上二叠统玄武岩，依据以往水文资料和现场实地踏勘，地下水通过基岩裂隙和各种形态的构造网络补给并向深部运移、汇集、储存和排泄[2]，见图2、图3。

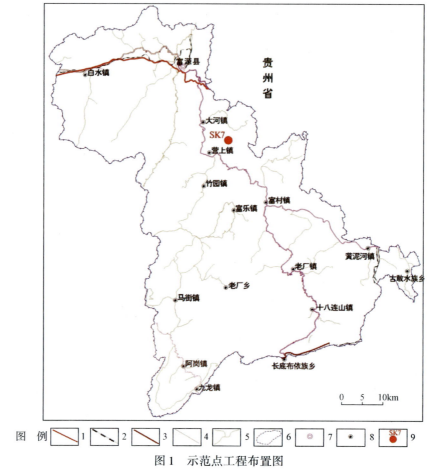

图 例 ┃━━┃1 ┃╱╱┃2 ┃╱┃3 ┃╱┃4 ┃～┃5 ┃◯┃6 ┃◉┃7 ┃●┃8 ┃SK7●┃9

图 1　示范点工程布置图

1. 高速公路；2. 铁路；3. 国道；4. 省道；5. 一般道路；6. 流域范围；7. 县（区）政府驻地；

8. 乡（镇）政府驻地；9. 示范点及编号

2　找水打井勘查示范工程

2.1　找水打井技术方向

　　该区含水层主要为玄武岩、气孔状玄武、杏仁状玄武岩，节理裂隙发育，轴心夹角多为 $20° \sim 30°$，局部 $70° \sim 80°$，密度 $4 \sim 8$ 条/m，局部 $2 \sim 4$ 条/m，宽 $0.1 \sim 1$ mm，裂隙面可见钙质膜，岩心多呈短柱状态、块状、局部碎块状。地下水主要赋存于发育的节理裂隙中。确定打井主要含水层为玄武岩。

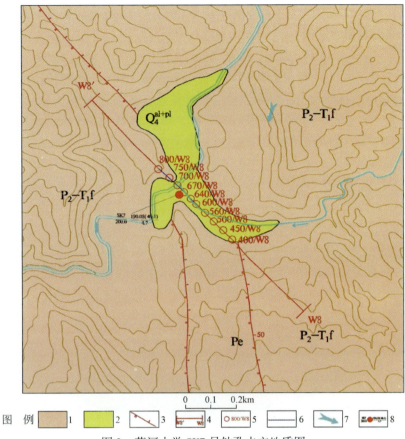

图 2　茂河小学 SK7 号钻孔水文地质图

1. 裂隙水；2. 孔隙水；3. 逆断层；4. 物探剖面线及编号；5. 直流激电测深点；6. 物探优选钻孔区；7. 地下水流向；
8. 本次施工钻孔，左上为编号，左下为孔深（m），右上为涌水量（m³/d）（降深，m），右下为静止水位

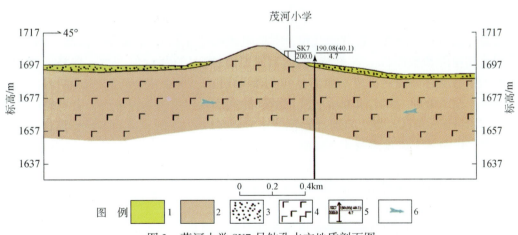

图 3　茂河小学 SK7 号钻孔水文地质剖面图

1. 孔隙水；2. 裂隙水；3. 第四系黏土、粉细砂岩；4. 玄武岩；5. 本次施工钻孔，左上为编号，左下为孔深（m），
右上为流量（m³/d）（降深，m），右下角为静止水位；6. 地下水流向

2.2　勘查技术路线

在收集资料的基础上，技术路线是：招投标确定施工单位→地面调查、物探勘查→专家论证→确定井位→钻探施工→抽水试验→野外验收→移交地方[3]。

完成 1∶1 万水文地质调查、环境地质调查 2.5km²，调查点 5 个，水样 1 件，1∶2000地质剖面测量 260m。完成高密度电法 40 点，激电测深 10 点。

2.3　找水靶区确定

对初步确定的钻孔区域地层富水性在面上有一个宏观的认识，本次先开展了长度1180m 的高密度电法扫面工作。从图 4 高密度电法剖面可见：测区覆盖层厚度变化较大，推测第四系松散覆盖层厚度 0～50m；反演剖面内未见较明显的低阻条带区域，仅浅部与局部深部（400～460m/W8）有较小的低阻异常。

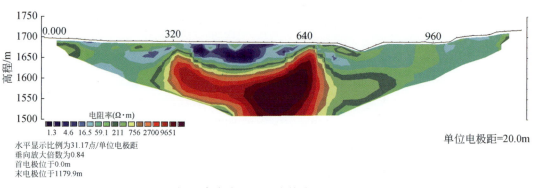

图 4　高密度电法反演等值线剖面图

为确定低阻异常的富水性优选孔位，对低阻区域进行了 10 个常规直流激电测深工作，并绘制了相应的参数图件。各单枝曲线半衰时、激发率的背景值一般；单枝曲线以"H型""AH"型为主。测区视电阻率值 ρ_s 总体相对较低，多小于 200Ω·m。结合区域地质资料分析岩层为 $P_2\beta$、P_2x、P_1q+m，浅部单枝曲线角度较小的低阻区域为富水性的 $P_2\beta$ 引起，中部的低阻由 P_2x 引起，深部单枝曲线上升角度较大是 P_1q+m 石灰岩特征，局部激电异常较高，电阻率下降推测富水性中等。

2.4　勘探孔孔位确定

结合电性特征、地貌特征和水文地质条件综合解译地质剖面，本区域富水性主要受岩性控制，剖面内以富水性中等为主。强富水性区域主要分布在岩土分界面附近，富水弱的区域主要为 P_2x，P_1q+m 富水性中等。综合分析 600～800m/W8 区域分布较厚的强富水带，为优选孔位区域，其余区域富水性条件相对较差。如取水量较大，则应加大孔深及增加取水段。

物探剖面区域富水性主要受岩性控制，剖面内以富水性中等为主；强富水性区域主要分布在岩土分界面附近，富水弱的区域主要为 P_2x；600～800m/W8 区域分布较厚的强富水带，最终布置在钻孔布置在 640～670m/W8。

2.5　勘探孔钻探施工

2.5.1　钻探结果

经钻孔证实（图5）0～10.5m 为第四系（Q），其中 0～5.0m 为人工填土，由碎块石夹少量砂土组成，5.0～10.5m 为含碎石粉质黏土；10.5～151.2m，二叠系峨眉山组（$P_2\beta$）玄武岩、气孔状玄武、杏仁状玄武岩及含碳质玄武岩，灰绿、灰黑、黑灰色，致密块状结构，弱风化，节理裂隙发育；151.2～181.8m，二叠系（P_2x）泥岩及含碳质泥岩、泥质粉砂岩，灰绿、暗紫色，弱风化节理裂隙发育；181.8～200.0m，二叠系（P_2x）白云岩，裂隙较发育。

2.5.2　抽水试验及参数结果计算

抽水试验之前，对钻孔进行两次抽水洗孔，孔内水质变清，水位和流量趋于稳定，洗井时间为 48 小时，洗井结束后，进行了静止水位观测，水位稳定后进行抽水试验。

抽水试验设备：型号 100QJ6-220 和 100QJ8-143；

抽水试验成果：恢复静止水位：4.7m；稳定动水位：大降深为 44.8m，小降深为 32.2m；流量计算查水文地质手册中表，得产水量为 190m³/d。

经计算渗透系数参考值 $K=0.02784～0.03789m/d$，影响半径参考值 $R=124～211m$，见表1。

表1　抽水试验成果表

孔深/m	含水层	静止水位/m	降深/m	稳定时间 时：分	涌水量 /(m³/d)	渗透系数 /(m/d)	影响半径/m
200.0	P_2x	4.7	40.1	26：00	190	0.03789	211.88
			27.5	15：00	106	0.02784	124.55

水化学特征：根据分析报告指出：色度<5 度，透明度：清澈透明、无嗅、无味，pH 为 8.96，总硬度为 16.5mg/L，偏硅酸为 38.75mg/L。按地下水质标准进行评价，pH、铅、铝、菌落总数超标，应进行处理才能应用，取样分析见表2。

表 2   SK7 钻孔取样分析表　　　　　　（单位：mg/L）

外观	色（度）	浑浊度（度）	臭和味	pH	Cl⁻	SO₄²⁻	F⁻
清澈透明	<5	<3	无	8.96	0.00	3.40	0.60
挥发性酚	氰化物	六价铬	耗氧量 COD	阴离子合成洗涤剂	镉	硒	铁
<0.002	<0.005	<0.004	0.6	<0.002	<0.001	<0.001	0.27
砷	汞	铜	铅	锌	锰	铝	总硬度（以碳酸钙计）
0.003	<0.001	0.006	0.015	0.022	0.005	0.687	16.51
NO₃⁻	溶解性总固体	偏硅酸	菌落总数 /（cuf/mL）	大肠菌群 /（个/100mL）			
1.86	121.5	38.75	15	0			

3　示范工程总结

3.1　技术总结

物探中采用高密度电法和激电测深两种物探方法，根据实际完成情况，激电测深方法对地下找水效果较好，而且准确性高，通过水文地质钻探证明，物探工作对地下找水钻孔的布置取到重要的作用。本次施工的钻孔，含水层为玄武岩，水量 190m³/d 以上，表明在非岩溶缺水山区也可以开采裂隙水来解决缺水问题[4,5]。

3.2　社会效益

该探采结井位于茂河村上村茂河小学内，可供茂河村上下村用水，茂河村上下村现有人口 460 户（人口 1827 人），计算用水量为 92m³/d（1827×50L/d×1.01＝92m³/d）。该井水日产水量可达 190m³/d，富余量为 98m³/d，故该探采结合井可彻底解决茂河村上下村的居民用水。

参 考 文 献

[1] 云南省地质调查局. 云南重点岩溶流域地下水勘查与开发示范报告（块泽河流域）. 中国地质科学院岩溶地质岩溶所，2012

[2] 云南省地质局水文地质工程地质队. 1：20 万罗平幅区域水文地质普查报告. 1979，9～21

[3] 中华人民共和国国家标准. 供水水文地质勘察规范（GB50027-2001）. 北京：中国计划出版社，2001

[4] 王宇. 云南泸西小江流域岩溶水有效开发模式研究. 昆明理工大学硕士研究生学位论文，2006

[5] 王宇，张贵，李丽辉等. 岩溶找水与开发技术研究. 北京：地质出版社，2007，1～2

广西东兰县泗孟乡钦能村拉泽屯找水打井勘查示范工程

黄 辉

（广西壮族自治区水文地质工程地质队，柳州 545006）

摘要： 2009 年 8 月以来广西遭遇罕见秋冬连旱，严重旱情影响全区人民生产生活。在广西壮族自治区政府统一指挥下，全区地勘单位积极投入找水打井抗旱活动中。本文对应急抗旱找水过程如何选择找水打井靶区、如何开展专项水文地质测绘及物探找水方面进行了总结，通过多种勘查手段相合最终成功找到水源，经抽水试验涌水量为 27.78L/s，解决了旱区约 5000 人的人畜饮水及农田灌溉问题，取得了显著效果。该井为 2010 年广西应急抗旱所施工的水量最大的供水井，成功取得了很多岩溶区找水打井的经验，为以后岩溶区寻找水源提供参考或指导，可提高岩溶区找水打井命中率。

关键词： 应急抗旱找水 岩溶区 命中率

1 引 言

1.1 基本情况

2009 年 8 月以来广西壮族自治区遭遇近年罕见秋冬连旱，而且旱情发展迅速，至 2010 年 3 月东兰县旱情已达特大干旱级（图 1），据东兰县防汛抗旱指挥部统计，截至

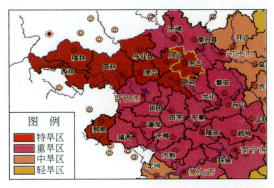

图 1 广西西南地区 2010 年 3 月中旬旱情分布图

2010 年 1 月 25 日，东兰县水利工程蓄水总量仅占有效库容 17.2%；66 座山塘中有 52 座已干涸；6412 座水柜中有 4617 座已干涸；9 条河流中 4 条已断流[1]。目前东兰县旱情已达 50 年一遇特旱级别，全县因旱造成 8.16 万人饮水困难，大牲畜 5.39 万头，当前 3.81 万人每天需挑水或靠送水饮用；春季 2.9 万亩早稻和 7.5 万亩早中玉米将难以下种。

拉泽屯为此次大旱影响需送水解决生活饮用的村屯之一。秋旱以来村里虽然已实行定时定量节约供水，缘于无补给水源，至 2010 年 1 月底该屯供水水源干枯，群众生产、生活受到干旱缺水的威胁。

1.2 地质构造与水文地质条件

1.2.1 地质构造

工作区位于广西靖西–都阳山凸起四级构造单元内[2]。都阳山隆起区褶皱、断裂很发育，构造线方向多为 NNW 向，其次为 SN 向，箱状背斜与屉状向斜相间，平行延伸。勘查区构造较为复杂，近 SN 向褶皱构造与近 SN 向、NNE 向断层发育（图 2）。与本次找水打井具密切相关的构造为兰木槽状向斜①、老里–泗孟逆断层（1）及同拉–泗孟性质不明断层（6）。工作区位于向斜构造轴部偏东方向，向斜构造轴部往往为地下水富集地，为找水打井创造良好地质环境条件；断层则控制着该区地下岩溶（管道）发育方向，对确定孔位有很好的指导意义。

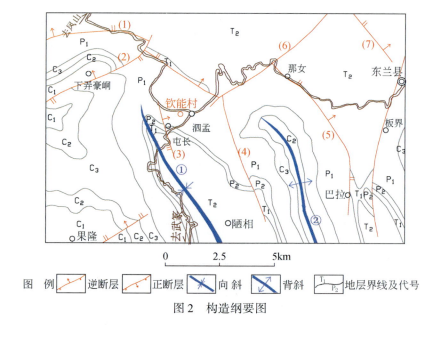

图 2　构造纲要图

1.2.2　水文地质条件

1) 水文地质单元

找水打井区地处达莫地下河系中游地带，达莫地下河系统北、东为碎屑岩与碳酸岩接触带，为隔水边界；西部、南部分别以坡月地下河与达莫地下河、东里地下河分水岭为界，亦为隔水边界（图3）。该水文地质单元边界条件清楚，系统内地下水赋存于岩溶管道、岩溶裂隙中，地下水主要以管道流形式排泄，地下水富水性极不均一。钦能村拉泽屯位于该水文地质单元中部，南北面出露二叠系砂、页岩，相距约2km，形成狭长状谷地地貌，有利于查找地下水强径流带、岩溶强发育带，根据地表微地形发育特征可初步确定找水工作靶区。

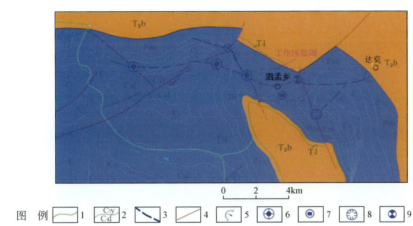

图3　水文地质单元位置示意图

1. 地下分水岭；2. 地层界线及代号；3. 地下河管道；4. 断层；5. 地下河出口；6. 天窗；7. 有水溶井；
8. 充水溶洞；9. 有水落水洞

2) 地下水类型及富水性

根据地下水的赋存条件、水理性质、水力特征及各含水岩组的空间分布状况，场区地下水类型分为松散岩类孔隙水、碳酸盐岩类岩溶裂隙溶洞水、碎屑岩类构造裂隙水3种类型。

a. 松散岩类孔隙水

分布于谷地中，岩性为残积（Q^{el}）褐黄色黏土，层厚 5.00～15.00m，水量贫乏。

b. 碳酸盐岩类岩溶裂隙溶洞水

主要赋存于下二叠统茅口组（P_1m）石灰岩溶洞、裂隙中，受构造断裂的影响，构造裂隙发育，是发育岩溶管道和地下水富集的好场所。枯季地下水径流模数大于 $6L/(s \cdot km^2)$，水位埋深约32m（标高408m），水量丰富。

c. 碎屑岩类构造裂隙水

主要赋存于下三叠统罗楼组（T_1l）泥岩、页岩、粉砂岩构造裂隙中，枯季径流模数小于 $1.0L/(s \cdot km^2)$，水点流量小于0.5L/s，富水性贫乏。

3）区域地下水补给、径流、排泄条件

调查区地下水主要接受大气降水补给，补给量充沛；另外北侧的碎屑岩区存在侧向消入式补给。降雨入渗及侧向补给渗入后，地下水在溶隙、溶洞中由西向东径流运移。受构造控制，沿构造线易形成规模较大的岩溶管道，地下水相对集中排泄。

据区域水文地质资料[3]，达莫地下河发育于纬向构造体系和经向构造体系复合部位，尾部受纬向构造长岽背斜翼部纵向陡倾岩层面的控制，而中、下游段受到因纬向构造的拦截而同扬起或倾伏的经向构造的控制，使之沿兰木向斜、板烟背斜扬起，倾伏端呈 EW 向发育，最后因砂岩的阻挡而于达莫村流出形成九曲河的源头。由于处在两构造体系复合部位，应力集中，各种节理裂隙发育，因而出露天窗多，支流多。全长 27.40km，补给面积为 106.3km²，属有侧向地表水注入式补给、树枝状管道式地下河，年平均径流模数 36.34L/(s·km²)。最小流量为 235.5L/s，最大流量为 44579L/s，不稳定系数达 189.3，属极不稳定的地下河。

2　找水打井勘查示范工程

2.1　找水打井技术方向

根据拉泽屯水文地质条件，该区为隐伏的岩溶水源地[4]。要找到稳定的供水水源必须探明地下河管道于谷地中的走向、位置及判定该区地下水埋深情况等，通过物探辅助工作，确定孔位位置，打井取水。

2.2　工作靶区选择与比选

通过野外地调查，初步确定钻孔孔位于泗孟乡与生满村之间选取，选择两个地块开展物探工作（图4），确定施工机井孔位。各初选孔位水文地质条件如下：

（1）1#地块位于生满村东面，峰丛谷地地貌，谷底标高为 430~440m，地势微向 ES 方向倾斜，地表溶沟、溶槽发育，局部可见石牙矗立，低洼处多为第四系残积层所覆盖，厚度 3.0~6.0m，下伏下二叠统茅口组（P_1m），岩性为厚层块状石灰岩，底部为白云岩，局部含燧石结核。块段内地表水系不发育；于场地西北角山脚下发育一溢洪洞，洞体斜向西发育，调查时洞内无水，据访，该洞于雨季时有水涌出，沿谷地内发育的向东凸起的弧形溶沟径流，最终注入谷地南部发育的落水洞中潜入地下；据此判断，地段内地下水总体流向为自 WN 向 ES 方向径流，径流线路基本与地表发育的溶沟走向一致。

（2）2#地块紧挨钦能村北侧，形似向北开口的盲谷，地势南高北低，东西两侧峰体基座时连时续或形成垄状石丘，村庄民房点缀其中。该地段四周随处可见裸露基岩出露，岩性为下二叠统茅口组（P_1m）灰白色石灰岩，陡崖、山脚下可见脚洞、溶洞等岩溶个体发育，降雨时大部雨水通过地表溶蚀裂隙、消水洞等注入地下形成地下水，地表无常年性地表溪流。于钦能村中发育一充水溶洞，洞口呈三角形状，洞体曲径幽深，斜向北部发育，洞内钟乳石、钙华物等极为发育，洞尽可见有水，但未流动，水位埋深约 30m。从洞体发育情况来看，钦能村附近地下水流向为自 WS 向 EN 方向径流，地下水多以管道流形式于溶洞内运移，岩溶发育不均一，给找水打井孔位确定造成很大难度。

综合上述两个地块的水文地质条件，应急工作组认为 1#地块地表微岩溶地貌较为明显，地下水径流途径于地表反映较为清晰，优先选取 1#地块开展物探工作。

图 4　勘查工作靶区位置图

2.3　勘探孔孔位确定

2.3.1　物探工作布置

根据水文地质调查结果，于 1#地块共布置了 6 条高密度电法测线，点距为 5m，在物探异常带上布置电测深两个点，最大供电 $AB/2$ 为 220m。

2.3.2　工作方法技术及成果分析

本次物探工作方法采用高密度电法的施伦贝尔，温纳装置，矩形 A-MN、MNB 滚动进行连续滚动扫描测量，在发现的低阻异常带上布置四极电测深进行测量。高密度电法点距 5m，施伦贝尔装置扫描 20 层，温纳装置扫描 16 层，矩形 A-MN、MNB 滚动扫描 23 层，电测深最大 $AB/2$ 极距为 220m。在综合分析收集到的地质资料，了解测区的地层岩性、地下水赋存构造情况基础上，根据实测视电阻率等值线断面图、反演图，圈定物探低阻异常的位置及埋深，进而判断岩溶、构造、断裂等含水构造的位置、走向及与地下水关系，结果如表 1 所示。

表 1　物探异常解释表

序号	线号	异常解释	物探布孔位置
1	WT1	物探点号 230～240m、320～340m 为低阻异常段，其视电阻率等值线明显下凹，下部稀疏，推断为浅岩溶发育引起	
2	WT2	物探点号 160～170m、240～260m、300～320m 为低阻异常段。其视电阻率等值线明显下凹，下部稀疏，并伴有低阻闭合圈，异常呈窄带状向下发展。推断为岩溶、裂隙发育引起	WT2 线 243 点（副孔）
3	WT3	物探点号 140～160m、330～340m 为低阻异常段，其视电阻率等值线明显下凹，下部稀疏，推断为浅岩溶发育，下部岩溶裂隙发育引起	
4	WT4	物探点号 140～160m、290～310m 为低阻异常段，其中 140～160m 段视电阻率等值线明显下凹，下部稀疏，异常呈带状向下发展，异常左右视电阻率差异大，推断岩溶裂隙较发育；290～310m 视电阻率等值线下凹，下部稀疏，推断为浅岩溶发育引起	
5	WT5	物探点号 240～260m 段为低阻异常，视电阻率等值线明显下凹，异常呈窄带状向下发展。推断为浅岩溶发育，下部岩溶裂隙发育引起	
6	WT6	物探点号 120～140m、320～340m 段为低阻异常带。其中 120～140m 段视电阻率等值线明显下凹，等值线稀疏，为向下延伸的岩溶裂隙发育引起；320～340m 段的视电率等值线明显下凹，下部稀疏，异常呈宽带状，延伸较深，其左右视电阻率差异大，推测异常处于高低阻接触带，岩溶裂隙较发育	WT6 线 326 点（主孔）

2.3.3　推荐打井孔位及最终打井效果

根据各测线地下电阻率分布特征及异常推断解释，结合水文地质调查情况综合分析，WT1、WT3、WT5 线及物探点号 290～310m/WT4 段、120～140m/WT6 段异常特征基本一致，推测为浅部岩溶发育引起，并伴有裂隙向下发育，不宜布孔；WT2 线及物探点号 290～310m/WT4 段、320～340m/WT6 段岩溶发育相对较深，有较好赋水条件。综上所述，选择物探点号 243m/WT2 和 326m/WT6 为初选找水打井孔位，并进行对称四极测深。

经对电测深曲线的比较，选择物探点号 326m/WT6 处为找水打井主孔位，推断此处覆盖层厚度约 7m，深约 30～50m、70～90m 岩溶发育。在物探点号 243m/WT2 处，推断覆盖层厚度为 13m 左右，深约 35～45m 岩溶发育，选择此点作为找水打井副孔位。

2.4　勘探孔钻探施工

2.4.1　钻探过程及施工工艺

采用 SPJ—300 型水井钻机施工，土层采用清水合金钻头钻进。由于找水打井区干旱缺水，岩石采用空气动力潜孔锤钻进；空气动力潜孔锤钻机具钻进硬岩效率高（每小时可钻进 6~7m）、钻压小、扭矩小、转速低、钻进成本低等特点，保证了施工进度，钻孔孔斜度的同时保护了钻头、钻杆使用寿命。

钻进技术参数：钻压 6~10kN，转速 20rpm，风量 21m³/min，风压 17MPa。

2.4.2 钻探结果

井身位于碳酸盐岩类下二叠统茅口组（P_1m）石灰岩中，井深 48.0m，开孔孔径 Φ280mm，终孔孔径 Φ225mm；井深 42.70~48.00m 为无充填溶洞，为该井主要出水段。

2.4.3 抽水试验及参数计算结果

该井于 2010 年 4 月 7 日采用空压机进行洗井，历时 16 小时，并于 2010 年 4 月 8 日 10 时采用 100t/h 深井潜水泵进行抽水试验，抽水下入 Φ184mm 泵头 3.50m，Φ100mm 铁管 39m，抽水延续时间 8 小时；静水位为 32.0m，稳定动水位为 32.0m，降深为 0m，涌水量为 27.78L/s。

水井在抽水试验时已取水样进行水质分析，分析结果水化学类型为 HCO_3-Ca 型，pH 为 7.45，总硬度为 216.87mg/L，水质所检验的感官性状、一般化学指标及毒理指标均符合国家《饮用水卫生标准》（GB/T5750—2006）。

3 结 语

拉泽屯机井为 2010 年广西应急抗旱涌水量最大的供水井，项目的成功解决了旱区约 5000 人的人畜饮水及农田灌溉问题，取得了显著社会效果。通过东兰县泗孟乡钦能村拉泽屯找水打井工作，不但解决钦能村及其周边约 5000 人口饮水困难问题，改变了当地村民每至枯季到处寻找水源的局面，同时取得了如下岩溶区找水打井的经验，为以后抗旱打井工作提供参考和指导，提高岩溶区找水打井命中率。

（1）地面调查精度直接影响到找水成功率。通过地面调查确定调查区岩溶发育情况、地下水径流带、地下水流向、地下水富水性，初步判断调查区枯季地下水水位，为后续物探工作提供解译依据。

（2）注重岩溶微地貌调查，地表岩溶现象集中区域，常为地下水富集或径流场所。

（3）找水打井孔位确定需要多种探测手段相结合，如调查访问与实测相结合、地面调查与物探相结合布孔等。

（4）构造带、夹层、裂隙溶洞充填物、碳质物质等对物探成果影响大，会造成误判、错判，影响打井命中率。

参 考 文 献

[1] 中华人民共和国中央人民政府. http://www.gov.cn/jrzg/2010-01-27/content_ 1520728. htm. 2010 年 01 月 27 日

［2］广西壮族自治区地质矿产局.广西壮族自治区数字地质图 2006 年版说明书（1∶50 万）.1999（内部资料）

［3］广西水文地质工程地质队.1∶20 万东兰幅区域水文地质普查报告.1982

［4］王宇，张贵，李丽辉等.岩溶找水与开发技术研究.北京：地质出版社，2006

云南省红河州泸西、弥勒县找水打井勘查示范工程

任建会　黄虎城

（山西省地质调查院，太原　030006）

摘要：红河州泸西、弥勒县是云南省严重缺水的地区之一。本次在基本查明勘查区地下水岩溶水文地质条件、岩溶发育规律及分布特征的基础上，结合地球物理勘察方法，成功在该区定井，且水量要比预期效果要好。成功解决了红河州泸西、弥勒县村庄的生活饮用水问题。通过区域水文地质调查，基本查明了勘查区地下岩水溶水文地质条件、岩溶发育规律及分布特征；岩溶水开发利用现状、开发利用条件及开发利用方式；岩溶水化学特征及地下水质量。

关键词：找水靶区确定　钻探施工　工程总结

1　引　　言

2010年2月以来，云南省高温少雨导致旱情迅速蔓延，不但农作物受旱，而且人畜饮水困难，部分旱情严重地区居民需要送水才能解决生活饮水困难。据云南省政府统计，2010年云南省小麦播种面积3700万亩，受灾面积3148万亩，占已播种面积的85%，绝收超过1000万亩。全省23万人口需要粮食援助，全省农业直接经济损失已超过200亿元。为此，中国地质调查局紧急启动"严重缺水地区地下水勘查"项目，项目承担单位为山西省地质勘查局。工作区域主要在云南省红河州。本次施工钻孔为2010年山西地质勘查局在红河州泸西县、弥勒县开展的地下水勘查与供水安全示范工程之一。

2　区域地质环境条件概述

2.1　气象

泸西县、弥勒县均地处低纬度高原，热量的垂直分布差异明显。属北亚热带季风气候区。境内冬无严寒、夏无酷暑，年均气温15.2℃，年均日照2122小时，年均降水量979mm，无霜期272.7天。

并分析激电测深剖面图，极化剖面图，最终选择最终最佳井位点（图1）。

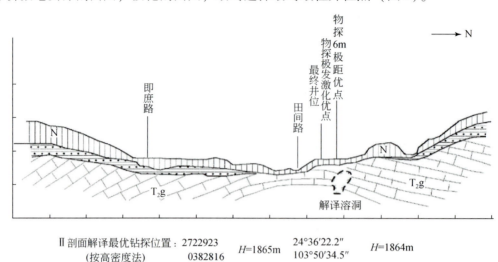

Ⅱ剖面解译最优钻探位置：2722923　　　　　24°36′22.2″
（按高密度法）　　　　0382816　　　*H*=1865m　103°50′34.5″　　　*H*=1864m
按激发极化法此点南14m(4+10m，先移4m，开钻前又南移10m)

图1　物探剖面线井位确定选择图

3.3.2　弥勒县巡检司镇宣武村井位的确定

宣武村位于弥勒县西南部，根据本次地面调查，永宁镇组岩性为石灰岩、白云质灰岩，飞仙关组岩性为紫红色泥岩、细砂岩，在石灰岩出露区多处见漏斗及落水洞。在村西北800m处有一泉水，现由于干旱已干涸，村西北1200m处20世纪80年代冶金部门在飞仙关组地层内施工一眼勘探孔，孔深为300m，水量很小，经分析推测由于飞仙关组起到阻水作用，在永宁镇组与飞仙关组接触带，可能存在强径流带，凿井可行。

为了保证成井率，在凿井地段沿SN向布置了一条物探剖面，采用电测深电阻率及激发极化法，根据物探成果图2、图3，结合地质及水文地质条件，将井位选在宣武村学校西围墙外。预计水位埋深为25~30m，下泵深度为70m，预计出水量为200m³/h。

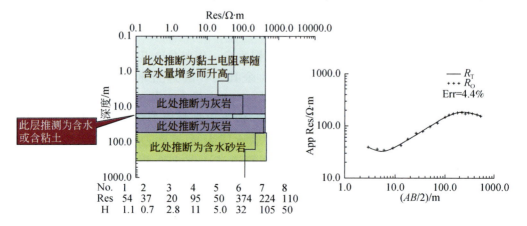

图2　弥勒县宣武村探采结合井电测深电阻率图

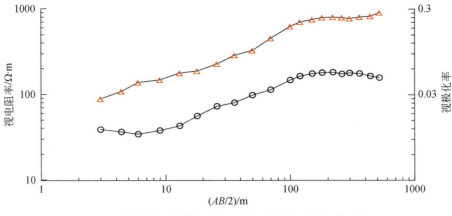

图3   弥勒县宣武村探采结合井视电阻率及视极化率图

3.4   勘探孔钻探施工

3.4.1   钻进过程遇到的问题及解决方法

本次勘察区内岩溶裂隙、溶洞较发育，也有少数构造作用使地层结构松散，在钻进施工过程中容易形成掉块，损毁设备或造成塌孔。处理过程中我们先将井壁稳定性搞好，另外开泵前看好泵压表和指重表，发现悬重降低，或泵压升高要及时停泵，以免发生憋塌地层。上提遇阻一定不能多提，最多多提原悬重的一半，来回活动，慢慢拉出一个活动空间，憋压消失了以后再慢慢开泵，或者最好提出一个单根，活动正常了（也就是上提下放没有阻力的井段）再开泵。尤其应该注意憋泵是很危险的，即使没有憋漏，地层钻进多少，它还要沉淀来多少，这样就使得地层就非常脆弱，很容易形成井塌和大肚子井眼，为以后的施工带来隐患。在施工中也要尽量避免在憋过泵的井段开泵循环，起下钻在有掉块的井段也要控制一下速度。

3.4.2   钻探结果

本次钻探全部采用国内先进的空气潜孔锤钻进工艺。完成8眼岩溶水供水井，成井下管及配套工程，总进尺1566.59m，钻探工作完成率104.44%，成井率达100%，成井质量优。得到了当地政府和村民的赞扬和肯定。其中泸西县白水镇既庶村探采结合井井深172.87m，弥勒县巡检司镇宣武村探采结合井井深201.85m。

3.4.3   抽水试验及参数计算结果

每眼井进行一次最大降深抽水试验，稳定连续时间为8小时。抽水试验结束前取全分析水样一组、饮用水分析样一组，该水样委托云南国土建设工程总公司红河分公司实验室进行检测，该水质除细菌数稍有超标外，其他指标均符合地下水质Ⅲ类标准（表1）。

表1　云南省红河州泸西、弥勒县地下水勘查探采井抽水试验统计表

井孔位置	井深/m	水位埋深/m	降深/m	出水量/（m³/d）	水化学类型	矿化度/（mg/L）
泸西县中枢镇大兴村委会夸西村	180.50	2.50	34.57	360	HCO₃–Ca·Mg	398.94
泸西县白水镇既庶村	172.87	26.41	6.39	1428	HCO₃–Ca	340.64
泸西县金马镇石缸冲村委会大核桃村	171.62	19.75	22.40	768	HCO₃–Ca	472.62
泸西县中枢镇桃笑村委会上村	195.85	11.20	10.33	518.40	HCO₃–Ca·Mg	511.55
弥勒县新哨镇新哨村委会大沙冲村	215.24	60.37	29.82	487.2	HCO₃–Ca·Mg	376.99
弥勒县巡检司镇宣武村	201.85	11.26	37.85	516.0	HCO₃–Ca·Mg	414.84
弥勒县朋普镇团结村委会石则坡村	213.26	42.10	37.50	240	HCO₃–Ca·Mg	522.28
弥勒县虹溪镇新桥村委会小黑就村	215.40	105.30	45.40	240	HCO₃–Ca·Mg	389.3

4　示范工程总结

4.1　技术总结

通过区域水文地质调查，基本查明了勘查区地下岩水溶水文地质条件、岩溶发育规律及分布特征，岩溶水开发利用现状、开发利用条件及开发利用方式，岩溶水化学特征及地下水质量。

在水文地质调查的基础上，对勘查区水文地质条件相对好一些的地段结合相应的地球物理勘察方法，并通过水文地质、物探专家的综合论证，最终确定的井位。本次勘查工作水文地质条件复杂、定井时间短，成井率100%，成功地完成了本次勘查任务。其中8个工作片区中最大出水量为泸西县白水镇即庶村工作片区，涌水量为1428m³/d，降深为6.39m。出水量最小的为弥勒县朋普镇团结村委会石则坡和弥勒县虹溪镇新桥村委员会小黑就村两片区，涌水量均为240m³/d。达到了抗旱救灾地下找水突击行动技术相关规定的要求。验证了水文地质调查与地球物理勘察相结合的方法定井在应急抗旱打井过程中有较高的定井效率，通过本次勘查过程总结找水经验。

4.2 社会效益

在勘查区水文地质调查和工程实施方案论证的基础上，结合地方的需求和支持，选择典型缺水地区开展了地下水开发示范工程，取得了显著的社会经济效益。其中钻探成井 8 眼，平均井深 195.82m，全部为岩溶水引水，解决了当地 4.5 万多人、3000 多头牲畜饮用水困难问题。且勘查区水质全分析项目和特殊要求分析项目达到了地下水质量检查Ⅲ级标准。

滇东高原岩溶山区富源县找水打井勘查示范工程

张　华

（云南省地质环境监测院，昆明　650216）

1　引　言

1.1　任务来源

项目属西南岩溶石山地区地下水及环境地质调查的子项目之一"云南重点岩溶流域地下水勘查与开发示范（块择流域）"[1]，任务书编号：（水）［2010］环境-06-01，工作项目编码：1012011089024，工作起止年限：2010～2011年，工作性质：资源评价，实施单位：中国地质科学院岩溶地质研究所，承担单位：云南省地质调查局。

1.2　自然地理与缺水状况

该井位于云南省富源县营上镇半坡村耕地内，地理坐标：$X = 18434109$，$Y = 2819057$，$H = 1724m$，图1。

富源县营上乡半坡村距营上乡约5km，有县级公路和村内相通，交通条件便利。钻孔位于半坡村耕地内，距半坡村约1km，该井可供海丹村委会半坡村、迤老黑等7个自然村，共1218户5138人饮用，耕地1542余亩浇地，主要居住有汉族。气候属中纬度高原季风气候。

海丹村委会辖半坡村、迤老黑、海丹、俄冲田、牛白海、河边和得戛大则勒7个自然村，现在主要通过附近裂隙泉水供水，由于泉水水质较差，水量较小，旱季时供水不足。

1.3　地质构造与水文地质条件

钻孔位于区域内地下水径流区，靠近排泄区。构造主要为NW-SE向和NE-SW向。地下水自NW向SE径流运移并向块择河排泄，出露地层为下二叠统（P_1q+m）石灰岩、白云岩，为含水层位，呈断块式分布，地表分布面积约$1.2km^2$，该岩溶水层还通过断层获得越流补给[2]，见图2。该区以往没有施工过钻孔。

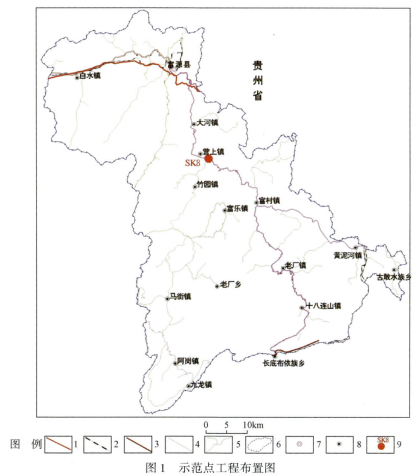

图 1　示范点工程布置图

1. 高速公路；2. 铁路；3. 国道；4. 省道；5. 一般道路；6. 流域范围；7. 县（区）政府驻地；
8. 乡（镇）政府驻地；9. 示范点及编号

2　找水打井勘查示范工程

2.1　找水打井技术方向

主要含水层为二叠系栖霞茅口组（P_1q+m）。裂隙较发育，呈半闭合–张开状，2～3条/m，裂面粗糙，宽0.1～1mm，可见锈蚀角膜和钙质填充，充填物呈气孔状、蜂窝状，发育有溶洞，直径高0.5～1m，可见深1～2m。地下水赋存于裂隙、溶洞中，富水性强。

2.5　勘探孔钻探施工

2.5.1　钻探结果

经钻孔证实0~7.1m为第四系（Q），其中0~0.5m为耕植土，0.5~7.1m为黏土夹碎石块。以下为二叠系栖霞茅口组（P_1q+m），7.1~43.0m，石灰岩，裂隙较发育；43.0~57.9m，石灰岩，灰白色、白色，弱风化，隐晶质结构，中厚层状，裂隙较发育，呈半张开状；57.9~75.16m，石灰岩，裂隙较发育，呈张开状，充填物呈气孔状、蜂窝状，充填物质较硬，即溶蚀现象明显；75.16~102.0m，红灰岩，弱风化、隐晶质结构，中厚层状，裂隙较发育，呈半闭合-张开状；102.0~142.39m，石灰岩，弱风化、隐晶质结构，薄-中厚层状，裂隙较发育，钙质和锈蚀充填；142.39~250.6m，石灰岩，弱风化、隐晶质结构，薄-中厚层状，裂隙较发育。

2.5.2　抽水试验及参数结果计算

抽水试验之前，对钻孔进行抽水洗孔（时间2011年9月18日至2011年9月19日），孔内水质变清，水位和流量趋于稳定，洗井时间大于24小时，洗井结束后，进行了静止水位观测，水位稳定后进行抽水试验。

抽水试验设备：型号100QJ6-200和150QJ20-143；

抽水试验成果：恢复静止水位：57.01m；稳定动水位：大降深为68.82m（降深为11.81m），小降深为60.67m（降深为3.66m）；流量计算查水文地质手册中表格，涌水量为530m³/d。

经计算，渗透系数参考值$K=0.2496~0.2958$m/d，影响半径参考值$R=51.9~182.39$m，见表1。

表1　抽水试验成果表

孔深/m	含水层	静止水位/m	降深/m	稳定时间 时：分	涌水量 /(m³/d)	渗透系数 /(m/d)	影响半径/m
250.6	P_1q+m	57.01	3.66	23：00	166.7	0.2496	51.9
			11.81	50：00	530	0.02958	182.39

水化学特征：根据分析报告指出：色度小于5，浑浊度小于3、嗅和味：无，pH=7.8，菌落总数多不可计，总大肠菌落大于1600。因施工用水是从山沟中抽取，沟水上游有采石厂在生产，生产用水收到轻微污染，抽水试验时间短，故菌落总数和大肠菌落超标，属正常现象，只要抽水时间长，两项指标都会明显改变，见表2。

表2 SK8 钻孔取样分析表 （单位：mg/L）

外观	色（度）	浑浊度（度）	臭和味	pH	Cl⁻	SO₄²⁻
无	<5	<3	无	7.8	5.19	16
NO₃⁻	F⁻	六价铬	耗氧量COD	阴离子合成洗涤剂	氰化物	硒
0.23	<0.10	<0.002	1.24	<0.01	<0.005	<0.0002
铜	镉	铅	锌	锰	铝	砷
<0.01	<0.00005	<0.0005	0.012	<0.02	<0.02	<0.005
铁	总硬度（以碳酸钙计）	溶解性总固体	汞	挥发性酚	菌落总数/（cuf/mL)	大肠菌群/（个/100mL)
0.04	582.06	276.18	0.0002	<0.002	多不可计	>1600

3 示范工程总结

3.1 技术总结

物探中采用高密度电法和激电测深法两种物探方法，根据实际完成情况，激电测深法对寻找地下水效果较好，而且准确性高，通过水文地质钻探证明，物探工作对地下找水钻孔的布置取到重要的作用[4,5]。

3.2 社会效益

海丹村委会辖半坡村、迤老黑、海丹、俄冲田、牛白海、河边和得戛大则勒7个自然村，共1218户，人口6138人计算用水量为约310m³/d [6138人×50L/（d·人）×1.01 = 310m³/d]。该供水井日产水量可达530m³/d以上，有富余量大于220m³/d。故该井可解海丹村委会7个自然村的居民用水。

参 考 文 献

[1] 云南省地质调查局. 云南重点岩溶流域地下水勘查与开发示范报告（块泽河流域）. 中国地质科学院岩溶地质岩溶所，2012

[2] 云南省地质局水文地质工程地质队. 1：20万罗平幅区域水文地质普查报告. 1979

[3] 中华人民共和国国家标准. 供水水文地质勘察规范（GB50027-2001）. 北京：中国计划出版社，2001

[4] 王宇. 云南泸西小江流域岩溶水有效开发模式研究. 昆明理工大学硕士研究生学位，2006

[5] 王宇，张贵，李丽辉等. 岩溶找水与开发技术研究. 北京：地质出版社，2007，1~2

滇东南岩溶夷平面找水打井勘查示范工程

——以云南省砚山县炭房、铳卡钻孔为例

张 贵 何 涛 周翠琼

（云南省地质环境监测院，昆明 650216）

摘要：滇东南岩溶高原夷平面分布广泛；砚山县炭房、铳卡地区是其典型代表，处于区域分水岭附近，已有钻孔成功率一般小于30%，常出现雨季有水而旱季无水或很小的情况。通过开展该区详细的水文地质调查、探采结合井的施工验证，总结出：溶丘洼地区，地形起伏较小，难于较准确判断地下水径流方向，含水层富水性差，饱水带厚度小，打井成功率低；岩溶槽谷区，饱水带厚度较大，中下游一带选择适宜部位打井成功率相对较高。连片岩溶区泥质、含泥质碳酸盐岩对地下水的径流起到限制作用，是布井时应寻找的主要层位；井位选择时，区域分析与点上研究要紧密结合，才能有效识别物探低阻"假异常"，提高打井成功率。

关键词：滇东南 岩溶夷平面 找水经验

1 引 言

云南省砚山县位于滇东南文山州中部。砚山县炭房、铳卡两地相距约15km，处于滇东南岩溶高原夷平面之上，位于砚山县城北西约7km，为砚山县人口相对集中的两个小集镇所在地，有约1.2万人。该区面积约60km²，碳酸盐岩连片分布，90%以上均为碳酸盐岩，仅局部碎屑岩零星分布。区内年均气温为12.5~19℃，年均降水量为840~1400mm。年降水量虽较大，但因地表、地下岩溶发育，漏斗、落水洞常见，水源漏失严重，地表无常年性河流，地表水资源缺乏，农业灌溉和人畜生活用水极为困难，是文山州最缺水的地区之一。为解决该区的人畜饮水困难，多年来不断有企事业单位打井开采地下水，据不完全调查，炭房、铳卡附近曾打井10余个，但多数钻孔旱季无水或水量太小（小于5m³/d）而失败，仅有3个钻孔水量稍大可使用，钻井成功率不足30%。因此，如何优选井位、提高钻孔成井率，是该区开发地下水要解决的主要问题。2010年国土资源部统一部署开展的西南地区抗旱找水工作，在炭房、铳卡各施工了一口探采结合井，其中一口取得了成功。本文以此为例，总结岩溶夷平面地区找水经验，对同类地区具有一定的借鉴作用。

2 区域水文地质条件

2.1 区域概况

该区总体上处于岩溶高原夷平面之上，属裸露型岩溶山区，出露地层主要为三叠系个旧组（T_2g）、石炭系（C）、泥盆系（D）碳酸盐岩。构造较为简单，区域上属树皮弧形构造带，为一 NE 向延伸的复式向斜中部，地层较平缓，倾角一般小于 30°，断层不发育，多呈 NE 向展布，间距 1～4km。处于元江水系支流盘龙江与南盘江水系支流清水江的分水岭地带，以溶丘洼地、峰丛洼地地貌景观为其特征。为远离排泄基准的岩溶夷平面，地形起伏较和缓，距较近的相对排泄基准南丘河距离大于 30km，高差 200m 左右，为区域地下水的补给区[1]。洼地、漏斗、落水洞发育，泉水稀少，季节性积水洼地常见。

2.2 钻井区水文地质条件

2.2.1 炭房钻井区

炭房一带为 NE 向展布的长条形溶丘洼地，长约 5km，宽 1～2km，周边与峰丛洼地地貌相连。总体地势 SW 高，NE 低，略向 NE 倾斜。溶丘洼地区海拔一般在 1500～1550m，地形起伏不大，相对高差 50m 左右，碟形漏斗、浅洼地发育，局部可见竖井，主要出露三叠系个旧组（T_2g）白云质灰岩、白云岩，第四系残坡积（Q_4^{el+dl}）红黏土分布于地形低洼地带，厚度一般小于 10m。为一单斜构造（图 1），断层不发育，岩层产状变化较大，倾向 NW，倾角较缓，一般小于 15°，岩层节理裂隙发育。周边峰丛洼地区，标高一般 1650～1700m 左右。处于区域分水岭附近地下水的补给、径流区，无常流泉分布，季节泉较少。旱雨季节水位埋深变化大，变幅可达 50m 左右。旱季水位持续下降，雨季因补给充足，地下水位上升速度快，竖井水位可溢出地表。由于地下水平径流连通性相对较差，雨季常形成较多季节性积水洼地。地下水的径流方向多变，受地形控制不明显，难于较准确判断地下水径流方向。据调查访问[2]，该区曾打有 6 口深井，孔深为 70～300m，除 1 号孔水量为 170m³/d，4 号孔水量约 20m³/d 外，其他 4 个钻孔旱季基本无水。

2.2.2 铳卡钻井区

铳卡一带为一 NE 向展布的宽缓岩溶槽谷，谷地的发育受构造线控制明显，呈不规则的长条形，长约 8km，宽 1～3km，谷地边缘标高为 1650～1800m，槽谷内孤峰、残丘较多，高一般 50～80m，谷地底部地形平坦，标高 1550～1600m 左右，总体略向 NE 倾斜，为第四系残坡积（Q_4^{el+dl}）红黏土覆盖，厚一般 10～25m。谷地边缘及残丘基岩裸露，主要出露 D_1—C_3 灰、浅灰色中厚-块状白云质灰岩、石灰岩，局部夹深灰色薄层-中层状含泥质泥晶灰岩或泥灰岩。地表岩溶形态主要为溶隙、溶沟。为一单斜构造，岩层倾向 NW，倾角一般为 10°～35°，岩层节理裂隙发育。区域上处于地下水的补给、径流区，局部有季节泉出露，综合分析判断，地下水自 SW 向 NE 径流，水位埋深 20m 左右，年变幅一般小于 10m，雨季期间谷地中低洼地带常形成季节性积水洼地。据访问该区曾钻井 4 口，其中仅 1 口水量约 200m³/d，其他 3 口水量太小或无水。

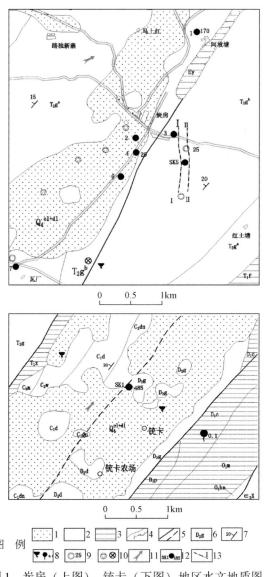

图 1　炭房（上图）、铳卡（下图）地区水文地质图

1. 孔隙含水层；2. 岩溶含水层；3. 碎屑岩含水层；4. 地层界线、角度不整合界线；5. 断层、推测断层；

6. 地层代号；7. 地层产状；8. 泉、季节泉，右流量（L/s）；9. 竖井，右深度（m）；10. 漏斗、落水洞；

11. 地下水流向；12. 钻孔，左编号，右流量（m³/d）；13. 物探剖面及编号

3　找水打井勘查示范工程

3.1　找水技术方向

该区总体上处于滇东南岩溶高原夷平面之上的区域分水岭地带，地形起伏相对和缓，难于形成地下水集中径流带，泉水稀少，地表水源缺乏，适宜选择具备合适的地貌、地质条件的地段，采取钻井方式零星开采岩溶水。勘查工作流程可分为两类：①类为收集资料→1：5万水文地质调查→靶区1：1万水文地质调查→综合分析研究、初选井位→综合物探→物探、水文地质资料综合分析研究→确定井位→钻探→抽水试验→成井。②类为除不开展综合物探工作外，其他与①类相同。通常勘查单位从经济效益方面考虑，实践中一般都选用第②类勘查方式确定井位。

3.2　孔位确定

（1）炭房钻井。采用第①类勘查技术方法，在初选拟钻孔区域布置了SN向的激电测深剖面2条（图1）。从测量结果分析（图2），2条剖面大部分测点电测深曲线显示均可分为3层（H、A）、4层（HK、HA）曲线类型。推断如下：$1.5 \sim 15\text{m}$，ρ_s一般在$10 \sim 100\Omega \cdot \text{m}$，推测为黏土，$15 \sim 40\text{m}$，$\rho_s$一般在$50 \sim 250\Omega \cdot \text{m}$，推测溶隙、溶孔较发育，为中等岩溶发育带，$40 \sim 220\text{m}$，$\rho_s$一般在$150 \sim 550\Omega \cdot \text{m}$，推测溶隙、溶孔较发育，局部发育溶洞，为中等-强岩溶发育带，富水性较好，$220 \sim 500\text{m}$，ρ_s一般在$500 \sim 3500\Omega \cdot \text{m}$，推测仅局部发育少量溶隙、溶孔，为岩溶弱发育带。物探分析结果，在岩溶发育特征上与水文地质调查分析结果基本一致，但在富水性上则有很大差别。水文地质调查认为，因补给范围小，富水性会较差，打井风险大。最终结合施工条件，选定Ⅱ剖面11号点作为施工钻孔点（SK5）。

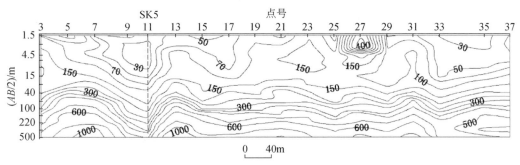

图2　炭房Ⅱ号电测深剖面视电阻率断面图（单位：$\Omega \cdot \text{m}$）

（2）铳卡钻井。采用第②类勘查技术方法，经详细岩性填图调查，选择了在铳卡村北西村边布井，主要分析思路是：该点处岩性为 D_2g 厚层状白云质灰岩夹一层厚度约 20m 的深灰色薄-中层状泥灰岩，岩层倾角 30°~35°，泥灰岩可起相对隔水作用，并且处于断层附近，节理裂隙较发育；处于岩溶槽谷的中下游部位，岩溶发育且相对均匀，区域地下水自 SW 向 NE 径流，在该处受泥灰岩的阻隔有利于地下水的富集。

3.3 钻探验证结果

采用空气潜孔锤方法钻井，采用岩屑分析判断岩性，通过潜孔锤钻进过程中的排气量、钻进速度等变化判断岩溶发育程度。

经钻探证实，炭房 SK5 钻孔孔深 207.66m，0~6.8m 为第四系残坡积（Q_4^{el+dl}）红黏土，基岩为个旧组（T_2g^b）白云质灰岩局部夹白云岩，其中，10~15m、25~35m、40~55m 节理裂隙、溶孔较发育，多为红黏土紧密充填，不含水，55m 以下溶隙、溶孔不发育。水位埋深 27.82m，抽水试验涌水量小于 5m³/d。为增大钻孔出水量，分别在孔深 120m、135m、148m、165m 处进行爆破，但水量亦未能增加。铳卡 SK1 钻孔孔深 169.69m，0~8.20m 为第四系残坡积（Q_4^{el+dl}）红黏土，基岩为古木组（D_2g）粉晶白云岩，96.0~99.50m 为泥灰岩夹层[3]。其中，19.3~23.60m、52.6~54.5m、59.4~61.2m、63.4~65.1m、74.0~93.90m、99.5~103.2m、116.6~121.4m、148.8~161.60m 段，节理裂隙较发育，148.8~161.60m 段水量增加较明显，为主要含水段。水位埋深为 12.4m，降深为 12.68m，涌水量为 485.4m³/d。地下水矿化度为 0.46g/L，pH 为 7.69，水化学类型属 HCO_3-Ca·Mg 型水，水质良好，适宜饮用。

4 示范工程总结

滇东南地区岩溶连片分布，岩溶夷平面分布范围广，岩溶水分布均匀性差，找水难度大。铳卡探采井的成功实施，解决了该区 2300 人及数千头大牲畜的饮水困难，同时，为该区和同类地区开展找水打井积累了丰富的实践经验。此将该区找水经验教训总结如下：

（1）区域分析与井位调查研究要密切结合。岩溶区钻井的成功与否，关键在于井位的选择。首先，岩溶区宏观地貌既反映了区域岩溶发育特征，又能反映区域地下水分布、赋存特点、含水层的富水程度。其次，岩溶发育特点则决定了地下水分布赋存的均匀性。因此，我们在井位的布置时，通常应遵循"地貌控水是前提，岩溶发育特点是基础"的基本原则，放眼区域，要从区域水文地质条件的分析研究入手，认真开展井位附近一定范围内水文地质条件的详细调查，重点分析研究岩溶发育、地下水分布赋存特点，同时可配合物探手段来选择确定孔位，才能不断地提高钻井成功率。

（2）岩溶槽谷区打井成功率较溶丘洼地区高。区域分水岭地带的岩溶夷平面上的溶丘洼地区，地表形态以浅洼地和碟形漏斗为主，基岩裸露程度高。虽地下岩溶发育，但多为红黏土紧密充填，并且随深度的增加和黏土的充填，溶隙连通性降低，富水性逐渐减弱，致使地下水主要集中在浅部赋存运移，其厚度一般不超过 100m。其主要特征是无常流泉出露，旱雨季节水位变幅大，一般大于50m，旱季水位持续下降，雨季期间基岩裸露的洼地常形成积水洼地。但实际上由于黏土的充填作用岩溶连通性较差，含水层富水性差，饱水带厚度小，容易形成"地下水浅埋且较丰富"的错误认识。此类地区地下水的径流受地形控制不明显，难于较准确判断地下水径流方向，汇流面积有限，而难以形成相对的地下水集中径流带，打井不容易取得成功。如炭房片区的7个钻孔，其中的6个孔为雨季有水而旱季无水或很小。

岩溶槽谷区，谷底多为红黏土覆盖，地势上向槽谷下游逐渐降低，地下岩溶发育且深度较大，地下水埋藏相对较浅，旱雨季节变化一般小于30m。此类地区地下水的径流受地形控制较明显，汇流面积较大，地下岩溶裂隙中虽亦有红黏土充填，但由于具有较明确的径流方向，地下水的水平径流相对活跃，饱水带厚度较大，一般在谷底能形成裂隙连通性较好、相对富水的地下水径流集中带，在槽谷中下游一带选择适宜部位打井成功率相对较高，如铳卡SK1孔取得了成功。

（3）寻找相对隔水层。连片岩溶区泥质、含泥质碳酸盐岩一般岩溶不发育而成为相对隔水层，对地下水的径流起到限制作用，布井时分析判断地下水的汇流范围、径流方向十分重要，因隔水层附近在长期的溶蚀下，易溶的石灰岩、白云岩溶蚀势必会较发育且相对均匀，有利于地下水的富集，因此，钻孔选择在相对隔水层上游附近容易取得成功。例如，铳卡SK1钻孔的布置，就是选择在一层厚约20m、溶隙不发育的薄层泥灰岩相对隔水层附近，地下水径流方向的上游，钻孔涌水量485.4m³/d。

（4）加强物探低阻"假异常"的识别研究。利用物探找水，其前提条件是物探成果的解释分析应与水文地质调查分析相结合，当二者分析结果一致时，钻井成功率较高；反之不容易取得成功。如炭房SK5位置处物探结果显示"低阻异常"明显，判断为岩溶发育的"富水层"，钻探证实浅部岩溶发育，虽与物探解释基本一致，但因地下水补给量有限、岩溶裂隙多为泥质紧密充填，虽在不同深度采用爆破增水技术，但也未能增加水量，结果钻孔"无水"而失败。说明电测深物探方法目前还无法准确判断"低阻异常"是由溶隙发育并且富水引起还是由于溶隙充填大量低阻泥质所引起。因此，今后应加强电测深低阻"假异常"的识别研究，不断提高钻孔成井率。

本文是笔者在砚山地区找水过程中的经验总结。由于理论水平有限，分析认识中的错误之处，欢迎从事找水工作的广大同仁提出宝贵的批评意见。同时对参加该区勘查打井工作的同志表示衷心的感谢。

参 考 文 献

[1] 云南省地质局第二地质队. 中华人民共和国区域水文地质普查报告（1：20万文山幅）. 1980

[2] 云南省地质环境监测院. 云南重点岩溶流域水文地质及环境地质调查报告（南丘河流域）. 2009

[3] 青海省环境地质勘查局地质工程公司. 砚山县江那镇铳卡村委会钻孔综合成果图. 2010

广西凌云县逻楼镇陇朗村陇朗屯找水打井勘查示范工程

李志强　黄景芳

（广西壮族自治区桂林水文工程地质勘察院，桂林　541002）

1　引　　言

1.1　任务来源

2009 年 8 月以来，广西出现秋冬春连旱，而且旱情发展迅速，广西壮族自治区先后启动了自然灾害救助二级应急响应和抗旱二级应急响应。根据自治区政府部署，广西地质矿产勘查开发局迅速组织专业队伍参与抗旱应急找水打井工作，并以桂地矿发〔2010〕14号，凌云县的抗旱应急响应找水打井工作由广西桂林水文工程地质勘察院承担。

1.2　自然地理与缺水状况

逻楼镇位于凌云县东部，东与凤山县接壤，南与沙里乡毗邻，北与加尤镇相连。乡政府所在地距离县城约40km，交通便利。陇朗屯位于逻楼镇政府西约 1.0km 处，陇朗屯及周边屯、学校的人口约 1000 余人，在此次打井之前饮用水主要源自远处引来的山泉水，由于引水路途较远且枯季水量得不到保障，陇朗村民及学校师生长期存在用水难的问题。

1.3　地质与水文地质条件

1.3.1　地貌

该点位于构造-溶蚀峰丛谷地地貌区，为碳酸盐岩组成的峰丛洼地地形，岩体溶蚀作用强烈，形成奇特的峰丛尖顶山与洼地，地下河系的展布规律与构造线相吻合。山顶标高为962m，谷地标高为646m，相对高差为255m。

1.3.2　地层岩性

本区出露地层有：冲积、溶蚀、残积成因的粉质黏土、砾石层，厚度约 2～10m；下三叠统逻楼群（T_1L）灰色薄层–中厚层泥岩、灰–深灰色页岩，厚度为 154～366m；下二叠统茅口组（P_1m）浅灰、灰白色石灰岩，溶洞暗河发育较强烈，该含水岩组易溶蚀，形成地下河系主管道；上部为灰、深灰色石灰岩，厚度为 300～427m；上石炭统（C_3）灰、灰白色少许深灰色石灰岩夹白云岩，厚度为 218～422m。

1.3.3　地质构造

该点位于凌云旋卷构造东部回旋层附近，主要构造由总体向南突出的半环状褶皱和扭性、旋扭性断裂群组成，以顺时针方向扭动为主。地貌方面，区域上洼地多为环状展布，其中分布的消水洞、漏斗、天窗等都沿构造线展布，其深部为岩溶管道，而出露地表的水平溶洞，它的形成都沿构造线溶蚀成不同规模的水平溶洞层（图1）。

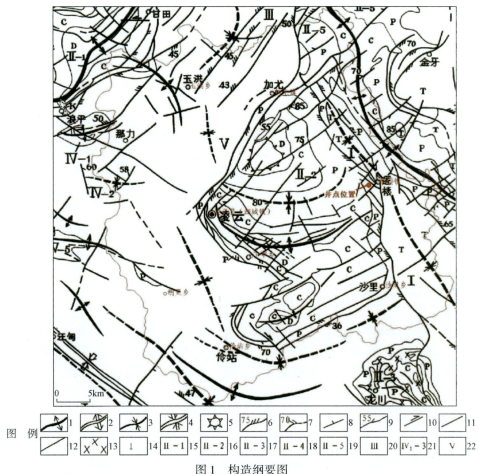

图1　构造纲要图

1. 背斜轴；2. 复式背斜轴；3. 向斜轴；4. 复式向斜轴；5. 旋卷构造轴；6. 压扭性断裂；7. 压扭性旋扭断裂；
8. 张性断裂；9. 张扭性断裂；10. 扭性断裂；11. 性质不明层；12. 断层推测部分；13. 基性岩；
14. 北西向构造体系；15. 乐业 "S" 形构造体系；16. 凌云旋卷构造；17. 龙川旋卷构造；18. 阳圩带状构造；
19. 弧形构造；20. 华夏系（北东45°）构造；21. 纬向构造体系；22. 经向构造

1.3.4 水文地质条件

（1）含水岩组及地下水类型：本区以碳酸盐岩含水岩组为主，地下水赋存于岩石裂隙及溶洞中，东侧为上二叠统碳酸盐岩、碎屑岩间夹层裂隙溶洞水；西侧为下二叠统茅口组、下二叠统栖霞组亦为碳酸盐岩裂隙溶洞水；洼地北东部为碎屑岩岩组，地下水主要赋存在岩体的构造裂隙中，为基岩裂隙水，地下径流模数大于 $3L/(s \cdot km^2)$。本区水质为 HCO_3–Ca 型水，矿化度为 $0.127 \sim 0.162g/L$。地下水动态类型为气象型。

（2）地下水富水性地下水富水性：主要受岩组、构造、地形、地貌和降雨量控制。在碳酸盐岩岩组分布区，地下水主要汇聚于地下岩溶管道中。根据调查资料，该区地下水水量中等，地下水埋深小于 50m。

（3）地下水补、径、排条件：区内北部基岩裂隙水含水层以泥岩、页岩为主，主要接受大气降水入渗补给，局部地段亦有地表溪沟的入渗补给或相邻地段岩溶地下水的侧向补给；地下水一般顺着自然山坡由高到低，在裂隙中作短时间的径流大部分即在地形切割处以渗流方式排出地表，汇集成沟溪，多通过落水洞以潜流的方式补给岩溶水。本地区纯碳酸盐岩裂隙溶洞水以脉流、管流为主，隙流补给脉、管流，流程短；地下水总体流向为 NE 至 SW，最终排入澄碧河。

1.4 以往找水打井情况

陇朗屯附近未打过水井，根据区域地质资料及水文地质调查，该地区域地下水类型。

2 找水打井勘查示范工程

2.1 找水打井技术方向

根据区域地质资料及现场水文地质调查，该地区地下水主要为碳酸盐岩裂隙溶洞水，打井的主攻方向为岩溶裂隙溶洞水，井位的确定主要为蓄水构造；含水层为碳酸岩，地下水水量中等丰富，地下水赋存于裂隙溶洞中，降雨通过岩石裂隙渗入地下。

2.2 找水靶区确定

张性、扭性断裂破碎带往往是地下水储存和活动的空间，在岩溶区，断裂破碎带的存在，有利于降水或地表水入渗，促使岩溶作用的强烈进行，这些地段常常富集岩溶水。陇朗屯附近均有断裂发育，这些断裂有着较宽的破碎带，并且岩溶较发育。为此水文地质专业技术人员确定找水靶区为陇朗屯谷地公路村屯附近区域。

2.3 勘探孔孔位确定

通过对陇朗屯现场调查及测量裂隙发育方向，并对场地发育的溶洞、消水洞、泉点等综合分析，在陇朗谷地公路边村屯附近区域确定找水靶区，并结合物探确定孔位。

凌云县逻楼乡陇朗村物探工作布置了1条测线，测线编号为1，测线总长度290m。测线位于通过测区的公路北面、在通向陇朗小学的道路东面约30m处，测线大致沿公路向西偏北布置。测线的端点坐标采用 Etrex 型 GPS 确定。

本次物探采用高密度电阻率法，使用 WDJD-2 型多功能数字高密度电阻率仪（图2～图4）。通过对视电阻率测深断面等值线图（图4）仔细分析，从图4中可以看到，50m 一带和185m 附近视电阻率相对低，这两处是最可能的通过测线的含水地质构造位置，其中，185m 附近低阻异常相对强一些。图3 为 1 线 185m 测点的视电阻率测深曲线，从曲线分析，该处覆盖层厚度约为20m，基岩不太完整。建议首先在 185m 测点布置钻探验证，如果不成功，再尝试在 50m 测点布置钻探验证。

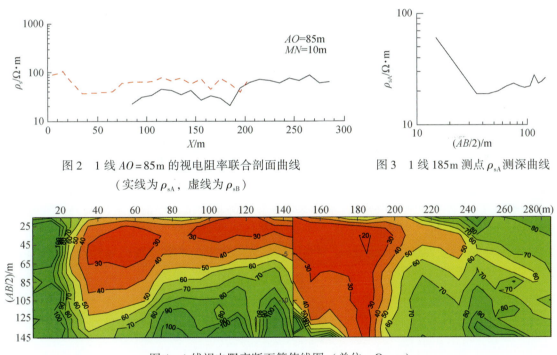

图2　1线 $AO=85$m 的视电阻率联合剖面曲线
（实线为 ρ_{sA}，虚线为 ρ_{sB}）

图3　1线 185m 测点 ρ_{sA} 测深曲线

图4　1线视电阻率断面等值线图（单位：$\Omega\cdot$m）

2.4 勘探孔钻探施工

2.4.1 钻探过程及施工工艺

针对岩层特点，依据岩石硬度、研磨性及完整程度，结合口径、钻孔深度等，选定钻进方法。一般Ⅴ级以下岩石选用硬质合金钻进方法，Ⅵ级以上岩石则以金刚石钻进方法为主。该井土层厚度12.80m，以下的岩石采用金刚石钻头旋转钻进。井口管为Φ146mm无缝地质管，下入长度15.4m。部分裂隙内充填有少量黏土及岩粉，刚抽水时，井水呈黄色，并带有大量灰黑色岩粉，抽水40分钟后水质逐渐变清，因此该井不进行洗井工序。

2.4.2　钻进过程遇到的问题及解决方法

在岩溶区钻进过程遇到的问题主要有卡钻、埋钻及钻具脱落等情况，该孔钻探过程中未遇到以上钻探事故，钻进顺利。

2.4.3　钻探结果

该水井于2010年4月16日开始施工，2010年4月21日完成了该井的钻探工作，井深80.5m。该井150mm孔径深度为0～15.2m，130mm孔径深度为15.2～32.0m，110mm孔径深度为32.0～80.5m，井内下Φ146mm套管15.4m，高出地面0.2m，下Φ127mm套管17.0m（部分为花管）。此处地下水类型主要为岩溶水，贮存并运行于石灰岩溶洞、裂隙中，含水段主要为12.8～18.8m段，厚为6.00m，水量较丰富，是该井的主要出水段，地下水静止水位为5.30m。

2.4.4　抽水试验及参数计算结果

该井抽水试验采用深井潜水电泵进行，采用一次降深法进行抽水试验；水位观测采用万用电表+电线测绳，流量观测采用薄壁三角堰，水温观测采用普通水银温度计。出水管为2.0in（1in=2.54cm）铁管，长25.0m，泵头下入深度为25.0m，水位观测利用钻孔与出水管空隙进行观测。抽水试验从4月25日8时0分开始至26日8时30分结束，延续时间24小时30分，水位稳定延续时间22时30分，水位降深3.50m，涌水量$Q=3.88L/s$（$Q=14.0t/h$），停抽水后30分钟，水位基本恢复到静止水位。停抽后水位回升恢复较快，说明地下水补给来源广，水量较丰富，提交为抽水量14.0t/h。

该井水质由凌云县疾病预防控制中心进行了取样分析，水质除细菌超标外，其他均满足饮用水要求。

3　示范工程总结

3.1　技术总结

通过本次找水打井、成井的过程，可获得以下几点成功经验：

（1）陇朗屯位于凌云县东部，地貌类型为峰丛洼地地貌，岩溶较发育。岩溶地下水系，只要分布在裸露、浅覆盖岩溶区，其必然要在地表有一定的表现，有的直接以天然露头的形式出现如消水洞、溶洞、下降泉等，更多的则是以地表的微地貌形态来表现，可以利用地下水系在地面的这些现象，追踪地下水系。

（2）该井点位于云贵高原地段，地面标高为 683m，与凌云县当地侵蚀基准面（366m）相差 317m，尽管属南方岩溶石山，此处地势高峻，地下水呈隐伏岩溶裂隙的形式赋存，但只要查清地下水的来龙去脉，借助高密度电法物探，仍可具备打井成井条件。

（3）该井点位于凌云旋卷构造东部回旋层附近，主要断裂由总体向南突出的半环状褶皱和扭性、旋扭性断裂群组成，以顺时针方向扭动为主。地貌方面，区域上洼地多为环状展布，其中分布的消水洞、漏斗、天窗等都沿构造线展布，其深部为岩溶管道，而出露地表的水平溶洞，它的形成都沿构造线溶蚀成不同规模的水平溶洞层，利于地下水发育及赋存。

3.2　社会效益

陇朗屯打井项目，成功地解决了陇朗屯当地 1000 多人及 2000 多头牲畜饮水难问题，提高了当地群众的生产、生活质量，对实现当地社会经济的可持续发展做出贡献。

3.3　有关建议

凌云县地下水以碳酸盐岩裂隙溶洞水为主，岩溶发育主要沿裂隙、节理、断层、层面构造及缝合线等边界进行，形成小至溶孔大到规模较大的溶洞、地下管道等不同岩溶形态，但以溶洞、管道及溶蚀裂隙占优势，岩溶往往发育强烈而分布不均匀。因此，含水介质以裂隙及溶洞为主。

陇朗屯属于碳酸盐岩较发育区，地下水多以泉的形式排泄，水文地质调查时应认真分析地下水系在地表的直观表现（溶洞、下降泉等）及岩层裂隙的延伸特点、断裂发育特征等，同时结合物探测量，经确定点，以提高打井的成功率。

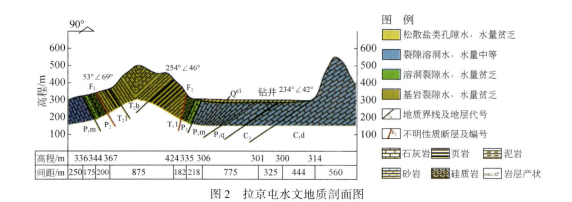

图 2　拉京屯水文地质剖面图

3　找水靶区确定

找水靶区根据地面调查成果分析进行圈定，在地面调查时着重查清旱季地下水水位埋深及地层岩性的变化，尤其观测了碳酸盐岩泥质和碳质夹层情况，调查了断层破碎带的导水性、微地貌、水点、地表岩溶个体形态的分布等，分析了各地质要素的内在联系。南部找水靶区离村屯较近，有地下河主管道经过，岩溶发育，地势相对较低，地表水流至此处附近潜入地下，雨季常被淹没，如在这找水靶区找水打井，雨季不利于管理，使用困难，而且水质很可能不符合饮用水标准，常年抽水引发的环境地质问题对村屯群众的生命和财产安全有一定威胁，基于这一情况否定了南部找水靶区。西部找水靶区地势相对西南部找水靶区高 2～5m，离村屯 300～1000m，地表岩溶个体形态较发育，根据岩溶个体形态发育特点及其所形成的特殊微地貌推断该区发育有地下水强径流带，是良好的找水靶区，于是确定该靶区为本次找水靶区。

4　勘探孔孔位确定

在确定找水靶区后，在垂直地下水水流方向共布置 4 条物探线，其中 3 条近 EW 向，1 条近 SN 向（图 3）。

物探工作方法采用高密度电法及甚低频电磁法。野外物探工作结束后，在室内综合分析收集到的地质资料，了解测区的地层岩性、地下水赋存构造情况，根据实测视电阻率等值线断面图、反演图，圈定物探低阻异常的位置及埋深，进而判断岩溶、构造、断裂等含水构造的位置、走向分布及与地下水关系，确定是否有成井条件，经过筛选，初步选定井位点；在初步选定井位点，进行电测深测量。根据电测深曲线，了解地层的垂向变化，用量板法推断覆盖层厚度、岩溶发育段、含水构造岩溶裂隙的埋深，最终确定钻井位置。

土层视电阻率取 70～80Ω·m，石灰岩视电阻率取 200～800Ω·m，做视电阻率等值线断面和甚低频电磁法剖面图，对视电阻率等值线断面和甚低频电磁法剖面图进行分析，分析结果见表 1。

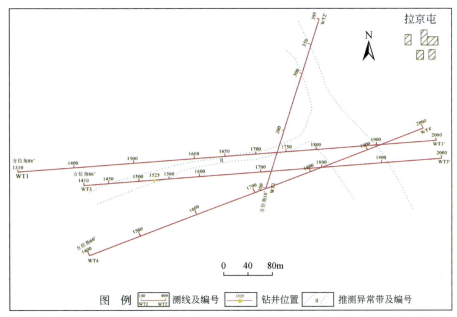

图 3　物探平面布置图

表 1　物探异常解释表

序号	线号	异常解释	物探布孔位置
1	WT1	在物探点 1500～1600m 段，视电阻率等值线呈现低阻，经了解后综合分析，推断为埋设在地下钢筋网干扰所致	—
2	WT2	在物探点号 300～400m 段视电阻率等值线下凹，均匀，且异常不甚明显；甚低频波阻抗呈现低阻异常，推测为浅部岩溶发育引起。其余等值线较平滑	—
3	WT3	在物探点号 1800～1900m 处视电阻率等值线也呈现下降趋势，甚低频电磁法倾角 D 出现零值异常点，推测为沿 SE 向发育的地下岩溶发育带引起； 在物探点号 1450～1550m 段，视电阻率等值线呈现明显下陷落趋势，伴有低阻封闭圈（图 4），甚低频波阻抗呈现低阻异常，推测为沿 SW 向发育的地下岩溶发育带引起	选择 WT3 线明显物探异常点 1525m 为钻探井位
4	WT4	在物探点号 1450～1650m 段，视电阻率等值线呈现低阻，推测为沿 SW 向发育的地下岩溶发育带引起	

根据表 1 中的物探异常段，从异常形态及平面位置上看，推测为两条低阻异常带，分别是 I 异常带：WT3 线物探点号 1800～1900m 段；推测为 SE 向岩溶发育带。II 异常带：WT2 线物探点号 1450～1550m 段；推测为 SW 向岩溶发育带。

综合水文地质调查情况，I 异常带，异常不够明显；II 异常较大相对收窄而集中，位于岩溶强烈发育区，深部异常明显（图 4）。

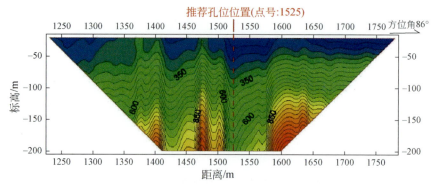

图 4　WT3 线 α2 视电阻率等值线断面图（单位：Ω·m）

在Ⅱ异常带，异常点 1525 位置，视电率等值线出现低阻异常收敛下陷比较明显，推测为地下岩溶管道裂隙强烈发育。根据电测深曲线推测该异常点覆盖层厚度 15m，岩溶裂隙发育深度在 30～50m 和 60～80m。根据物探异常情况，选择明显的异常 1525m 点位置为钻孔位置。

5　勘探孔钻探成果

钻孔揭露 0.00～19.00m 为黏土，19.00～60.00m 为石灰岩，其中孔深 19.40～26.00m 为充填溶沟（槽），充填黄色可塑状黏土；31.00～31.80m、47.90～48.10m 溶蚀裂隙发育，岩体破碎；孔深 42.50～45.40m 为无充填溶洞，42.50～45.40m 为该孔主要出水段。

该孔采用 32t/h 深井潜水泵进行抽水试验，抽水延续时间 26 小时，水位降深 4.70m，稳定动水位 16.30m，涌水量 11.11L/s。扩孔成井后安装 50t/h 深井潜水泵进行抽水，涌水量 55t/h，连续抽水 1 个多月未引发环境地质问题，水质符合国家生活饮用水卫生标准，适合饮用。

6　结　　语

拉京屯水文地质条件复杂，地下水分布不均匀，通过细致的地面调查及综合分析，圈定两个潜在找水靶区，采用高密度电法及甚低频电磁法探测靶区内低阻异常带并确定了孔位，钻孔成功揭露岩溶含水层。该井的成功实施解决了拉京屯 400 多人及 200 多头大牲畜饮水之外，还可灌溉数百亩水稻田，亦为此类型水文地质条件下找水起到了很好的示范作用。

细致有效的地面调查是获取勘查区水文地质条件的最经济及有效工作手段，是正确圈定找水靶区的基石，亦是剔除物探假异常主要依据之一，能有效地降低工作经费，对战胜干旱这场战争具有重大意义。地面调查中应注重各地质现象分布及其变化，如坡度变化、陡坎分布、植被覆盖程度等，分析各地质现象分布规律及内在联系，总能指引我们去发现大自然奥秘。拉京屯正是通过调查地表岩溶个体形态分布及其所形成的特殊微地貌，推断出两处地下水强径流带，确立了找水靶区，以较少的物探及钻探工作量成功实施了一眼勘查示范井。

参 考 文 献

［1］蓝俊康，郭纯青．水文地质勘察．北京：中国水利水电出版社，2008

［2］王宇，张贵，李丽辉等．岩溶找水与开发技术研究．北京：地质出版社，2007

［3］武毅，张治晖，刘伟等．地下水开发利用新技术．北京：中国水利水电出版社，2011

［4］广西水文地质工程地质队．中华人民共和国东兰幅区域水文地质普查报告（比例尺 1：20 万）（内部资料）．1982

［5］王士鹏．高密度电法在水文地质和工程地质应用．水文地质工程地质，2000，（1）：52～53

广西南丹县八圩乡吧哈村找水打井勘查示范工程

蓝海敏

（广西壮族自治区水文地质工程地质队，柳州　545006）

摘要： 南丹县地处广西壮族自治区西北部，云贵高原东南缘，绝大部分都是碳酸盐岩大石山区，地处云贵高原向广西盆地倾斜的斜坡地带上，地质构造与地形复杂，水文地质条件复杂，本次桂西北大石山区抗旱找水打井工作其中一个村屯为南丹县八圩乡吧哈村，该村屯地势高，且位于区域地下水分水岭附近，地下水位变化大，埋藏深，补给面积小，地质构造复杂，因此在此处找水打井难度大[1]。本次主要采用充分收集资料、地面详细调查、物探工作布置、找水靶区选定、分析资料确定孔位等工作进行找水打井，最终成井，积累了更多的经验。

关键词： 大石山区　分水岭 地下水埋藏深　找水靶区　物探　成果经验

1 引 言

2010 年，我区桂西北大石山区遭受了极端的干旱天气，农作物大面积失收，人畜饮水困难，严重威胁山区人民群众的生命及财产安全，自治区人民政府响应国务院的号召，指示自治区国土资源厅在桂西北大石山区全面展开抗旱找水打井工作。广西壮族自治区地质矿产勘查开发局下属各单位技术人员迎难而上，在多个缺水村屯展开抗旱找水打井工作，其中广西南丹县八圩乡吧哈村是典型的缺水村屯，地处高地势大石山区，人口约 1500 人，主要饮用水源为水柜，1 年中有 6 个月缺水，附近数公里内无可利用的水源，因此急需在该村屯开展找水打井工作，开采地下水，解决村民饮用水困难的难题。

2 区域地质条件概述

2.1 地形地貌

吧哈村地处峰丛洼地地貌，四周山峰基座相连，洼地呈 NE-SW 向发育，长条状，洼底地势东北高、西南低，地形地貌受构造控制作用明显；四周山体坡面上部陡峭，植被发育中等。

2.2 地层岩性

吧哈村及其附近出露的地层主要第四系（Q）、下二叠统栖霞组（P_1q）、下二叠统茅口组（P_1m），分述如下：

（1）第四系（Q）。

分布于洼地底部，为坡残积成因，岩性为褐黄色黏土夹碎石，厚度 0.5~1.0m。

（2）栖霞组（P_1q）。

分布于 NE-SW 断层西北面，岩性为灰、灰黑色燧石灰岩，石灰岩。

（3）茅口组（P_1m）。

分布于 NE-SW 断层东南面，岩性分别为灰、深灰色石灰岩、含燧石灰岩为主，夹角砾状石灰岩、白云质灰岩。

2.3 地质构造

据区域水文地质资料[2]，吧哈村附近 NE-SW 向断裂构造发育（图1），构造裂隙和岩溶发育，是地下水赋存和运移的良好空间和通道。

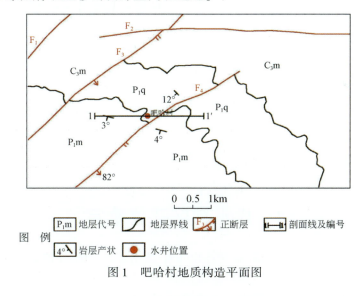

图 1 吧哈村地质构造平面图

3 水文地质条件概述

3.1 地下水类型及富水性

场区地下水类型分为：松散岩类孔隙水、碳酸盐岩类岩溶裂隙溶洞水两种类型（图2）。

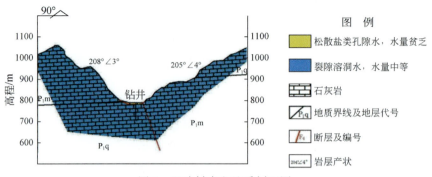

图 2　吧哈村水文地质剖面图

1）松散岩类孔隙水

分布于谷地中，据区域地质资料及本次调查结果，岩性为残积（Q^{el}）褐黄色黏土，层厚 0.50~1.00m，水量贫乏。

2）碳酸盐岩类岩溶裂隙溶洞水

主要赋存于下二叠统茅口组（P_1m）、栖霞组（P_1q）石灰岩溶洞、裂隙中，为覆盖型岩溶水，上覆第四系残积层厚 0.5~1m，据区域水文地质资料，枯季水位埋深大于 50m。测区地段地处地下水补给区，据区域地质资料，枯季径流模数 3~6L/（s·km²），富水性中等。

3.2　地下水补给、径流、排泄特征

吧哈村洼地位于峒利地下河的末端、接近区域地下分水岭，地下水位埋深大于 50m，主要接受大气降水补给，降雨主要以渗入、注入方式补给地下水，主要赋存于溶隙、溶洞中，地下水自 SW 向 NE 径流，最后以地下河出口形式排泄于打狗河。该区为地下河的补给区，地下水埋深较大。

4　找水靶区孔位确定

根据专家意见，在吧哈村西南部筛选出 1 个找水靶区，此处地表岩溶个体形态较发育，根据岩溶个体形态发育特点及其所形成的特殊微地貌推断该区发育有地下河管道，是良好的找水靶区，在确定找水靶区后，在垂直地下水水流方向共布置 3 条物探线，其中两条近 NE-SW 向，1 条近 SN 向。物探工作方法采用高密度电法。野外物探工作结束后，在室内综合分析收集到的地质资料，了解测区的地层岩性、地下水赋存构造情况，根据实测视电阻率等值线断面图、反演图，圈定物探低阻异常的位置及埋深，进而判断岩溶、构造、断裂等含水构造的位置、走向分布及与地下水关系，确定是否有成井条件，经过筛选，初步选定井位点；在初步选定井位点，进行电测深测量。根据电测深曲线，了解地层的垂向变化，用量板法推断覆盖层厚度、岩溶发育段、含水构造岩溶裂隙的埋深，最终确

定钻井位置。

根据测线地下电阻率分布特征（图3），土层视电阻率为70~80Ω·m，石灰岩视电阻率取200~800Ω·m，做视电阻率等值线断面和甚低频电磁法剖面图，对视电阻率等值线断面和甚低频电磁法剖面图进行分析，WT12点号122.5m处为窄带状低阻异常，推断浅部溶槽发育，下部岩溶裂隙发育，物探点号170~180m段为明显低阻异常段，视电阻率等值线下凹，下部等值线稀疏，异常近条带状，延伸深度大，异常左右侧电阻率差异大，推断为异常处于高低阻地层接触带，岩溶裂隙较发育。物探点号202.5m处在相对低阻区窄带状下凹低阻异常，等值线稀疏，有低阻闭合圈，推断为岩溶发育引起。

结合水文地质调查情况综合分析，物探点号202.5m/WT12视电阻率等值线出现低阻异常收敛下陷比较明显。根据电测深曲线推测该异常点地下岩溶发育，溶槽及裂隙发育带，推断此处覆盖层厚度约2m，深约5~25m、35~50m岩溶发育，有赋水条件有。综上所述，经对电测深曲线的解释和比较，选择物探点号202.5m/WT12处为找水打井主孔位。

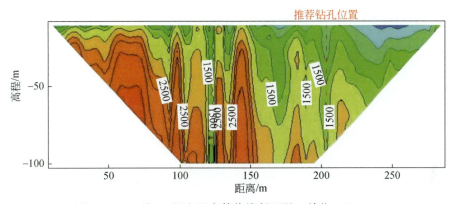

图3　WT12线α2视电阻率等值线断面图（单位：Ω·m）

5　社会效益

钻井施工结束后，于2010年4月20日采用12m³空气压缩机进行抽水试验（图4）。抽水试验下Φ89mm工作管至孔内60m，下Φ25mm风管至孔内55m，下Φ20mm测水管至孔内62m，抽水延续时间16小时，稳定时间13小时，稳定动水位埋深为54.4m，稳定降深为50.0m，涌水量为1.96t/h。水位恢复时间150分钟。渗透系数K为0.014m/d，影响半径R为88m。

该钻井抽水试验结束后，因出水量较小，继续人工开挖一大口井做补充水源，水源于井内4m处石灰岩裂隙中流出。该大口井与机井孔昼夜出水量达96t，基本满足吧哈村1500多人及200多头牲畜饮水，解决了吧哈村缺饮用水困难的问题，取得了较好的成果。

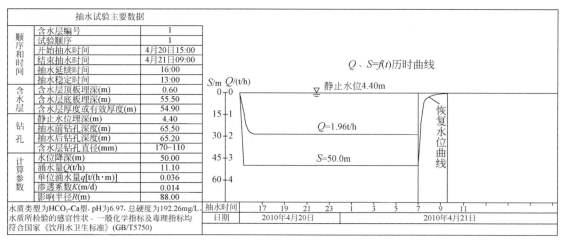

抽水试验主要数据		
顺序和时间	含水层编号	1
	试验顺序	1
	开始抽水时间	4月20日15:00
	结束抽水时间	4月21日09:00
	抽水延续时间	16:00
	抽水稳定时间	13:00
含水层	含水层顶板埋深(m)	0.60
	含水层底板埋深(m)	55.50
	含水层厚度或有效厚度(m)	54.90
钻孔	静止水位埋深(m)	4.40
	抽水前钻孔深度(m)	65.50
	抽水后钻孔深度(m)	65.20
	含水层钻孔直径(mm)	170-110
计算参数	水位降深(m)	50.00
	涌水量Q(t/h)	11.10
	单位涌水量q[t/(h·m)]	0.036
	渗透系数K(m/d)	0.014
	影响半径R(m)	88.00

水质类型为HCO₃-Ca型，pH为6.97，总硬度为192.26mg/L。水质所检验的感官性状、一般化学指标及毒理指标均符合国家《饮用水卫生标准》(GB/T5750)

图4　抽水试验曲线图

6　示范工程总结

6.1　技术总结

（1）通过进行地面调查及物探工作，在该地区无法打出大水量水井，同时揭示了该地区地下水水量一般，地下水位埋深大。

（2）同类地区找水打井工作重点放在调查清楚当地的水文地质条件，尤其是调查清楚碎屑岩与碳酸盐岩接触带及附近的岩性、断裂构造、导水性、旱季地下水埋深等。

（3）在条件允许情况下，找水靶区宜选在村屯土地范围内；找水靶区应具有良好的找水水文地质条件，且要确定地下水水质未受污染。

（4）井位确定中应注意识别物探假异常点；井位处物探异常深度务必大于当地旱季地下水水位；井位确定前应确认此处是否具备施工条件，后续配套工作能否顺利展开，成井后水井能否正常安全使用。

（5）地面调查应注意调查清楚水文地质条件，着重注意旱季地下水水位埋深、地层岩性的变化，尤其注意是碳酸盐岩中是否有泥质和碳质夹层；注意调查清楚断层破碎带的导水性；注意微地貌的变化。

（6）物探工作应在确定的找水靶区内展开，并向地质技术人员了解场地的地层岩性、地下水埋深、地下水流向等情况，垂直地下水水流方向布置两条或两条以上物探线，根据场地条件及地下水埋深情况确定物探线的长度；注意调查访问清楚物探线沿线及附近是否有低阻物品埋于地下。

（7）钻探开工之前应注意向物探技术人员了解井位处的第四系覆盖层厚度和岩溶发育段深度，备足材料。钻探过程中应注意好漏水位置、掉块掉钻位置、涌砂位置、孔内水位变化等，控制好变径位置，以便下护孔管或滤管。

（8）物探成果分析时，要识别并剔除物探假异常；物探假异常的识别要对场区的地质、水文地质条件有较充分的认识，采用两种物探工作方法，布置两条或两条以上平行物探线，对成果进行分析并相互比较，同时参考相邻物探线的异常点的位置及深度，考虑场地的岩性条件、地下水水流方向、断裂构造的走向等综合分析，进而识别物探假异常。

（9）在碳酸盐岩地区找水打井不是一项简单的工作，要深刻认识岩溶发育不均匀这一特征及水文地质条件的复杂性，要严格遵守该地区找水打井技术路线，而且每项工作都必须仔细认真，不能严重依赖某项工作，如依赖物探工作，认为只要做了物探工作，找水打井就能取得成功，这是找水打井的误区，这方面我们有很多经验教训，物探成果显示物探异常很好，结果钻探往往发现岩石为胶结良好的断层角砾岩或是含泥质和碳质。

6.2　有关建议

（1）该地区的应急抗旱找水打井工作及严重缺水村屯找水打井工作应加强后续工作，定期对已成井水质进行监测，加强与当地政府沟通，建议建立供水水源地及进行集中供水规划。

（2）应急抗旱与严重缺水地区找水打井工作应根据水文地质条件进行展开，对具备打井的村屯，也应根据缺水程度及找水水文地质条件好坏分批展开工作，原则是先易后难。目前经济技术水平下不具备找水打井的村屯，应采用多种手段解决群众临时饮水需求，待缺水时段过后，应迅速展开水柜建设工作；随经济技术水平的提高，逐步开展找水打井工作。

（3）遥感技术可以提高我们对勘查区水文地质条件的认识，采用美国 Landsat 卫星高光谱遥感数据影像是个不错的选择，741 波段组合图像地质解译程度高，可以清晰地看到各种构造形迹（褶皱及断裂），不同类型的岩石区边界清晰，岩石地层单元的边界、特殊岩性的展布。

（4）目前找水打井工作中所采用的物探方法主要是高密度电法等几种常见电法，在今后物探工作中可以尝试 V8 多功能电法仪及核磁共振[3]找水，V8 多功能电法仪功能强大，适用性强，数据丰富，能更好地判别物探假异常。

参 考 文 献

[1] 王宇. 岩溶找水与开发技术研究. 北京：地质出版社，2006
[2] 张主信. 广西壮族自治区区域水文地质工程地质志（内部资料）. 广西壮族自治区地质矿产局，1993，156～326
[3] 潘玉岭，张昌达等. 地面核磁共振找水理论和方法. 武汉：中国地质大学出版社，2000，69

玉溪市澄江县右所补益二家村找水打井勘查示范工程

陈 戈 唐志远

（安徽省地勘局第一水文工程地质勘查院，蚌埠 233000）

1 引 言

2010 年 3 月至 6 月中旬，由安徽省国土资源厅统一组织和协调，安徽省地质矿产勘查局、华东冶金地质勘查局、安徽省煤田地质局 3 个局下属的 13 家地质勘查单位参加，先后共派出了 200 余名突击队员，其中专业技术人员 91 人，工人 99 人，调集 17 台（套）找水打井设备，其中潜孔锤钻机 2 台、回旋钻机 14 台、EH-4 物探仪器 1 台。各抗旱打井参与单位历时 70 余天，组织精干力量，自带设备，自带给养，发挥技术优势，克服各种困难，圆满完成了任务，累计施工水井 51 口，总计钻探进尺 5281.7m，累计出水量 9548m³/d，解决了 19.1 万人的饮用水困难。

为了进一步总结本次抗旱找水打井的经验，对云南地区今后的找水工作提供宝贵经验，选取玉溪市澄江县右所补益二家村找水打井实例进行总结。

1.1 缺水状况

玉溪市多年平均水资源总量为 53.62 亿 m³（不含元江和南盘江的过境水量），其中地表水 37.94 亿 m³，地下水 15.68 亿 m³。抚仙湖、星云湖、杞麓湖均在境内，3 个高原湖泊净水量 210 亿 m³。全市人均占有水资源量为 2571m³/a，为全省人均占有水资源量的 51.37%，约为全国平均值的 1.16 倍。人均水资源量以新平县最多，红塔区、江川县、澄江县、通海县、易门县人均水资源占有量都低于全国人均值，更远远低于全省人均值，特别是红塔区、江川县和通海县远低于国际公认的人均用水紧张线 1760m³，属于资源性缺水地区。水资源时空分布不均匀，年内变化大，雨季水量多，旱季水量不足，特别是山区水资源后期开发利用程度低，水利基础设施差，"资源性缺水和结构性缺水并存"，这些因素严重制约了该地区的经济社会发展。

1.2 以往找水打井情况介绍

该地区以往未进行过水文地质钻探，对于此类岩溶地区进行水文地质钻探，找点最大的困难是无法准确定位岩溶发育位置，在施工过程中利用潜孔锤进行钻探的主要难度是压力不足，导致钻探进度缓慢，岩粉难以吹出孔外，易造成埋钻现象。

2　找水打井勘查示范工程

玉溪市澄江县右所镇补益村二家村组钻探孔（ZK31），坐标：102° 57′ 11″，24° 40′ 49″。由安徽省地勘局第一水文地质工程地质勘查院 1 号机负责施工。该工程于 2010 年 5 月 4 日开钻，历时 27 天，至 5 月 30 日结束，实际终孔深度为 200.78m，单井涌水量为 2040m³/d，5 月 30 日通过验收，并进行了现场移交。

2.1　找水打井技术方向

根据区域地质资料，该工作区地层主要为白云岩、白云质灰岩，通过对该地区的水文地质条件的分析，结合现场调查发现，该地区附近石灰岩岩溶发育，多处存在溶蚀现象，因此，确定在该地区找水打井的主要方向是寻找碳酸盐岩岩溶水。

2.2　找水靶区确定

通过对现场调查发现，在工作区石灰岩出露处见到时显岩溶发育现象，推断此处岩溶发育，找水主要方向确定为岩溶水，为了较准确定位该地区的岩溶发育较好地段，结合区域地质资料，选取了两处进行了物探工作，布置两条物探剖面，见图 1。

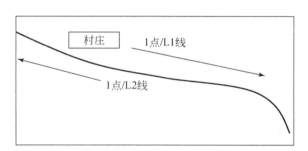

图 1　玉溪澄江县右所补益二家村 EH-4 测线平面位置示意图

2.3　勘探孔孔位确定

通过 L1 和 L2 号线的电阻率剖面图（图 2）可知，L1 号线在 100～140m、200～240m 深度电阻率低，L2 号线在 160～220m 深度电阻率低，结合区域地质资料，这些电阻率低异常处，推测为古河流位置，出水的可能性大，最后根据现场施工的便利情况选择 L2 号线 1～2 号点之间进行钻探，预期出水量不少于 500m³/d。

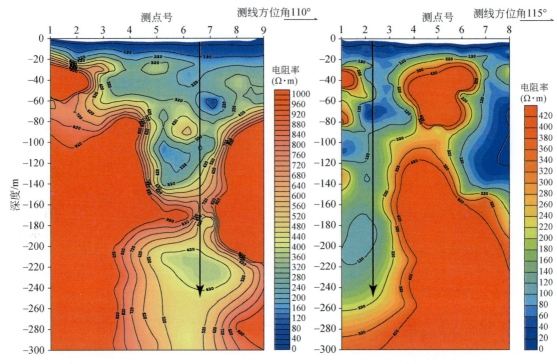

图 2　玉溪澄江县右所补益二家村 L1、L2 号线 EH-4 剖面图

2.4　勘探孔钻探施工

2.4.1　钻探过程及施工工艺

1）施工设备及钻进工艺

该井施工设备为 XY-4-5 型水井钻机，辅以 XRVS-976 空压机。钻进工艺采用牙轮钻头和高压潜孔锤一次钻孔成井方法。

2）井斜

施工过程中每隔 50m，采用多点测斜仪对施工井段进行测斜，最大井斜 0.37°。符合每 100m 井斜不大于 2°的技术要求。

3）止水

8.00～18.00m 水泥永久性止水。方法：提起套管约 1m，采用 425#水泥浆配以一定比例速凝剂，使用高压泵通过钻杆泵入孔底，注入大于井筒 10m 容积的水泥浆，并快速放下，坐实套管。待水泥初凝后再进行下道工序。

0.00～8.00m 采用黏土分层回填、捣实，做永久性止水处理。

4）井管安装

（1）0.00～18.00m：下入 273mm 钢管护壁止水套管；

（2）0.00～80.00m：下入180mm钢管，长度80m（其中31.26～33.61m、42.86～52.56m、61.5～80m为滤水管）；

（3）80.00～140.00m：下入140mm钢管，长度65m，下入深度75～140m（其中116.00～140.00m段为滤水管）；

（4）140.00～170.00m：孔径110mm，裸眼；

（5）170.00～200.78m：下入89mm钢制滤水管，长度30.78m。

2.4.2 钻进过程遇到的问题及解决方法

在钻探过程中，在岩溶、裂隙十分发育地区采用潜孔锤钻进，风压进入裂隙、溶洞，能量迅速扩散与消失，孔内压力不足，岩粉不能正常吹出孔外，经常造成埋钻；而在破碎孔段工作时间稍有增长，便会出现掉块，卡钻等现象。设备特长发挥不出来，施工进度缓慢。为了解决这个问题，我们经过反复调整施工技术参数和处理手段（采用潜孔锤与牙轮钻进交替作业的方式），分段挺进（采用取粉管跟管钻进的方式，钻进一个回次，捞一次岩粉，缓慢跟进；揭穿一个含水层后，立即下一套护孔管）等技术措施，克服了地层破碎等施工难题，成功地成进并取出了地下水。

2.4.3 钻探结果

钻探孔岩心采取情况如下：

（1）0.00～4.37m：为含砾亚黏土，灰黄色，主要成分为白云岩、白云质灰岩碎块，砾径0.1～0.4cm不等。

（2）4.37～28.11m：为白云岩，灰白色，顶部为风化层，被黏性土充填；中部岩粉表面见少量水蚀痕迹；底部钻进过程中有少量地下水喷出。

（3）28.11～59.78m：为白云岩，灰白色。上部较破碎，且被黏性土充填；下部较完整，涌水量未增加。

（4）59.78～67.93m：为白云质灰岩，浅灰色，破碎状，岩粒表面具水蚀、水锈现象，且喷水量增加。

（5）67.93～80.00m：白云岩，灰白色，破碎状，黏性土充填，偶见岩粒表面具水蚀现象，喷水量未增加。

（6）80.00～100.22m：白云质灰岩与白云岩互层，浅灰、灰白色，上部较为破碎，有明显水蚀现象，且喷水量增加；下部坚硬，较为完整。

（7）100.22～184.84m：为白云岩与白云质灰岩互层，上、中部岩粒较坚硬，少量岩粒表面见裂痕及水锈，钻进中喷水量增加不明显；钻进至160～180m左右时，岩粒破碎，裂痕及水蚀现象增加，喷水量增大，揭穿物探预测的主要含水层。

（8）184.84～200.78m：为白云岩，灰白色，较完整，为该井的沉沙井段。

2.4.4 抽水试验及参数计算结果

成井后，采用空压机洗井、试抽水，用三角堰测取读数，单井涌水量≥2040m³/d，正式抽水试验，采用50m³/h深井潜水泵，进行稳定流抽水试验（试验曲线见图3）。具体参数如下：

（1）抽水试验时间：2010年5月30日14时00分至6月1日5时07分，累计延续时间39小时7分钟。其中动水位降深延续时间5小时39分钟，水位稳定延续时间24小时。

（2）水位：静止水位埋深为2.46m；稳定水位埋深为30.19m；水位降深为27.73m；恢复水位为2.46m。

（3）抽水试验流量：1392m³/d。

（4）水样采取和分析测试：通过现场取样送往云南地质工程勘察设计研究院测试研究所，检测水质均满足生活饮用水卫生标准（GB5749-2005），根据地下水质量标准（GB/T14848-93），属Ⅲ类水质。

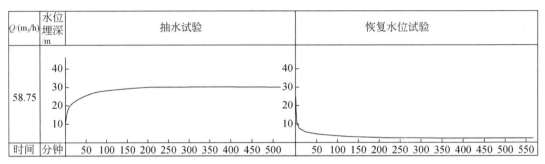

图3　玉溪澄江县右所补益二家村钻孔（zk31）抽水试验曲线图

3　示范工程总结

3.1　技术总结

虽然在技术、设备、材料支撑等方面制订了多套预案。但实际施工过程中，对云南严重破碎的地层及复杂的水文地质条件就深刻地感觉准备不足。施工技术难度和进度都超出了原先的设想。尤其是在构造发育，基岩地层严重破碎的条件下使用潜孔锤钻进，困难就更大。例如，在岩溶、裂隙十分发育地区采用潜孔锤钻进，风压进入裂隙、溶洞，能量迅速扩散与消失，孔内压力不足，岩粉不能正常吹出孔外，经常造成埋钻；而在破碎孔段工作时间稍有增长，便会出现掉块，卡钻等现象。设备特长发挥不出来，施工进度缓慢。虽然经过反复调整施工技术参数和处理手段（采用潜孔锤与牙轮钻进交替作业的方式），分段挺进（采用取粉管跟管钻进的方式，钻进一个回次，捞一次岩粉，缓慢跟进；揭穿一个含水层后，立即下一套护孔管）等技术措施，克服了地层破碎等施工难题，成功地成进并取出了地下水。但施工进度慢，劳动强度大，成本过高等现实情况，说明在地层严重破碎，水文地质条件十分复杂地区采用潜孔锤施工成井，依然有很多技术难题有待我们解决。

3.2　社会效益

该工程于 2010 年 5 月 4 日开钻，历时 27 天，至 5 月 30 日竣工，实际终孔深度为 200.78m。最终出水量达 2040m³/d，检测水质均满足生活饮用水卫生标准（GB5749 - 2005），根据地下水质量标准（GB/T14848-93），属 Ⅲ 类水质，该井解决了当地 40800 口人或 34000 头牲畜的饮用水困难，极大地缓解了当地的旱情，安徽省和当地的媒体也曾多次对该井进行了报道，取得了良好的社会效应。

3.3　有关建议

（1）在今后的钻孔施工过程中，可根据钻探岩心观察有无水迹象，如果有可能遇到含水层，现场简易设备进行试抽水，如果抽水后动水位保持在一定水平，说明孔内有水，然后再进行扩孔，能够减少盲目扩孔导致成本的升高。

（2）水井须派专人看管，并严格按照"水泵使用说明书"操作执行。

（3）完善防护措施，建议水井半径 500m 以内，杜绝工、农业及人类生活污染源。

广西隆林县克长乡后寨村龙那屯找水打井勘查示范工程

杨灿宁

［广西壮族自治区海洋地质调查院（原广西北海水文工程矿产地质
勘察研究院），北海　536008］

1　引　　言

1.1　任务来源

为了全面贯彻落实胡锦涛总书记、温家宝总理关于抗旱救灾工作的重要指示精神和党中央、国务院的决策部署，标本兼治抓好我区的抗旱救灾工作，加快大石山区水源工程建设，保障人民群众基本生活生产用水，根据中共广西壮族自治区委员会、广西壮族自治区人民政府关于"开展大石山区人畜饮水工程建设大会战的决定"（桂发［2010］11号）（简称"决定"）要求，并于2010年4月15日在广西6市30个县（区）同时启动了大石山区人畜饮水工程建设大会战。"决定"提出，要加强水源工程建设，发动专业找水队伍，在大石山区开展大规模的水文地质勘探，积极寻找新水源。

项目组织单位为广西壮族自治区国土资源厅，承担单位为广西地质矿产勘查开发局，广西隆林县找水打井工程由广西北海水文工程矿产地质勘察研究院实施，隆林县克长乡后寨村龙那屯的找水打井工作于2011年6月2日完成。

1.2　自然地理与缺水状况

1.2.1　自然地理

广西隆林县克长乡后寨村龙那屯位于隆林县克长乡北面，地理坐标：北纬24°38′03″，东经105°23′05″。距克长乡约15km，进村有屯级公路（图1），人口836人，苗族占大多数，以务农为主，主要种植玉米、黄豆、荞麦。

1.2.2　缺水状况

通过实地调查，后寨村龙那屯村民饮用水大部分为地头水柜收集到的雨水。长期饮用

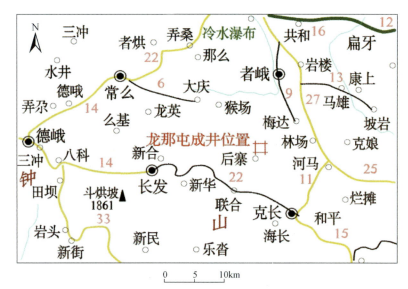

图 1 广西隆林县克长乡后寨村龙那屯交通位置图

集中储存的雨水，水质差，且水量有限。在干旱缺水时期雨水少，只能利用车或马到 5km 以外取水，小部分没有运水能力的村民只能靠政府送水解决，人畜饮水十分困难，缺水人数达 836 人。属于水源性、季节性缺水区。

1.3 地质构造与水文地质条件

1.3.1 地质构造

区域地质构造：德峨背斜分布于德峨-隆或一带，县内长约 52km，轴向 285°，背斜核部出露上寒武统，两翼依次为泥盆系、石炭系及二叠系。地层倾角由核部到翼部自 20°渐变到 60°，西端枢纽以 30°倾角向西倾没，背斜西端有辉绿岩体出露。次级褶皱发育，背斜上断裂构造发育，走向的张性和压性断层发育，见图 2。

工作区位于克长背斜轴部，地貌组合形态为峰丛洼地。克长乡后寨村龙那屯的西北及东南面各发育有一组 NE 向的断层，沿 NE50°方向延伸，倾向 NW，倾角 70°。NE 及 SW 面也各发育有一组 NW 向的断层，沿 NW45°方向延伸，倾向 NW，倾角 60°。岩体裂隙发育有 3 组：①倾向 295°，倾角 81°；②倾向 346°，倾角 64°；③倾向 176°，倾角 70°。

1.3.2 水文地质条件

广西隆林县克长乡后寨村龙那屯周围的地貌为峰丛洼地。地层岩性为：洼地上覆为第四系（Q_4）灰黄色亚黏土，局部基岩出露，下伏基岩为上石炭统（C_3）中厚层状石灰岩夹白云岩。地下水类型为碳酸盐岩类裂隙溶洞水，含水介质为碳酸盐岩岩组地层，岩溶发育中等-强。地下水量丰富，属强富水岩组。卡达地下河南支流从龙那屯东面洼地中经过，

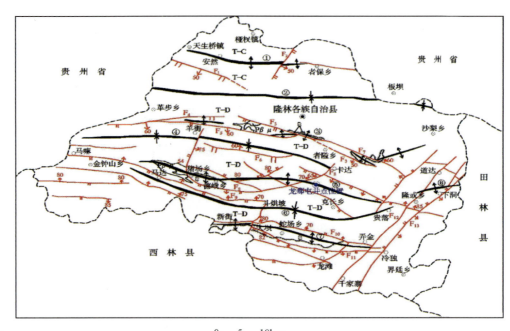

图2　广西隆林县构造纲要图

1. 背斜轴；2. 向斜轴；3. 正断层；4. 逆断层；5. 性质不明断层；6. 推测断层；7. 褶皱编号；8. 断层编号；9. 三叠系—石炭系；10. 三叠系—泥盆系；11. 寒武系；12. 印支-燕山期侵入岩；13. 角度不整合线；14. 省界及县界

由南向北方向径流，在卡达排泄。卡达地下河的展布受 NE 和 NW 两组扭性断裂控制，SN 向张性断裂为强导水裂隙。地下河排泄方向以 NE 向为主。其富水部位为扭性断裂带或其旁侧派生裂隙密集带、张性断裂带及断裂交汇地段。岩溶作用沿着背斜的翼部、倾伏端及 NE 向断层带进行，其背斜翼部和倾伏端是地下水循环交替的强烈地带。背斜内的岩溶水，其主要补给来源是大气降水。地下水由背斜中补给区的分水岭向背斜翼部和倾伏端的排泄区方向径流。主要以地下河的形式排泄于地表。根据区域水文地质资料及调查结果，地下水位埋深小于 100m，年变幅 20m 左右，见图 3。

1.4　以往找水打井情况

该地区以往找水打井成功经验：在广西隆林县 EW 向构造带内，岩溶作用沿着背斜的翼部、倾伏端及 NE 向断层带进行，其背斜翼部和倾伏端是地下水循环交替的强烈地带。在这些岩溶作用强烈的地带，往往形成溶隙、溶洞、地下岩溶管道，岩溶水赋存其间。因此在靶区范围内寻找岩溶管道及张性断裂带进行布孔，对确定打井方向，提高找水打井的成功率具有十分重要的意义。

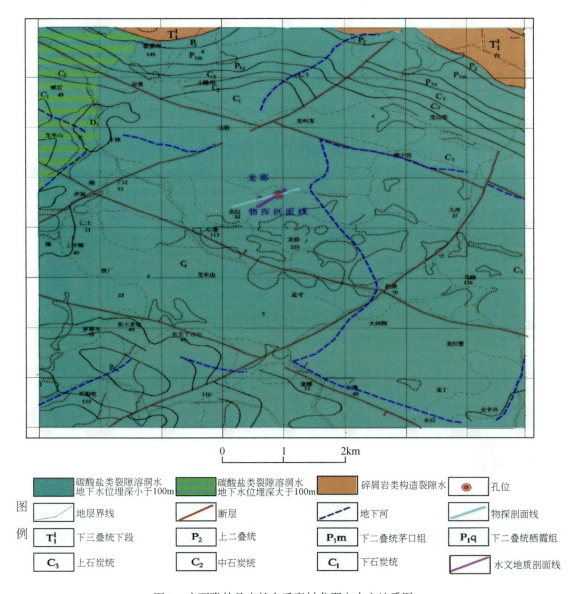

图3 广西隆林县克长乡后寨村龙那屯水文地质图

以往找水打井失败的原因：该区属于岩溶地区，喀斯特地貌非常发育，在喀斯特地区找水打井是一项非常复杂的工作。由于岩溶发育的极不均一，导致岩溶地下水的分布极不均一，且岩溶地下水呈管道状径流排泄。因此井位往往相差几米就打不出水的可能性极大。

施工难点：工作区岩性变化较大，部分硅化严重，钻进困难。地质条件十分复杂，溶洞、溶裂和破碎带十分发育，施工难度大。在施工中，会出现掉块、卡钻、埋钻等现象，无法正常钻进，冲洗液消耗严重，钻渣返不上来，而且部分岩溶、裂隙发育极不均匀，后期砂砾、泥质充填较多，砂砾、泥质难以打捞干净，成井困难，需要较长时间进行处理，对施工效率造成较大影响。

2　找水打井勘查示范工程

2.1　找水打井技术方向

在搜集分析"1 : 20 万区域水文地质普查报告（西林幅）"及"1 : 10 广西隆林县水文地质勘查报告"等资料的基础上，以克长乡后寨村龙那屯为中心，半径约 2.0km 范围内进行以供水为目的的水文地质调查。重点查明控水构造或富水地段，圈定控水构造或富水地段。在克长乡联合村关拱屯范围内，圈定蓄水构造或富水地段并确定物探工作范围及有利于勘探的地段。根据水文地质调查、水文地质资料分析与物探定位相结合的原则，利用高密度电法等物探方法、结合工作区水文地质资料分析研究，并确定钻探井位。

根据现场调查及资料分析，该地区地形地貌为峰丛洼地，地质构造为克长背斜。其背斜翼部和倾伏端是地下水循环交替的强烈地带，岩溶发育，有利于岩溶地下水的汇流富集。地下河管道主要受 NE 和 NW 两组扭性断裂控制，SN 向张性断裂为强导水裂隙。工作区的地下水类型为碳酸盐岩类裂隙溶洞水，属于岩溶水水量丰富块段。岩溶水为大气降水补给，形成潜水，赋存于溶隙、溶洞之中，地下水埋深小于 100m。因此，在该地区找水打井的主攻方向是在富水地段寻找溶隙、溶洞、地下岩溶管道。

2.2　找水靶区确定

工作区地形地貌为峰丛洼地，洼地长约 300m，宽约 200m。峰顶高程 1368m 左右，峰丛上部呈锥状；洼地高程 1050m，与峰顶高差近 320m。洼地发育较平坦、开阔，由 WS 向 EN 方向倾斜。出露的地层岩性为下石炭统厚层状石灰岩、白云质灰岩夹白云岩。构造上位于克长背斜轴部，在构造发育地带，岩层破碎，岩溶强烈发育地段往往成为地下水富集地。在其峰丛洼地东面有卡达地下河北支流分布，地下河从龙那约 500m 外的洼地边缘由南流向北。地下河管道主要受 NE 和 NW 两组扭性断裂控制，SN 向张性断裂为强导水裂隙。工作区的地下水类型为碳酸盐岩类裂隙溶洞水，属于岩溶水水量丰富块段。在克长乡后寨村龙那屯洼地范围内，分布有垂向发育的溶隙、溶洞，岩溶水为大气降水补给，形成潜水，赋存于溶隙、溶洞之中，地下水位埋深小于 100m。洼地边缘东南面山脚下有消水洞。在冬季冰冷季节，消水洞内有白色水汽冒出。属于岩溶强烈发育地段及富水地段。综合上述条件，确定后寨村龙那屯洼地为找水靶区，见图 4。

图 4　广西隆林县克长乡后寨村龙那屯找水靶区分布图

2.3　勘探孔孔位确定

通过水文地质实地调查，结合洼地边缘东南面山脚下有消水洞。洞呈漏斗状，上宽下窄，深约 12.0m，走向 ES，洞口东南面的岩体上发育有多组走向 NW 的垂直张性裂隙。由此判断洞口东南面方向属于岩溶强烈发育地段及富水地段。勘探方法采用高密度电法的施伦贝尔剖面法。高密度极距为 10m，60 个电极，施伦贝尔装置扫描 20 层。物探测线布置于洼地东南面边缘。垂直于 NW 向裂隙、构造走向及地下水径流方向的物探测线布设见图 5。

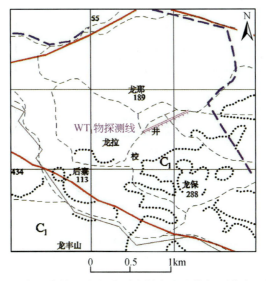

图 5　广西隆林县克长乡后寨村龙那屯物探测线布置图

物探勘查的结果：WT1 测线施伦贝尔剖面上，在 270～300m 段存在低阻"V"型异常，视电阻率在 100～400Ω·m，相对两边视电阻率较低，异常呈条带状向下延伸，两边视电阻率等值线差异大，底部等值线较稀疏，推断是破碎、溶隙含水带引起。在 350～390m 段存在低阻"U"型异常，视电阻率在 100～500Ω·m，相对两边视电阻率较低，异常呈宽带状向下延伸，推断可能是破碎、溶隙带引起，但可能充填泥，见图 6。

根据图 6 物探异常段分析，在点号 287m/WT1 处的低阻异常明显，结合地质情况综合分析，物探建议孔位在点号 287m 处。

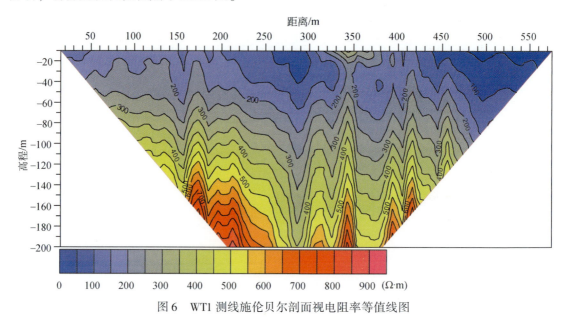

图 6　WT1 测线施伦贝尔剖面视电阻率等值线图

2.4　勘探孔钻探施工

2.4.1　钻探过程及施工工艺

1）施工过程

根据工作区水文地质条件、钻孔类型、钻孔结构、钻探方法等因素，结合现有设备状况，进行选择和配套。选用 150 型液压回转钻机可以满足施工要求。2011 年 5 月 19 日进场施工，2011 年 6 月 2 日完工，历时 13 天。

2）施工工艺

钻探方法：松散层采用 Φ170mm 口径合金回转钻进至一定深度，采用清水循环翼片钻头全面钻进，并进入完整基岩 0.5m 以上；下入井管后四周用黏土充填密实。

采用 Φ130mm 金刚石钻头清水钻进至 89.0m，Φ110mm 金刚石钻头清水钻进至 110.0m 终孔。

（1）井身结构：0～2.30m 为 Φ170mm；2.30～89.00m 为 Φ130mm；89.00～110.00m

为 Φ110mm。

（2）井管安装：0～3.30m 下 Φ168mm 无缝钢管。高出地面 0.20m。进入完整基岩 1.0m；总长 3.50m。Φ146mm 滤管 6.50m，即从 29.3～35.80m。

3）洗井

采用 4SJ10-17 型深井潜水泵进行抽水洗井，静水位埋深 21.00m，泵头位置 51.5m。2011 年 5 月 30 日 14:00 时开始抽水洗井，刚开始抽水时，水呈浑浊，有少量岩屑及岩粉，抽两个小时后，岩屑及岩粉逐渐少至没有，水色变青。且出水量相对稳定。洗井结束后，起泵并下钻具捞取井内沉淀物。

2.4.2　钻进过程遇到的问题及解决方法

由于工作区地质构造、裂隙、岩溶十分发育，同时地层岩性也严重破碎，施工难度大，在施工中，出现掉块现象，无法正常钻进，冲洗液消耗严重，钻渣返不上来，为了保证工程质量，钻进中采用取岩粉管跟管钻进的方式，钻进一个回次，捞一次岩粉，缓慢跟进。

在钻进过程中，31.40～35.10m 共 3.70m，掉钻，为空溶洞，在溶洞部位下 Φ146mm 滤管处理。Φ146mm 滤管总长 6.50m，即 29.3～35.80m。

2.4.3　钻探结果

0～2.30m 为亚黏土，灰黄色，松散，稍湿，以耕植土为主，含少量粉细砂，见夹植物根系，透水性一般。

2.30～110.00m 为浅灰色、灰白色石灰岩、白云质灰岩夹白云岩，见含硅质薄层状石灰岩，质较纯性脆；在孔深 17.40m 处开始全孔漏水；在 18.0～40.80m、64.20～69.80m、75.90～84.60m、99.10～101.90m 处裂隙较发育，岩心较破碎且见有溶蚀现象；在 31.40～35.10m 处掉钻，为空溶洞，无泥质充填。

2.4.4　抽水试验及参数计算结果

1）抽水试验

抽水试验方法：采用 100QJ20-78 型深井潜水泵进行一次降深稳定流抽水试验，抽水试验结果：静水位埋深 21.00m；动水位埋深 28.50m；降深 7.50m；涌水量 20.0m³/h；持续时间 26.5 小时（表 1）。抽水试验结束后按照观测数据绘制井孔抽水试验 $Q=F(t)$、$S=F(t)$ 历时变化曲线。抽水试验水位用电测水位计测量，水量用水表测量。

表 1　抽水试验成果表

抽水试验时间（t）			静止水位	动水位	降深	涌水量	单位涌水量	抽水设备
开始	结束	延续						
月、日 时:分	月、日 时:分	时:分	m	m	m	L/s	L/(s·m)	100QJ20-78 型 深井潜水泵
6月1日 9:00	6月2日 11:30	26:30	21.0	28.5	7.5	5.56	0.76	

2）水质分析

根据隆林县疾病预防控制中心取水样检验，该水样检验项目结果符合 GB5749-2006《生活饮用水卫生标准》的规定。水质分析结果如下：色度为 5，浊度为 0.92，溶解性固体为 267mg/L，pH 为 7.49，总硬度为 231mg/L，耗氧量为 0.76mg/L，mn<0.05mg/L，Se<0.01mg/L，NH4$^+$<0.02mg/L。

3 示范工程总结

3.1 技术总结

（1）工作区地形地貌为峰丛洼地。井点所处构造部位为克长背斜轴部，在构造发育地带，特别是张性裂隙密集发育地带，往往成为地下水富集部位。受 NE、NW 两组断裂影响，在这些岩溶作用强烈的地带，往往形成溶隙、溶洞，岩溶水赋存其间。该井位主要位于管道外的影响带上，因此，在工作区找水打井的主攻方向是在富水地段寻找张性裂隙密集发育地带、溶洞。

（2）该井点的地层岩性为上石炭统（C_3）质纯、层厚的石灰岩、白云质灰岩地层，其特征是，溶洞多，规模大，发育深远，富含岩溶水，地下水丰富。由于受到历次构造运动的影响，岩体破碎，岩溶发育强烈。特别在 31.40～35.10m 处掉钻，为空溶洞，属岩溶发育最为强烈及富水段。该井枯水期水位埋深 21.0m，出水量达到 480m³/d。

（3）该井点位于背斜轴部。由于背斜轴部裂隙具有上张下压的性质，所以顶部张裂隙发育，岩石破碎，利于地表水的渗入和地下活动。因此，背斜地区浅部富水深部富水性较差。总之，背斜弯曲最大的轴部比弯曲小的翼部岩石破碎，在补给条件具备时，轴部相对比较富水。

（4）确定井位前，查清地形地貌条件，重点是研究地表汇水条件。分析地下水的补给来源、地下水可能流向、地下水蓄水构造及富水部位。然后垂直于 NW 向构造的走向、地下水径流方向布设物探线，再根据异常点确定井位。才能在寻找地下水工作中提高找水打井的成功率。

（5）物探勘查的结果：WT1 测线施伦贝尔剖面上，物探点号在 270～300m 段存在低阻"V"型异常，异常呈条带状向下延伸，两边视电阻率等值线差异大，底部等值线较稀疏，推断是岩溶发育引起。经钻探验证，钻孔在 18.0～40.80m、64.20～69.80m、75.90～84.60m、99.10～101.90m 处裂隙较发育，岩心破碎且有溶蚀现象。钻孔结果基本验证物探勘查的结果。

（6）在施工过程中，裂隙发育段，岩心破碎，岩粉较多，钻进困难。钻进中采用取岩粉管跟管钻进的方式，钻进一个回次，捞一次岩粉，缓慢跟进。保证成井质量。在钻进过程中，31.40～35.10m 共 3.70m，掉钻，为空溶洞，属岩溶发育强烈及富水段。在溶洞部位下 Φ146mm 滤管处理。

3.2 有关建议

（1）工作区基础地质资料欠缺，岩溶水文地质条件非常复杂多样，地下水资源分布极不均匀，过去调查勘探投入不足，地下水开发利用程度低，地下水开发利用缺乏统一规划。工作区域可利用的基础资料以 1∶20 万水文地质普查资料为主，使调查工作较为被动。建议立项开展岩溶石山地区基础地质调查。建议以县为单元开展 1∶5 万水工环地质调查，提高其基础地质工作精度，为长效解决这些地区人畜饮水困难奠定基础。

（2）工作区是广西缺水比较严重的地区，缺水的重要原因，一是当地地表水系不发育，在枯水季，很多村屯附近数千米之内无地表水可供利用；二是无地下水露头点，一些村屯附近虽有地下水露头点，但由于地下水位埋深较大，取水也十分困难。因此，要从实际出发，采取钻井、挖大井、提溶洞水、引泉、地表水利用等多种方法手段，因地制宜地解决缺水村屯人畜饮水问题。

广西隆安县红阳村找水打井勘查示范工程

李　伟　朱庆俊　李凤哲

（中国地质调查局水文地质环境地质调查中心，保定　071051）

摘要： 以广西隆安县红阳村找水打井典型实例，总结找水技术方法，勘查工作流程，提出找水方向以寻找富水的断裂构造，地下水找水勘查技术方法选择以电磁法为主，结合钻探工艺，提高了找水打井命中率，解决了人畜饮用水困难问题。

关键词： 找水方向　岩溶水　储水模式

1　引　　言

1.1　任务来源

本工程属于"西南严重缺水地区地下水勘查"项目（水文地质环境地质调查中心），2010 年于广西隆安县红阳村实施的地下水勘查示范工程。目的是通过水文地质调查和物探工作，查清红阳村地质、水文地质条件，确定勘查井位，解决该村村民的人畜饮水困难，总结南方岩溶地下水勘查技术方法。

1.2　自然地理及缺水状况

隆安县属南亚热带湿润季风气候，年降水量达 1200mm。降水季节性较强，6、7、8 三个月降水量为 632mm，占全年降水量的 49%；春季（3、4、5 三个月）降水量为 290 ~ 340mm，占全年降水量的 18% ~ 20%；秋季（9、10、11 三个月）降水量为 200 ~ 290mm，占全年降水量的 16% ~ 18%；冬季降水量最少，仅 70 ~ 110mm，占全年降水量的 6% ~ 8%。

红阳村位于丁当镇的西北部，为峰林谷地。板九屯为其自然屯，其附近还有更湾屯、谷平屯两个自然屯。拟定钻孔计划为 3 个屯联合供水，三屯村民 1082 人。3 个屯现有饮水水源为村西山脚处泉水，由于水量不足，于泉水附近打一深 60m 水井，但旱季时掉泵，需到外屯拉水解困。

1.3　地质构造与水文地质条件

在区域上，工作区位于新南背斜的东翼，主要发育 NE 向和 NW 向两组断裂，以 NE 向断裂占优，控制着各谷地沿 NE 向发育，近平行排列。背斜的核部一带，成为当地地表、地下水分水岭，地下水接受大气降水补给，循 NE 向收敛运动，形成地下河，排泄于东部的武鸣河，武鸣河河床即为本区最低排泄基准面。

红阳村位于一 NE 向近方形的开阔谷地，谷底第四系黏土覆盖，其标高 148～155m，四周高、中部低。山脊及沟谷总体呈 NE 向，多垭口，山坡陡峭，多形成陡崖。出露基岩为石炭系–泥盆系厚层灰岩，其产状 320°∠20°。谷地内地表水由四周流向中央，于板九屯一带汇集，通过排水沟，顺 NE 向沟谷向下流径流。地下水总体径流方向由 SW 向 NE，水位埋深约 50m，地下水动态受大气降水控制，基本不受人工开采影响。

村庄西部山地与谷地交界处形成陡崖，其下季节性泉水（S_1）出露，并有落水洞发育，判断存在 NNE 向断裂构造（F_1）；南部山脊发育一垭口，中间深凹、两侧陡立，走向 NEE，判断存在断层 F_0；北部山坡发育 NW 向凹地，在其方向上谷地内存在落水洞，暴雨时亦有水从中冒出，认为其为沿断裂构造（F_2）发育的溶洞，见图 1。

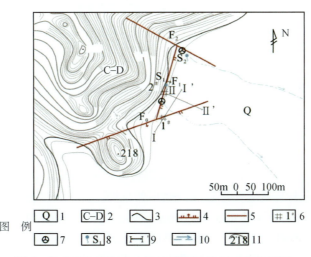

图 1　隆安县红阳村水文地质简图及物探工作布置图

1. 第四系；2. 石炭系—泥盆系；3. 地质界线；4. 正断层；5. 推测断层；6. 井位及编号；
7. 落水洞；8. 季节性泉及编号；9. EH-4 测线；10. 地表水流向；11. 等高线及高程点

1.4　以往找水打井情况介绍

曾于谷地西部边缘泉水旁打一深 60m 水井，水量小，旱季时几近干涸，未能有效地解决人畜饮水问题，需到外屯拉水解困。

2　找水打井勘查示范工程

2.1　技术路线及找水方向

本区为岩溶地下水系统补给区，地下水动态变化大，泉水流量不稳定保障程度低，因此，人畜饮水解困方向应以钻孔方式开采岩溶水，钻孔深度应保证在旱季时开采不掉泵。岩溶发育受构造控制，找水方向以寻找富水的断裂构造目的。采用的技术路线：现场地质测绘判定找水靶区，物探勘查查明构造的空间发育特征，综合分析判断其富水性，最终确定孔位。

2.2　找水靶区的确定

从地形与泉点及落水洞的相互关系判断，在西部山地与谷地交界处存在 NNE 向断裂构造（F_1），南部山脊发育走向 NEE 的断层 F_0，沿北部山坡发育 NW 断层 F_2。由于北部施工进场困难，工作重点确定为查明 F_0、F_1 断层的空间发育特征，判断其富水性。

2.3　钻孔孔位的确定

在选定的找水靶区开展物探勘查工作，布置两条 EH-4 测线（图1）。

EH-4 测量结果见图2。I 线断面图于剖面 40m 处存在明显垂向低阻异常，异常带视电阻率值与完整围岩的视电阻率比值小于 1/3；测线西侧的山脊垭口发育 NE 向断层，推断该低阻异常为此断层反映（F_0 断层倾向剖面起始端，倾角陡），宽约 30m，发育深度大于 200m。I 线尾端（120~150m）亦出现低阻特征，异常深度小于 60m，由于未能完整反映，不能确定其是落水洞或是发育较浅的断层的反映。

II 线与 I 线交于 123m（I 线）处，断面图显示：在剖面起始端（0~10m）和 60~80m 处存在两处垂向低阻带，推测前者为沿山前发育的 NNE 向断层（F_1），受工作条件限制，断面图未能完整反映其形态；后者为另一条断层，从平面位置及低阻异常特征判断，此断层与 I 线所显示的断层为同一断层，即 F_1 断层发育深度 120m 左右，倾向剖面尾端，倾角较陡，其中深度 80m 以上岩石破碎，有低阻圈闭特征，具有富水可能性。F_0 断层中心位于剖面 70m 处，发育深度可达 160m，断层近乎直立，倾向剖面尾端。

I 线断面图低阻异常明显，断层明确，与本区主要发育的 NE 向断裂的方向相吻合，井位（1#）定于剖面 38m 处，以断层带富水段为取水目的层，设计井深 140m。

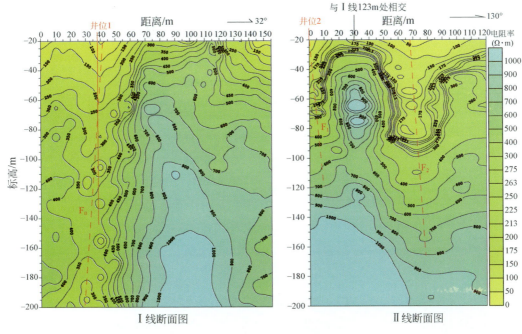

图2　红阳EH-4测量成果图

2.4　钻探施工

2.4.1　钻探工艺及过程

钻探工艺采用空气潜孔锤钻进。

钻进至88m，其间除在50~80m间揭穿3层1.0~2.0m厚的石灰岩外，其余各段均为黏土或含碎石黏土，无水，由于潜孔锤钻进施工困难，停钻。

综合分析钻孔资料、物探成果及已有的水文地质调查结果：低阻异常确为断层带反映，且沿断层带岩溶发育，井位处为垂向发育的溶井，其深度大于88m，被地表水携带的近地表物质所充填；由于垂向上没有完整石灰岩相隔，视电阻率断面图上完全显示为断层带的低阻特征；埋深100~140m，视电阻率出现低阻圈闭，表明断层带充填物发生变化，判断其为断层带破碎程度不同或溶洞发育，仍有富水的可能性。

对比分析断层的低阻异常带的电性特征，可看出，F_1断层带的视电阻率明显高于F_0断层带。据调查，该区表层岩溶发育，S_1泉水即使在洪水期也为清水。故此，判断F_1较F_0断层带的泥质充填少、富水性好，利于成井，2#井位移至视电阻率值相对较高的F_1断层位置。受施工条件限制，井位定于剖面起始端处，设计井深120m。

2.4.2　钻探结果

2#孔成井深度110m，全孔整体上较为破碎，证明钻孔位于断裂带上。沿断裂带发育 0～110m 深度内发育四层溶洞，见表 1、图 3。孔内地下水位埋深 46.0m，而第三层溶洞埋深 51.0～54.0m，且为半充填状态，但无水，说明此层及其以浅岩溶溶洞由于被黏土充填而不富水。

表 1　钻孔揭露溶洞状况一览表

编号	深度/m	充填状况	充填物	富水性
1	20.5～22.0	半充填	黄色黏土	无水
2	34.5～36.0	充填	黄色黏土及碎石	无水
3	51.0～52.3	半充填	红色黏土	无水
4	74.3～77.0	半充填	碎石夹黄色黏土	富水

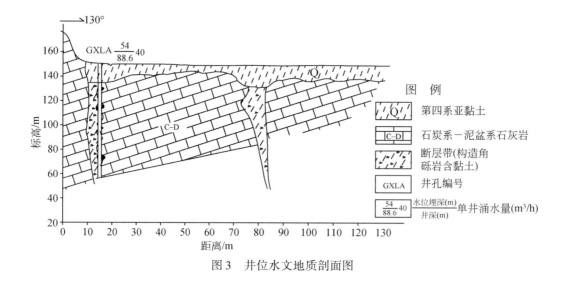

图 3　井位水文地质剖面图

2.4.3　抽水试验及水质分析

终孔后，开展了抽水试验及采样分析等工作。

孔中地下水位埋深为 37m，抽水流量为 1000m³/d，抽水延续时间 8 小时，由于探头无法下至水位以下，未能测得动水位。抽水过程中电流、电压及水量稳定。

停泵前 1 小时采取水样，分析结果表明，水化学类型为 HCO_3-Ca 型，水质良好。

3　示范工程总结

3.1　体会与认识

（1）工作区地下水储水模式类型为碳酸盐岩构造裂隙-溶洞型。受构造作用控制，平面上分布具有不均匀性，主要呈条带状分布；垂向上，地表以下 60m 深度范围内，岩溶发育，但溶洞多被黏土（或夹碎石）、砂砾石等充填或半充填，富水性较差。

（2）地下水找水勘查技术方法选择以电磁法为主，实践证明，音频大地电磁测深法（EH4）用于岩溶区找水是可行的。物探资料的解释应以水文地质条件为基础，分析物探断面的电性特征，判断断裂构造的发育特征和岩溶发育程度及充填物性质等。

（3）井位的确定宜依据物探测量结果，并考虑本区的地下水位埋深、断裂构造性质、岩溶发育程度、溶洞的充填情况等因素综合确定。一般来说，若构造规模较大、溶洞被黏土充填程度高，孔位不宜正位于断裂构造带，即视电阻率最低值处，而应位于断裂构造的影响带，或于一定深度进入断裂带内。

3.2　有关建议

继续深入开展南方岩溶地下水的物探找水实践，采用多种技术手段进行对比分析，同时，要高度重视浅层岩溶泥质充填问题，在钻探方法上探索切实可行的钻探工艺。

3.3　社会效益

该井的成功实施，可解决红阳村板久屯、更湾屯和谷平屯近 1100 余人生活用水难题，同时，对南方岩溶地下水赋存规律有了一些新认识，也为岩溶地下水勘查工作起到了一定的示范作用。

广西平果县新安镇龙黄村新民屯找水打井勘查示范工程

韦建发　邓　晶　农建新　吴文秀

（广西壮族自治区第四地质队，南宁　530033）

摘要：以新安镇龙黄村新民屯找水打井典型实例，总结找水技术方法，勘查工作流程，提出桂西北岩溶区断裂–阻水复合蓄水构造找水要点：张性断裂断层带及影响带岩石破碎，胶结不好，岩溶发育，有利于地下水汇集；阻水地层起相对隔水阻水作用，将地下水阻挡使其富集于断裂带及影响带中，使断裂带及影响带形成岩溶强富水地段，圈定其为找水靶区，并物探定井位，结合钻探工艺，提高了找水打井命中率，解决了龙黄村新民、得顶、凹纳片区人畜饮用水困难问题。

关键词：人畜饮用水　找水靶区　断裂–阻水复合蓄水构造

1　引　　言

平果县新安镇龙黄村新民、得顶、凹纳片区位于桂西北偏远大石山区，人口约 800 人，群众世代靠地头水柜集雨水解决人畜饮水，完全"靠天喝水"，每年 12 月至次年 4 月，村民靠买水或政府送水解决人畜饮水困难，加上水源地细菌严重超标，水质差，导致少数村民患有大脖子病，影响群众身体健康，使得各级政府压力极大，因此该片区成为我队开展大石山区人畜饮水工程建设大会战找水打井重点地区。

2　地质构造与水文地质条件

2.1　气象

新安镇为亚热带季风气候区，平均气温为 21.2 ~ 22.6℃，多年平均降水量为 1352.7mm，平均蒸发量为 1572.5mm。由于时空上的分配不均匀，常有春雨不足，夏雨暴涝，秋雨剧减，冬雨稀少的特点。

2.2　地形地貌

测区整体地势自 WN 向 SE 倾斜，属峰丛洼地，基座相连，峰顶标高为 170 ~ 500m。

洼地呈条形状、似椭圆状，洼地标高为130~360m，起伏变化大，基岩裸露，洼地中落水洞、溶洞、天窗、干漏斗等个体岩溶形态发育，植被以灌木杂草为主，其覆盖率约60%。

2.3　地层岩性

测区出露地层有第四系（Q）的亚黏土，下三叠统（T_1）的泥质条带灰岩、石灰岩、白云岩，上二叠统（P_2）的石灰岩、铝土岩、煤、铁矿层、铁铝岩，下二叠统茅口组（P_1m）的石灰岩、白云质灰岩，下二叠统栖霞组（P_1q）的石灰岩、泥质灰岩，上石炭统（C_3）的石灰岩、白云岩。

2.4　地质构造

测区有两条正断层 F_2、F_3，走向约150°，倾向SW，倾角为50°~70°，断距为80~100m，均属张性断裂。断层角砾主要以石灰岩为主，角砾形状不规则，大小不一，钙质、铁质等矿物胶结，方解石脉发育。性质不明断层 F_1，出露在龙康东南面，长度大于2.0km，宽度不详，三条断层联合控制着该区域地下水的富水规律。

2.5　水文地质特征

（1）地下水类型及其富水性：①松散岩类孔隙水，主要分布于洼地的亚黏土孔隙中，水量贫乏。②纯碳酸盐岩裂隙溶洞水，主要分布在凹葛–更盆–龙康、黄胎南面–坡南–龙和附近一带，水量丰富。③碳酸盐岩夹碎屑岩溶洞裂隙水，主要分布在更盆西面、更越、坡南东面及黄胎–新民–龙伏附近一带，水量贫乏。

（2）地下水补、径、排特征：测区地下水主要来源为大气降水补给。受地层岩性、地质构造、地形地貌等因素的控制，大气降水后主要通过洼地中溶洞、天窗、落水洞、漏斗等垂直或倾斜的岩溶通道迅速注入地下，其次通过岩溶裂隙慢慢渗入地下。地下水获得补给后，地下水主要赋存、运移于地下岩溶裂隙、溶洞或管道间。纯碳酸盐岩区地下水以脉流、管流为主，隙流补给脉流、管流，径流顺畅；碳酸盐岩夹碎屑岩区地下水以隙流、脉流为主，管流少见，径流缓慢。测区整体地势自WN向ES倾斜，洼地标高为130~360m，相对起伏高差大。地下水总体由WN向ES径流，水力坡度约10‰，径流途径较长，主要由①号、②号地下河往ES方向集中排泄出测区外，最终汇入右江。

（3）地下水动态特征：测区地下水动态与降水强度及频率反应极为敏感。碳酸盐岩区，岩溶发育，地下水获得降水补给后，径流顺畅，水位峰值滞后于降雨峰值时间较短，通常是0.5~2天。无雨或弱降雨时段，水位下降迅速。碳酸盐岩夹碎屑岩区，岩溶发育相对较弱，洞穴之间联通不好，地下水获得降水补给后，径流缓慢，水位峰值滞后于降雨峰值时间较长，通常达3~7天。无雨或弱降雨时段，常表现出水位较平稳。另外，测区内枯季地水位埋深随地形地貌变化，枯季水位埋深10~30m，年水位变幅10~20m。

（4）地下水化学特征：片区地下水为中等偏碱性弱硬水，地下水化学类型主要为 HCO_3-Ca 型。

3　以往找水打井情况

据访从 20 世纪 80 年代至今片区群众多次找打井队打井及自己挖民井，但都未能找到地下水。失败主要原因：①片区广泛分布下二叠统栖霞组（P_1q）的碳酸盐岩夹碎屑岩，岩溶发育相对较弱，地下水赋存条件差，地下水量贫乏。②片区地势起伏大，属地下水补给径流区，水位埋藏深。③老百姓找水打井专业技术薄弱，盲目打井，孔深太浅。

4　找水打井勘查示范工程

4.1　找水打井技术方向

正断层 F_2、F_3 位于新安背斜轴部，由于受构造破坏严重，断裂带及附近影响带，岩石破碎。受地层岩性、地形地貌因素控制，断裂带及附近影响带出露地层下二叠统茅口组（P_1m）、上石炭统（C_3）的纯碳酸盐岩岩组与碳夹碎岩组接触带地形低洼地，岩溶发育，地下岩溶发育段是地下水的主要赋存部位，多半形成强岩溶富水地段。

综合分析，本次以上形成强岩溶富水地段的低洼地为找水打井主攻地段。

4.2　勘查技术路线

本次勘查是以找水打井工作为目的。勘查技术路线是收集和分析前人水文地质资料，开展水文地质环境地质调查，确定找水靶区，布线物探，确定孔位和设计孔深，水文地质钻探，抽水试验，取水样分析，水质符合饮用水水质卫生标准后，安装新水泵后成井及移交给村民使用。

4.3　找水靶区确定

实地调查，新民屯南东面约 100m 有一处碟形峰丛洼地，洼地位于新安背斜轴部，岩层倾角平缓。其西侧 C_3 与 P_1q 交错带发育一条正断层 F_2，属张性断裂。断层角砾主要以石灰岩为主，角砾形状不规则。

洼地所在地为 C_3 的石灰岩，局部夹白云岩，其北面为 P_1q 石灰岩，局部夹泥质灰岩。洼地位于纯碳酸盐岩岩组与碳夹碎岩组接触带，洼地长约 300m，宽约 50~150m，呈封闭碟状。洼地地势西高东低，地面标高为 250~270m。枯季水位埋深为 20~30m，年水位变幅为 10~20m。位于测区内地下分水岭的北面，属地下水补给径流区。上述地质条件促使洼地构成了一个断裂–阻水复合蓄水构造（图1）。张性断裂断层带及影响带岩石破碎，胶结不好，岩溶发育，有利于地下水汇集。洼地北面的P_1q起相对隔水阻水作用，将部分来自西南面峰丛山区地下水阻挡使其富集于断裂带及影响带中。但同时带来的不利影响是使得该蓄水构造不利接受北面峰丛山区部分地下水的补给。因此该蓄水构造中地下水的补给来源主要为大气降水及部分来自西南面峰丛山区地下水的侧向补给，补给面积约2.0km²。新安背斜的轴部，岩层倾角平缓，受构造断裂影响，岩层纵横向之间岩溶发育，连通性好，地下水赋存、运移于岩溶裂隙、溶洞或管道间，地下水由WN向SE径流。开采条件下可以岩石破碎带向两侧袭夺，增加开采量。

综合上述，该洼地地下岩层有利于地下水汇集，是岩溶强富水地段和储存蓄水构造，圈定为本次勘查找水靶区（图2）。

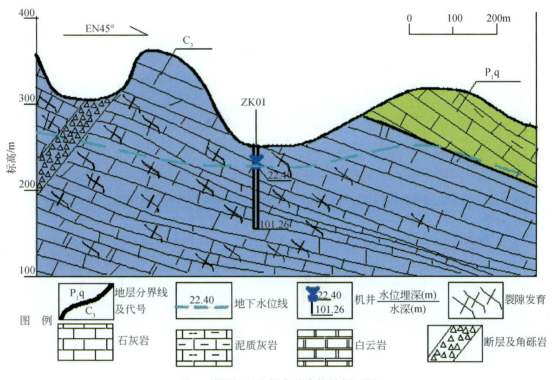

图1 断裂–阻水复合蓄水构造剖面图

4.4 勘探孔孔位确定及钻探施工

2011年4月23日，根据现场采用电法（电阻率联合剖面法、对称四极电阻率测深法）物探结合水文地质调查分析，初步确定孔位于洼地南侧山脚及设计孔深100.0m。

2011年5月24日至6月19日，采用150型液压钻机，选用清水冲洗液正循环回转钻进，钻探井深为101.26m。据钻探揭露：0.00～0.50m为覆盖土层，为弱透水而不含水

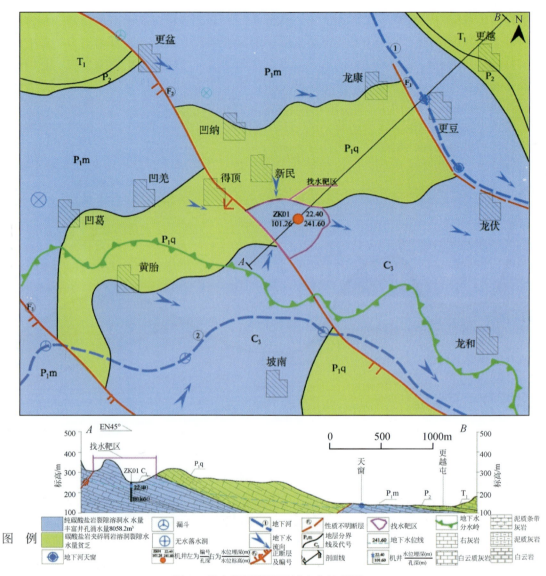

图 2　找水靶区附近区域水文地质图

层。0.50~101.26m 为石灰岩，其中 35.60~39.00m 为第一层半充水溶洞，底部有淤泥充填，厚度约 0.9m；47.95~60.80m，为第二层全充水溶洞，洞壁含少量钙华，底部含淤泥质物、砾石、卵石等充填；厚度约 1.5m；34.10~70.38m 深孔段为主要含水段，其厚度 36.28m。

4.5 抽水试验及水质分析结果

（1）抽水试验及参数计算结果。

勘探孔的初见水位为 20.50m，静水位 24.30m。经过终孔、捞渣、校孔、洗井、试抽后，于 2011 年 6 月 13 日下 10m³/h 的深井潜水泵至钻孔内 33.0m，9：00 开始正式做全孔稳定流一次降深混合抽水试验，直到 6 月 15 日 10：00 结束抽水，立即观测孔内恢复水位情况。连续抽水 49 小时 00 分，稳定时间 48 小时 52 分，动水位 24.70m，降深 0.30m，单位涌水量为 9.327L/（s·m），单井涌水量为 241.776m³/d，满足该片区人畜饮用水需求。

（2）水质分析结果。

本次该勘探孔水质检验单位为平果县疾病预防控制中心，依据《GB/T5750-2006》生活饮用水标准检验方法，按《生活饮用水卫生标准》（GB5749-2006）标准限值要求，检验项目为色度、浑浊度、嗅和味、肉眼可见物、pH、铁（Fe）、锰（Mn）、氯化物、硫酸盐、溶解性总固体、总硬度（以 $CaCO_3$ 计）、耗氧量（以 O_3 计）、砷（As）、氟化物、硝酸盐、菌落总数、总大肠菌群、耐热大肠菌群、氨氮（NH_4）共 19 项，除菌落总数、总大肠菌群、耐热大肠菌群指标超过《生活饮用水卫生标准》（GB5749-2006）限值外，其余指标均符合《生活饮用水卫生标准》（GB5749-2006）要求，经消毒、煮沸后可供人畜饮用。

5 示范工程总结

5.1 技术总结

通过地面调查、物探推断解释及勘探揭露表明：位于由纯碳酸盐岩与阻水岩石受构造断裂影响构成的断裂-阻水复合蓄水构造的低洼地中。石灰岩裸露，岩石破碎、质纯，岩溶裂隙、溶洞较发育，有利于地下水汇集成强岩溶富水地段，地下石灰岩 34.10～70.38m 深段为主要含水段，单井涌水量为 241.776m³/d。

总结本次找水打井经验，一般由纯碳酸盐岩与阻水岩石受构造断裂影响构成的断裂-阻水复合蓄水构造的低洼地往往有利于地下水汇集成强岩溶富水地段，可作为找水打井主攻方向，对今后在该地区找水有积极引导意义。

5.2 社会效益

经取该勘探孔井水水质检验后，符合人畜饮用。井内下一台力士霸牌深井潜水泵，额定涌水量为 120m³/d，扬程为 135m，水泵电机安装深度在 41.18m。

成井移交投入使用后，可解决新民、得顶、凹纳片区约 800 人口和约 700 头牲畜饮水安全困难问题，还有可解决部分旱地灌溉用水困难问题。

桂西岩溶石山地区找水打井勘查示范工程
——以广西天等县芭炭屯为例

林有全[1,2]

（1. 广西壮族自治区地质调查院，南宁 530023；2. 广西壮族自治区地质
环境监测总站，南宁 530029）

摘要：以天等县向都镇乐龙村芭炭屯严重缺水村屯找水实例，总结找水技术方法，勘查工作流程，提出该区栖霞组（P_1q）几乎起到隔水作用，而上石炭统（C_3）碳酸盐岩较纯，加之断裂影响，使之岩溶裂隙发育，为地下水储存提供良好条件，对该区今后找水具有指导和借鉴意义。

关键词：岩溶裂隙　严重缺水　找水靶区

1　引　　言

1.1　任务来源

2009 年 8 月至 2010 年 3 月，广西出现秋、冬、春连旱，发生了 1951 年有气象记录以来最为严重的旱灾，全区 109 个县（市、区）中有 105 个发生不同程度的气象干旱，其中天等县向都镇乐龙村芭炭屯属于严重干旱缺水的村屯之一，为解决该屯群众饮水困难问题，根据自治区地矿局应急抗旱找水打井的统一部署，广西地质调查院承担该屯的找水打井任务。

1.2　自然地理与缺水状况

芭炭屯位于天等县城北西约 38km，距向都镇北东面约 8km 处，有公路通达。以种植玉米为主，耕地面积约 200 亩，经济收入年均 3000 元左右。调查时该屯缺水人口为 275 人，2005 年以前一直饮用位于该屯东面约 100m 处的一口天然溶井，但近年来该溶井的水已受污染，无法饮用。2009 年天等县水利局曾在该溶井边上打一口井，深仅 21m，目的也是取该溶井之水，因水质浑浊，水量不足等原因已废弃。现芭炭屯除雨季饮用雨水及季节泉水外，每逢旱季均到下游约 1km 的塘圩屯去挑水，饮水十分困难。

1.3　地质构造与水文地质条件

1.3.1　地形地貌

邑炭屯地处岩溶峰林、峰丛谷地地貌，谷地长达 7km，大致呈弧形状展布，最宽处可达 1km。谷地标高为 430m，四周山峰海拔一般为 500～700m，相对高差为 70～170m，谷地中发育一条水沟，调查时已干涸。

1.3.2　地层岩性[1]

测区一带出露地层岩性为自新到老分别为下三叠统（T_1）、上二叠统（P_2）、下二叠统茅口组（P_1m）、下二叠统栖霞组（P_1q）、上石炭统（C_3）、中石炭统（C_2）及中泥盆统东岗岭阶上段（D_2d^2）。其中，上石炭统（C_3）出露岩性为浅灰、深灰色厚层块状石灰岩生物碎屑灰岩，顶底部为灰色中薄层状燧石灰岩夹硅质岩。出露于测区的中部的邑炭屯一带，厚度 292～583m，该屯出水钻孔分布于该层中。

1.3.3　地质构造[1]

测区主要位于巴荷-东平褶皱群构造形迹的西北侧，邑炭南东约 600m 为一条正断层成弧形展布，倾向北，与弧形构造有关，倾角不详。受构造、断裂的影响，井位附近构造裂隙和岩溶较发育，岩体破碎，成为地下水赋存和运移的良好空间和通道。

1.3.4　地下水类型及富水性[2]及补、径、排特征[3]

根据地下水的赋存条件、水理性质、水力特征及各含水岩组的空间分布状况，场区地下水类型分为：松散岩类孔隙水、碳酸盐岩类裂隙溶洞水两种类型。

（1）松散岩类孔隙水，分布于岩溶洼地中，据区域地质资料及本次调查结果，岩性为残积（Q^{el}）褐黄色黏土，层厚 1.50～15.0m，水量贫乏。

（2）碳酸盐岩类裂隙溶洞水，主要赋存于下三叠统（T_1）、上二叠统（P_2）、下二叠统茅口组（P_1m）、下二叠统栖霞组（P_1q）、上石炭统（C_3）、中石炭统（C_2）及中泥盆统东岗岭阶上段（D_2d_2）的厚层块状石灰岩、燧石灰岩、白云质灰岩、白云岩、硅质岩等岩石的溶洞、裂隙中，为裸露型岩溶水，据区域水文地质资料，水位埋深约 10.0～30.0m，枯季径流模数为 6.3L/（s·km²），泉枯季流量一般 10～20t/h，地下水量中等-丰富（图1）。

调查区地下水主要补给区为岩溶山区，接受丰沛的降雨补给，而且还接受非岩溶区地表水和基岩裂隙水的侧向补给，地下水在裂隙、溶洞中由 SE 向 NW 径流后，以地下河出口及泉的形式排出地表，汇入溪沟中。

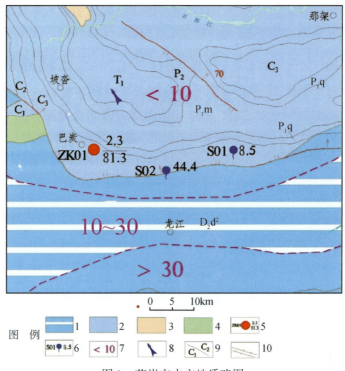

图 1 芭炭屯水文地质略图

1. 裸露型岩溶水，含水丰富；2. 裸露型岩溶水，含水中等；3. 基岩裂隙水，含水中等；4. 松散岩
类孔隙水，含水贫乏；5. 左-钻孔编号，右-上为水位埋深（m），下为孔深（m）；6. 左编号，右
流量（mL）；7. 地下水位埋深；8. 地下水流向；9. 地层代号及分界线；10. 正断层、逆断层

2　找水打井勘查示范工程

2.1　以往找水打井情况

2009 年天等县水利局曾在该溶井边上打一口井，深仅 21m，因水量不足等原因已废弃；2010 年初，村民抗旱自救打大口井，该井直径为 1m，深 10m，水量不大，每天用 2t/h 泵抽两个小时即干枯，第二天恢复，因水量少，枯季水位下降后，民井自然干枯无水。2010 年 3 月中旬，在该屯施工一眼孔深 101.65m 钻孔，揭露地层为下二叠统栖霞组（P_1q）含燧石石灰岩夹薄层状硅质岩，岩溶不发育，经抽水试验证实为无水孔。

2.2　找水打井技术方向

通过对以往资料和工作分析，在该区找水打井应该选取较纯碳酸盐岩。而该村屯附近出露地层为下二叠统栖霞组（P_1q）和上石炭统（C_3）厚层块状石灰岩、生物碎屑灰岩。

栖霞组（P_1q）岩性为深灰、灰黑色含燧石灰岩夹薄层状硅质岩，岩溶不发育；而上石炭统（C_3）厚层块状石灰岩、生物碎屑灰岩，碳酸盐岩较纯，因此，确定该层位为本次钻井的含水层位，地下水主要赋存与碳酸盐岩溶洞或裂隙之中。

2.3　找水靶区确定

通过重新进行水文地质调查，测区主要位于巴荷–东平褶皱群构造形迹的西北侧，岜炭南东约600m为一条正断层成弧形展布，倾向 N，与弧形构造有关，倾角不详。但受构造、断裂的影响，该屯附近构造裂隙和岩溶较发育，成为地下水赋存和运移的良好空间和通道。调查区为碳酸盐岩类裂隙溶洞水地下水类型，根据区域水文地质资料分析，该屯一带水位埋深约 $10.0 \sim 30.0$m，含水量丰富。但经过第一口水井失败可知，重新确定孔位应该避开栖霞组（P_1q），目的层应为上石炭统（C_3），该层岩性较纯，岩溶发育，且附近有断裂构造存在，可能会找到地下水源。

2.4　勘探孔孔位确定

2.4.1　物探工作概况

为寻找裂隙破碎带，限于场地，物探工作首先在村东头，通过已知钻孔，略斜交构造线走向，以 95°方向布设 1#联合剖面测线。采用的装置系数是：$AO = 70$m，$MN = 20$m，点距 $= 20$m。但 1#线除在孔旁 10m 出现因已知的浅层充水溶沟引起的正交点异常外，无其他明显异常出现。随后改变方向，略垂直构造线以 325°方向施测 2#联合剖面测线，装置系数同 1 线，除发现脉岩干扰异常外，发现两处不够标准的异常点，但地质层位尚适宜。综合考虑两处均作电测深测量，以评价岩石裂隙发育程度及充填程度。

2.4.2　物探反映的特点

（1）1#剖面线出现反映浅层溶沟的正交点异常，曲线大正大负相交，是典型的浅层低阻体引起的异常形态。前有钻孔打在交点所在的溶沟旁侧 10m 的 51/1 点部位，未见漏水。2#剖面线与 1#剖面线斜交约 50°，且穿过 39/1 ~ 43/1 点略呈低阻反映又对应出露石灰岩的部位。2#线在已知的方解石脉出露部位出现大正大负正交点 50.5/2 点，正是延伸较深的脉岩典型的反映。

2#线于 55/2 点出现不够显著的同步低阻点异常，于 61/2 点出现曲线的交汇点异常，反映板状低阻体下延不够深。尽管异常都不够标准与明显，但在侧区普遍存在硅质岩风化碎屑表层堆积的情况下，表层的高阻屏蔽影响强烈，曲线歧变严重，这些不标准的异常仍施测电测深加以分析，可能对找水仍有意义。

（2）异常点 61/2 点电测深资料反映：测深曲线 5.6 ~ 60m 段斜率略陡，反映该段岩石电阻率较高，应为以石灰岩为主局部夹硅质岩，裂隙略有发育。60m 以下以硅质岩为主，曲线斜率甚低，岩石的电阻率亦较低，对找水不利。同步低阻点 55/2 点测深曲线总体斜率稍陡，局部变缓（32～54m 部位）反映全孔以石灰岩为主局部夹硅质岩，有破碎带存在的可能。后者找水相对较前者有利。

2.4.3　物探结论

（1）2#线联合剖面视电阻率同步低阻点异常 55/2 点从剖面及电测深反映的电性分析，推断为石灰岩为主的岩层局部裂隙发育带引起，选定为找水查证孔位。

（2）据电测深推断的布孔异常点 55/2 点地质柱状为：0～5.6m 第四系土层；5.6～32m 完整石灰岩；32～54m 破碎石灰岩夹硅质岩（可能的含水段）；54～90m 相对完整石灰岩。

2.5　勘探孔钻探施工

2.5.1　钻探施工工艺及钻探结果

钻探设备型号为 GK180，采用清水冷却钻头，液压系统加减压，金刚钻头钻进的钻探方法，钻孔开孔孔径 Φ220mm，终孔孔径为 Φ110mm。该孔第四系黏土层厚 5.0m，下 Φ219mm 无缝钢管至孔深 8.0m 护壁，入完整基岩 3m。因该孔岩石总体完整，钻井过程中无涌砂、掉块等现象，因此按设计施工即可，无须另外处理。

该孔 0～5.00m 为第四系含少量铁锰结核黏性土；5.0～52.0m 石灰岩，岩石完整；52～81.3m 灰、深灰色石灰岩，岩溶较发育，其中 55～57m 具溶蚀现象，60.9～61.1m 为充水溶洞，该段为机井的主要涌水部位，其余岩石较完整。钻进时直到 55m 处才全部漏水，之后水位一直稳定在 2.30m，说明该井地下水具有承压性。

2.5.2　抽水试验及水质情况

自 2010 年 5 月 13 日 9 时至 5 月 14 日 9 时，下 20t/h 深井潜水泵做全孔稳定流抽水试验，延续时间为 24 小时，稳定时间为 23:40；静止水位 2.30m，动水位 2.85m，水位降深 0.55m，出水量 6.279L/s（22.6m³/h）。抽水试验结束前，取一组饮用水全分析，测试分析显示，该井水化学类型属 HCO_3-Ca 型。据《地下水水质标准》（GB/T14848-93）水质评价，综合分值 2.13，属良好级地下水。

3　示范工程总结

3.1.1　岩性纯的碳酸盐岩易找到地下水

如该屯第一口钻孔布在 P_1q 不纯碳酸盐岩地层，经钻探揭露，岩性为深灰色含燧石灰岩，岩心坚硬完整，无水。后经物探在 C_3 布井，经钻探揭露，该孔孔深 55.0～62.0m 岩心破碎，岩溶发育，其中 60.9～61.10m 为高仅 0.2m 充水溶洞，确是为本孔的主要出水部位。经抽水试验，确定此井出水量大，深井潜水泵抽水出水量 $20m^3/h$，水位降深仅为 $0.55m$，估计出水量达 $50m^3/h$，并且水位具承压性。

综合资料可知，栖霞组（P_1q）在本区几乎起到隔水作用，而上石炭统（C_3）碳酸盐岩较纯，加之断裂影响，使之岩溶裂隙发育，为地下水储存提供良好条件，因此该孔成功对在碳酸盐岩地区找水具有指导和借鉴意义。该孔找水成功为天等县向都镇乐龙村岜炭屯275人解决了饮水困难，可灌溉100多亩农田，具有良好的会效益。

3.1.2　个人体会

（1）物探找水与水文地质调查工作密切配合，是提高钻孔命中率的重要基础。

（2）水文地质调查认真，细致，注意调查附近出露的溶井，天窗的水位、水量动态。地下水流水方向，注意观察一些微地貌现象，有时在雨季时常冒水的地方无法找到地下水，而在有水流入落水洞的附近往往找到水路。

参 考 文 献

[1] 钟孝先，黄日耀．1∶20万大新幅中华人民共和国区域水文地质普查（内部资料）．广西壮族自治区地质局，1978

[2] 李江等．广西壮族自治区数字地质图2006版说明书（1∶50万）（内部资料）．广西壮族自治区地质勘查开发局，2006

[3] 赵喜林，谢光学．1∶10万天等县地质灾害调查与区划报告（内部资料）．广西壮族自治区第四地质队，2005

广西平果县果化镇布荣村找水打井勘查示范工程

潘勇邦

（广西壮族自治区地质调查院，南宁 530023）

摘要：以广西平果县果化镇布荣村找水打井勘查示范工程为例，介绍了当地的地质背景条件，以及在高峰丛山区、洼地区找水打井解决干旱缺水问题的成果经验等，认为在地势较高的高峰丛地区，寻找向斜型蓄水构造找水打井是解决或缓解当地干旱缺水现状的有效途径。

关键词：蓄水构造 找水打井 广西平果县

1 引 言

1.1 任务来源

2010 年 11 月 20 日，中国地质调查局以水［2010］环境-06-03 号文下达了开展"广西重点岩溶流域地下水勘查与开发示范"项目任务书，工作任务之一是开展地下水开发利用示范工程。

平果县果化镇布荣村位于右江流域下游段工作区范围内，地处高峰丛洼地谷地区，干旱缺水严重。通过分析，布荣村处于一小型向斜构造，为验证该向斜构造是否为蓄水构造，并解决布荣村的干旱缺水问题，在水文地质地面测绘的基础上，通过物探定孔位，在布荣村那罗屯成功施工了 1 口探采结合示范工程孔，对类似地区找水打井起到了很好的示范作用。

1.2 自然地理与缺水状况

布荣村位于平果县城西北面约 15km，地处高峰丛山区、洼地区，海拔近 700m，高出右江约 500m，有村级水泥公路盘旋而上，交通较方便。布荣村有那罗屯等 10 个屯约 6000 多人，因地势高，村民饮水困难很突出，平时饮水靠季节性泉水、地头水柜，在枯季时则要到外地运水饮用。

1.3 地质背景条件

1.3.1 地质构造及地层岩性

在布荣村西南面约 2km 为右江，沿右江河谷为右江区域性活动大断层。断层切割了寒武系至古近系、新近系，断距 100～900m 不等。地貌上形成了笔直的右江断层谷地。在布荣村西南面为高陡的山坡，平均坡度达 60°以上。布荣村西南面有多条近乎直立的正断层，其应属于右江活动性大断层带中的断层。

布荣村位于 NW 向小向斜（图 1、图 2）。向斜长约 6km，宽约 1km，汇水面积约 10km^2。上部为三叠系马脚岭组（T_1m）鲕状灰岩、泥质灰岩，底为凝灰岩和页岩，区域厚度为 241～461m。下部为上二叠统（P_2）灰绿色砂岩、页岩、铁铝质泥岩，深灰色石灰岩，灰绿色页岩及铝土质页岩，在底部具有层状、透镜状煤层、煤线及铝土矿，厚度 0～376m。外围分布岩性较纯、岩溶较发育的下二叠统茅口组（P_1m）、栖霞组（P_1q）及石炭系马平组（C_2pm）、黄龙组（C_2h）、大埔组（C_2d）浅灰色、灰白色层状石灰岩、白云岩。在布荣向斜西面分布不纯的三叠系北泗组（T_1b）深灰色石灰岩白云岩夹酸性火山岩、凝灰岩及果化组（T_2g）石灰岩、泥质灰岩、白云岩。

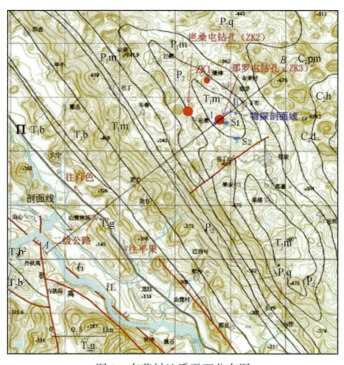

图 1 布荣村地质平面分布图

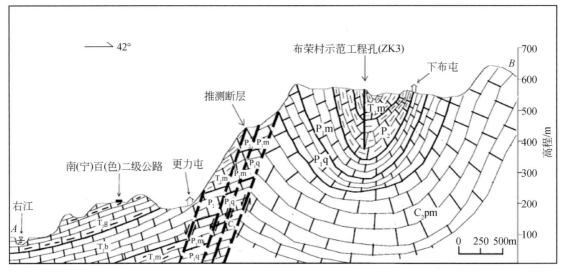

图 2　布荣向斜 A-B 线地质剖面示意图

1.3.2　水文地质条件

右江为当地地下水最低排泄基准面。布荣向斜一带因地势高，天然水点少，只发现两处季节泉（S_1、S2），地下水贫乏。推测区域上地下水埋深大于 300m，地下水主要接受大气降雨补给。地下水在西南面一带，主要往西面径流排入右江，北东面一带则往北东面径流，最后排入东面的太平河。

1.4　以往找水打井情况

在布荣村一带，前人曾在塘帅屯施工了一个钻孔（ZK1），孔深 30m，结果为干孔。其失败原因主要是孔位布置在岩性不纯、富水性贫乏的上二叠统（P_2）石灰岩中，且孔深太浅。

该地区因地势高，区域地下水埋藏深，因此找水打井必须在有利于地下水汇集、储存的蓄水构造中施工才有可能成功。在储水构造处围，因岩溶发育地下水已往深部径流，需施工很深钻孔才有可能找到水，其打井找水的难度大。

2　找水打井勘查示范工程

2.1　找水打井技术方向

经分析布荣向斜可能是小型的蓄水构造，是找水打井的主攻方向。向斜上部的马脚岭组（T_1m）不纯石灰岩为找水目标含水层，下部上二叠统（P_2）不纯石灰岩中的页岩、铁铝质泥岩、铝土质页岩是良好的隔水层，对上部地下水起到储存作用。但由于布荣向斜汇水面积不大，推测水量较小。

2.2　勘查技术路线

在收集、分析前人资料基础上，开展水文地质、环境地质调查，确定找水靶区，再据水文地质、场地条件等确定物探方法、物探剖面线布设，据物探结果确定钻孔位置及孔深，之后进行钻孔设计、钻孔施工，试抽水后如果水量较大有开采利用价值，则进行正式抽水试验，并取饮用水样分析，水质符合饮用水水质卫生标准后，则安装安适的抽水泵成井交付当地利用。

2.3　找水靶区确定

通过分析地层出露情况、岩性等，布荣向斜是蓄水构造的可能性很大，下部上二叠统（P_2）不纯石灰岩是良好的隔水层，对上部地下水起到储存作用，上部的马脚岭组（T_1m）不纯石灰岩是主要的含水层，因此把其确定为找水靶区。

2.4　勘探孔孔位确定

据面上调查、分析后，在 S1 季节泉附近布设物探，布线基本垂直布荣向斜轴线，由于推测这一带地下水位较深，物探方法选择探测深度较大的大地电磁岩性测深（EH4），共布置了一条剖面线，长共340m，点距20m，剖面方向42°（图2），因附近有高压电线，为避免干扰，在物探过程中，由布荣村委与县供电局联系，暂停了高压电线通电。

据物探结果，在剖面 20～120m、180～240m 测点段有两个深切的低阻异常（图3），推测这两处异常为基岩破碎充水引起，异常深度主要集中在 30～185m。因此建议钻孔主孔位（ZK3）定在测点 60m 处，孔深 200m，备用孔位（ZK4）定在测点 210m 处，孔深180m。

2.5　勘探孔钻探施工

2.5.1　钻探过程及施工工艺

据物探，钻孔（ZK3）位于那罗屯，设计孔深为 200m，实际钻进为 198.6m。全孔采用 200 型钻机金刚石钻进，开孔直径为 Φ170mm，钻进深度为 0～15.0m（钻进基岩2.05m），15.0～136.57m 深度变径为 Φ130mm，136.57～198.6m 深度变径为 Φ110mm。

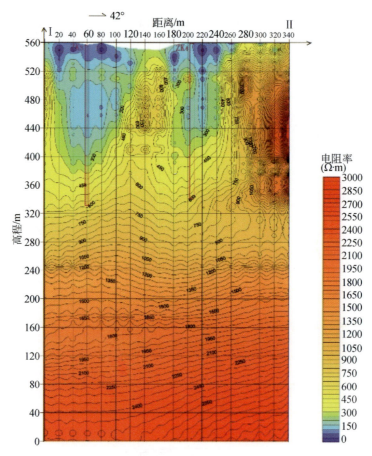

图3　布荣村Ⅰ-Ⅱ剖面大地电磁岩性测深视电阻率断面图

在第四系土层下了钢管护壁。破碎带充填物少，无掉块现象，不需安装暗管或花管。钻探过程中每天上下班各测一次地下水水位，并及时进行岩心编录，岩心采取率76.2%。

2.5.2　钻进遇到的问题及解决方法

当地上部覆盖层为灰黄色黏土，较松散，容易塌孔，钻进过程中下了长15.21m、直径168mm的钢管护壁，管底安放深度为15.00m，钢管露出地面长0.21m。

2.5.3　钻探结果

钻探结果见图4，深度0~12.95m为第四系灰黄色黏土，含铁锰结核，黏性大，渗水性弱。12.95~101.0m为马脚岭组（T_1m）灰色鲕状灰岩，88m深度以浅有多处岩石破碎带，且溶隙发育，为该孔主要涌水部位。97.0~101m为薄层状鲕状灰岩夹页岩。101.0~198.6m为上二叠统（P_2）深灰色石灰岩夹煤层，偶见方解石脉，局部较破碎，赋存少量地下水。钻孔初见水位为17.26m，终孔后静水位为19.90m。在布荣村地势这么高的地

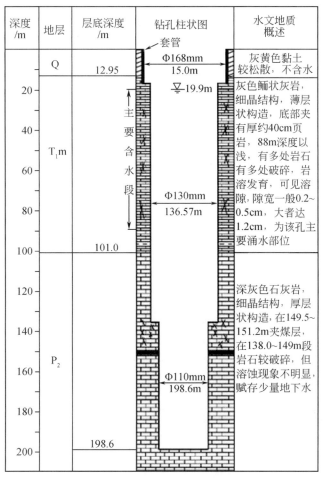

深度/m	地层	层底深度/m	钻孔柱状图	水文地质概述
	Q	12.95	套管 Φ168mm 15.0m	灰黄色黏土较松散，不含水
20 40 60 80 100	T₁m	101.0	▽19.9m 主要含水段 Φ130mm 136.57m	灰色鲕状灰岩，细晶结构，薄层状构造，底部夹有厚约40cm页岩，88m深度以浅，有多处岩石有多处破碎，岩溶发育，可见溶隙，隙宽一般0.2~0.5cm，大者达1.2cm，为该孔主要涌水部位
120 140 160 180 200	P₂	198.6	Φ110mm 198.6m	深灰色石灰岩，细晶结构，厚层状构造，在149.5~151.2m夹煤层，在138.0~149m段岩石较破碎，但溶蚀现象不明显，赋存少量地下水

图4　布荣钻孔（ZK3）地质柱状图

方，地下水埋深却这么小，说明布荣向斜是一个向斜型的蓄水构造。从钻探结果看，与物探结果基本吻合。

2.5.4　抽水试验及参数计算结果

抽水试验用新购买的深井潜水泵，流量为6m/h、扬程为130m，泵头放置深度为76m。作一次降深稳定流抽水试验，见图5。抽水前静水位为19.90m，抽水水位降34.95m，抽水后恢复水位为21.09m。钻孔单位涌水量为0.058L/（s·m），涌水量为2.03L/s。

据水质分析结果，钻孔水化学类型为HCO_3-Ca型，所检项目均符合《生活饮用水水源水质标准》（CJ3020-1993）的规定，适合饮用等。

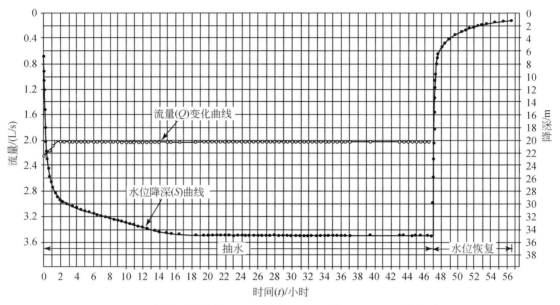

图 5　抽水试验流量（Q）、降深（S）–时间（t）过程曲线图

3　示范工程总结

3.1　技术总结

平果县一带，干旱缺水地区主要是位于峰丛洼地、峰丛谷地区，尤其是高峰丛洼地、峰丛谷地区干旱缺水更为严重，主要是这些地区没有地表水可供利用，且地下水埋深大，地下水露头少，村屯多利用溶井或表层岩溶泉及修建水柜集蓄雨水作为饮用水源，在丰水季节用水有保障，但在枯季，因水位下降造成溶井等干涸或水量小、表层岩溶泉干涸、蓄水柜储水不足，因此造成了人畜饮水困难。

在类似布荣村这样的高峰丛洼地区，如果没有蓄水构造，打井找水的难度很大，主要原因是地下水深埋。例如，为进一步验证布荣向斜蓄水构造边界，并解决布荣村岜桑屯的饮水困难，在布荣向斜北西岜桑屯又施工了 ZK2 钻孔，孔深 100m，结果为干孔。失败原因是该孔布置在蓄水构造外岩性较纯、岩溶较发育茅口组（P_1m）石灰岩，其下部没有隔水层，地下水已渗往深部。

布荣村那罗屯钻孔（ZK3）打井找水的成功，对该地区勘查找水具有重要的引导意义。在类似布荣村这类的地势较高的高峰丛地区，寻找蓄水构造尤其是向斜型的蓄水构造是找水打井的主攻方向，断层型蓄水构造在地势较高的高峰丛地区不易形成。有些蓄水构造虽然水量可能较小，但对严重干旱缺水地区来说仍具有十分重要的作用，能缓解当地的干旱缺水现状。

寻找向斜型蓄水构造，首先要据地层产状确定是否为向斜构造，并分析是否存在隔水条件（蓄水条件），然后开展水文地质调查，主要调查向斜的范围、汇水条件、隔水层岩性及分布位置、上部含水目的层（找水靶区）厚度等，以初步了解地下水富水程度。如果有断层切割了隔水层，要查明其为导水断层还是阻水断层。

物探方法要据地质条件、场地条件选择，尽量用多种物探方法相互验证，以提高解译的准确性。向斜型蓄水构造多数会分布有多层泥质岩层，其也会表现为低阻异常，要注意加以识别。钻探要特别注意控制好孔深，不能打穿下部隔水层。

3.2 社会效益

据抽水试验，布荣村示范工程孔出水量 175t/d，水位下降 34.95m，最后安装了流量为 6t/h 的抽水泵，装泵深度为 76m，解决了布荣村那罗屯 1800 人饮水困难问题。

广西隆安县丁当镇四冬屯找水打井勘查示范工程

覃 选

（广西壮族自治区地质调查院，南宁 530007）

摘要： 广西岩溶石山区地表水资源普遍缺乏，旱区分布广，但地下水资源丰富，开发利用地下水资源是解决干旱缺水问题最有效的途径。本次经水文地质调查后，在岩溶峰丛谷地的阻水断层来水一侧进行常规视电阻率联合剖面测量结合垂向电测深测量，确定勘探孔位；钻探后扩孔、洗井、抽水试验，打井成功。

关键词： 阻水断层 找水靶区 洗井 抽水试验

1 引 言

2009 年 9 月至次年 3 月，桂西北地区降雨量严重偏少，抗旱形势严峻。2010 年 3 月，广西区政府启动抗旱应急二级响应。3 月 19 日，广西国土厅以桂国土资电 ［2010］ 21 号内部传真电报"自治区国土资源厅、水利厅关于组织开展抗旱应急水源打井工程建设的紧急通知"下达隆安县、天等县、扶绥县等旱区的找水打井任务给我院承担，我院立即成立各县抗旱找水小组，奔赴旱区开展找水打井工作。隆安县丁当镇四冬屯为本次急需找水打井的严重缺水村屯之一。

桂西岩溶石山区地表水资源普遍缺乏。隆安县旱区属岩溶石山区，地处低纬度地带，北回归线以南，属亚热带季风气候区，雨量丰富，多年平均降水量为 1285mm，蒸发量为 1653mm。据隆安县水利局申报，丁当镇四冬屯旱情严重，2009 年 11 月初以来，屯中民井基本干枯，全屯 150 户 680 人和 350 头大牲畜的饮水严重短缺，要到 4km 以外运回，急需钻井，以解决群众生活饮用水难题。

2 地 质 构 造

从区域上看，测区处于右江再生地槽的西大明山隆起构造单元内，构造较为复杂，经历了加里东期、印支–燕山期、喜马拉雅期 3 个构造运动阶段[1]，主要构造形迹有经向构造——新南背斜和纬向构造——狮子山平推断层。新南背斜近 SN 向展布，轴部为地层中泥盆统东岗岭组（D_2d^2），东西两翼为不对称的下石炭统（C_1）、中石炭统（C_2）、上石炭统（C_3），被纬向、NE 向断裂破坏，背斜不完整。四冬屯处于背斜东翼，距轴部约 4km，岩层总体走向 SE，倾角较缓，约 20°。狮子山平推断层从四冬屯通过，走向 NEE，断层角砾被紧密胶结，透水性差，起阻水作用，而断层两侧影响带内，次生小断裂发育（可测得两组裂隙产状分别为220°∠68°、150°∠88°），岩层破碎，岩溶发育，有利于地下水富集。

3 水文地质条件概况

测区为峰丛谷地地貌，谷地近EW向展布，地形总体向E倾斜。谷地南北宽约0.6～1km，地面标高为95～115m，峰顶为300～440m，高差为185～355m。

测区主要出露泥盆系（D）和石炭系（C）碳酸盐岩。四冬屯周边出露上泥盆统（D₃）厚层状白云岩，谷地上覆第四系（Q）黏土层厚度为2～10m不等。

测区地下水赋存于碳酸盐岩的溶洞和裂隙之中，其类型属于碳酸盐岩类裂隙溶洞水，含水岩组为石灰岩、白云岩，由于岩性较纯，且区内褶皱及断裂构造发育，溶蚀作用明显，岩溶发育较强烈，有岩溶泉、溢洪溶洞、溶潭等地下水露头，见图1。据区域水文地质资料[2]，测区地下水位埋深约10m，枯季径流模数约3L/(s·km²)，富水性中等。

测区岩溶地下水主要接受丰沛的降雨入渗补给，地下水在溶洞、裂隙中运移，总体自NW向SE径流，最终以下降泉的形式排泄入武鸣河。四冬屯处于岩溶地下水的径流区，东面4km自NE向S蜿蜒径流的武鸣河，是当地地下水的最低排泄基准面，枯流量约6m³/s。

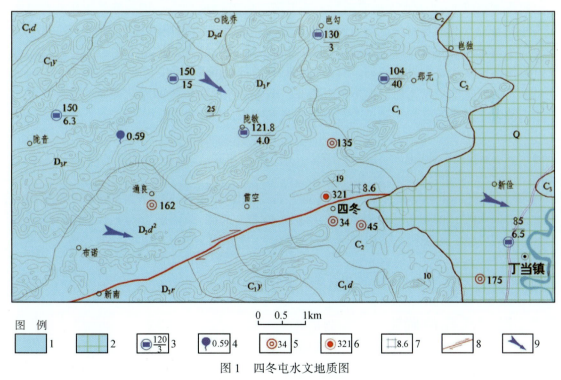

图1 四冬屯水文地质图

1. 裸露型碳酸盐岩裂隙溶洞水，富水性中等；2. 覆盖型碳酸盐岩裂隙溶洞水，富水性中等；3. 有水溶井，分子为地面标高（m），分母为水位埋深（m）；4. 下降泉，流量（L/s）；5. 钻孔，涌水量（m³/d）；6. 本次施工钻孔，涌水量（m³/d）；7. 民井，水位埋深（m）；8. 平移断层；9. 地下水流向

4　以往找水打井情况

1996 年，某钻井队在四冬屯南 200m 施工了两个钻孔，深度均为 90m，结果一孔无水，另一孔枯季涌水量仅 34m³/d。1999 年，钻井队在四冬屯南东 800m 施工了一眼深度100m 的深井，枯季涌水量为 45m³/d。2001 年，四冬屯西 3.5km 的通良屯施钻了一眼 85m 的深井，枯季涌水量为 162m³/d。据调查，测区岩溶水总体自 NW 向 SE 径流，至狮子山断层受阻而富集于断层西北一侧；断层东南一侧地下水则补给有限，水量贫乏。前 3 个钻孔均位于阻水断层东南侧，因而涌水量很小甚至无水；后一钻孔位于断层西北盘，涌水量较大。

5　找水打井勘查示范工程

5.1　找水打井技术方向

野外调查以 1:5 万水文地质图为工作手图，使用 GPS 定点。调查路线采用穿越法与追索法相结合，实地观测与走访当地群众相结合。观测路线原则上尽可能垂直于主要构造线走向，调查内容主要为地形地貌、地层岩性、地质构造，以及地下水类型、补给、径流、排泄、水文地质边界条件等。对调查点逐一进行观测并详细记录。

四冬屯一带地势较宽坦，地下水埋藏浅，适合采用高密度电阻率法测量或视电阻率联合剖面测量结合垂向电测深测量等物探方法来确定最佳勘探孔位。

5.2　找水靶区确定

四冬屯处于 SN 向展布的新南背斜东翼，岩层总体走向 SE。狮子山平推断层从四冬屯通过，走向 NEE，断层角砾被紧密胶结，透水性差，起阻水作用。而断层两侧影响带内，次生小断裂发育，碳酸盐岩岩层破碎，岩溶发育，成为地下水赋存和运移的良好空间和通道。通过野外调查及以上资料分析，预测在四冬屯一带，狮子山阻水断层的来水方向一侧（即西北侧）岩溶发育强烈，地下水富集，水量较丰富。

5.3　勘探孔孔位确定

5.3.1　物探工作概况

物探工作是以确定狮子山平推断层旁侧储水裂隙带为目标，采用常规视电阻率联合剖面测量结合垂向电测深测量。探测仪器为 DDC-2B 型电子自动补偿仪，装置系数：供电极

距 $AO=BO=70m$，测量极距 $MN=$ 点距 $=20m$。

首先在四冬屯西北面，基本垂直于 NEE 向的狮子山断层，以 158°方向施测了 1 线电阻率联合剖面。结果发现，断层西北盘一端出现交点异常，随即对异常点作了视电阻率垂向电测深测量，以了解异常点的岩溶发育深度和强度。为进一步了解异常与断层的关系，又在 1 线剖面东面 150m 施测 2 线视电阻率联合剖面，方向与 1 线剖面平行。本次完成视电阻率联合剖面测量两条，总长为 630m，物理点 32 个；视电阻率垂向电测深测量点两个。

5.3.2 物探成果地质解释

1 线联合剖面于 37/1 点部位出现低伴随电阻率联剖反交点异常的同步低阻异常点，2 线联合剖面于 48/2 点出现明显反交点异常，电性界面特征明显，两异常点的连线与已知断层的走向一致。

37/1 点电测深曲线反映，13m 以深为断续破碎白云岩，岩溶发育，局部有泥质充填。48/2 点电测深反映，26～58m 破碎带或岩溶发育带，局部泥质充填。

5.3.3 物探工作结论

视电阻率正交点异常 37/1 点，从联合剖面的电性界面形态反映看，断层旁侧低阻破碎带的显示明显，从电测深反映相对变化的电性及深度适宜的部位，以及与地质位置相对协调的状况看，推断为由次级断层破碎带含水部位引起低阻异常，可定为勘探找水首选孔位。48/2 点作为备选勘探孔位。

据电测深曲线推断，37/1 点地质结构：0～5.5m 为第四系土层；5.5～13m 为较完整白云岩；13～48m 为溶蚀裂隙发育白云岩（可能涌水部位，局部被泥质充填）；48～62m 为破碎、岩溶发育白云岩，多被泥质充填；62～100m 为破碎、岩溶较发育白云岩。

5.4 勘探孔钻探施工

5.4.1 钻探过程及施工工艺

钻探设备为 XU300-2 型钻机。采用探采结合的方式施工（即先钻探并进行初步抽水试验，若水量符合要求再行扩孔并下管成井），使用环状硬质合金钻头或金刚石钻头回转取心、清水冲洗液正循环钻进，无缝钢管护壁。开孔口径为 Φ170mm，终孔口径为 Φ110mm，孔深为 80.73m。终孔后安装深井潜水泵进行初步抽水试验，水位由 5.20m 降至 12.15m，降深为 6.95m，涌水量为 3.239L/s（即 280m³/d），水质极为浑浊，含大量泥质和细砂。

经初步抽水试验，确认该孔水量完全可以满足四冬屯 150 户 680 人和 350 头大牲畜的生活饮水需求，决定扩孔成井，拟安装 100QJ10-80 型深井潜水泵，泵头深度约 40m。Φ150mm 扩孔至 52.10m 深度，随后使用空压机自下而上逐段进行洗井，每段洗井至出水基本清澈后才进行下一井段洗井，最后总洗井时间达 25 小时，出水完全清澈，水量达 5.366L/s（即 463m³/d），洗井效果甚佳。

5.4.2　钻探结果

据钻探揭露，0～2.08m 为黏土，灰黄色，含大量铁锰结核，较松散，透水性一般。2.08～80.73m 为 D₃r 厚层状白云岩，灰白色。钻至 7.8m 深度后冲洗液（清水）全部漏失，之后钻探过程中孔内各段的水位基本一致，最终静水位 4.7m。

根据钻孔岩心结合钻进过程判断，7.8～8.5m、40.5～41.3m、60.0～60.9m、62.0～63.0m 和 73.0～74.0m 各孔段白云岩破碎，溶隙发育，多被细砂（砂糖状白云岩风化物）和泥质充填，赋存地下水。

5.4.3　抽水试验

安装 100QJ10-80 型深井潜水泵，额定泵流量为 10m³/h，扬程为 80m，泵头深度为 40m，泵头部位井径为 150mm。随后作正式的全孔一次降深稳定流抽水试验，持续 46 小时，水位、水量稳定 20 小时，涌水量为 3.719L/s（即 322m³/d），水位由 4.70m 降至 10.60m，降深 5.90m。

采集水样作饮用水全分析测试，结果其水化学类型属 HCO_3-Ca 型，矿化度为 409mg/L，总硬度为 253mg/L，pH 为 7.42。据《地下水水质标准》（GB/T14848-93），将 27 项检测项目参与水质评价，结果综合分值 4.2，属较好地下水。各检测项目含量均符合《生活饮用水水源水质标准》（CJ3020-1993）中的一级生活饮用水水源水质标准限值，可作为生活饮用水源，该井可从根本上改善四冬屯 150 户 680 人和 350 头大牲畜的饮水条件。

6　示范工程总结

6.1　技术总结

测区岩溶水总体自 NW 向 SE 径流，至狮子山断层受阻而富集于断层西北一侧；断层东南一侧地下水则补给有限，水量贫乏。故位于阻水断层东南侧的岑坛屯等 3 个钻孔涌水量很小甚至无水；位于阻水断层来水方向一侧（西北侧）的钻孔，涌水量较大，水位埋深小于 10m。

综上可知，岩溶区阻水断层的来水方向一侧地下水富集且埋藏浅，开发利用条件好。据此还可延伸推断，大致横截于透水岩层的阻水体（岩墙、岩脉、岩体、岩层等），其来水方向一侧地下水富集且埋藏较浅，易开采。

6.2 建议

6.2.1 加大地下水资源开发利用力度

据调查，隆安县乃至广西区内广大的岩溶区地表水资源普遍缺乏，为解决当地人畜饮水难题，近年来水利等部门大力实施农村饮水工程，修建了许多集雨水柜，但大多治标不治本，水源无保障，因雨水汇集地面后直接流入水柜，因而水质普遍很差，加之每到旱季（11 月至次年 4 月），水柜存水无多，人畜饮水严重缺乏。而两三年来实施的广西大石山区人畜饮水工程建设大会战找水打井项目，提交合格机井近 700 口，总涌水量 20 万 t/d，近 40 万人的饮水困难得到了彻底解决，找水打井工作社会效益显著。据隆安县水利局、国土局统计，目前县内饮水不安全人口共约 10 万人；据有关部门统计，目前广西区内尚有千余万农村人口饮水不安全。2002 年，我院对广西岩溶区内地下水开发程度较大的 21 个水源地统计结果，水源地实际开采是已占天然补给量的 61.72%，但均未发现有环境地质问题[3]，可见，合理开发利用地下水资源，对地质环境的影响很小。建议加大投入，努力寻找清洁水源，从根本上改善缺水村屯的饮水条件，其中岩溶石山区找水打井，开发利用地下水资源是最有效途径，因地下水水量稳定，水质良好，水源保证程度高。

6.2.2 多种先进物探找水方法相结合

找水打井工作应尽量采用先进的物探方法（如大地电磁测深、核磁共振等），根据各方法的特点，在不同的试验点选择不同组合的物探方法，并将不同方法成果相互比对研究，以确定最优的勘探孔位，提高找水打井成功率，不能仅靠某一种物探方法来解决问题。

参 考 文 献

[1] 张永信. 广西壮族自治区区域水文地质工程地质志（内部资料）. 广西壮族自治区地矿局，1993
[2] 钟孝先，黄日耀. 1∶20 万大新幅中华人民共和国区域水文地质普查报告（内部资料）. 广西壮族自治区地质局，1978
[3] 莫日生. 广西岩溶石山地区地下水资源勘查与生态环境地质调查报告（内部资料）. 广西壮族自治区地质调查院，2003

广西环江县岩溶找水打井经验

——以环江县水源镇含香村下含屯为例

卢春名

（广西壮族自治区桂林水文工程地质勘察院，桂林　541002）

摘要： 在研究区域水文地质条件的基础上，分析了环江县岩溶发育的控制因素及岩溶水的富集规律。结合地区找水打井实例，提出在岩溶区提高找水打井成功率的合理性建议。

关键词： 碳酸盐岩　岩溶　地下水　打井

1　引　言

环江毛南族自治县位于广西西北部，是全国唯一一个毛南族聚居地。全县总面积4572.31km^2，其中岩溶石山区面积约占63.7%，面积约2913.6km^2。受地形地貌、降水分布和地质条件的限制，环江县西部、中部和南部广泛分布的大石山区，历史上长期处于缺水状态，水资源短缺的问题一直制约着当地经济发展和人民生活水平的提高。

2009年8月以来，广西出现秋冬春连旱。为全面贯彻落实胡锦涛总书记、温家宝总理关于抗旱救灾工作的重要指示精神和党中央、国务院的决策部署，保障人民群众基本生活生产用水，广西壮族自治区党委、政府自2010年4月起在广西连续启动了大石山区人畜饮水工程建设大会战、"十二五"农村饮水安全工程建设大会战、精准扶贫找水打井工程，项目的实施单位为广西壮族自治区桂林水文工程地质勘察院。作者作为一名水工环地质工作者，有幸参与了环江毛南族自治县大石山区人畜饮水工程建设大会战和"十二五"农村饮水安全工程建设大会战，在环江县进行了大量的水文地质勘查工作，为环江县8个乡镇70多个缺水村屯打了73口水井，解决了3万多人的人畜饮水问题，并在该地区积累了一些找水打井经验，对在该地区的找水打井工作具有一定的借鉴作用。

2　区域水文地质条件

2.1　地形地貌

环江县地处桂西北云贵高原与桂中岩溶平原过渡的斜坡地带，属高丘石山地区，总地势为北高南低，四周山岭绵延，中部为丘陵，略成盆地。环江县大石山区地貌按其成因可分为侵蚀-溶蚀成因的岩溶低山丘陵、溶蚀成因的峰丛洼地谷地和峰林谷地 3 种地貌类型。岩溶低山丘陵主要分布于驯乐乡、明伦镇、洛阳镇、思恩镇、长美乡一带，为不纯碳酸盐岩与碎屑岩间互成层或相夹分布区，岩溶化作用相对较弱。峰丛洼地谷地主要分布于川山镇、下南乡、水源镇、大安乡、大才乡、明伦镇、长美乡等地，为碳酸盐岩分布区，基岩常裸露，漏斗、落水洞、溶洞、地下河等普遍发育。峰林谷地主要分布在水源镇温平-广南一带，沿广南断裂形成的较大谷地，谷地平坦开阔，两侧溶峰林立。

2.2 地层岩性

环江县大石山区出露的地层主要有泥盆系、石炭系、二叠系。

泥盆系（D）：在县境内发育不全，缺失下统，断续出露于西部川山，北部北山-驯乐、永安-全安、城隍及东部龙岩-东兴、长美、大安-重楼一带。总厚度为 549~1926m。分别不整合接触于元古宇及寒武系之上。岩性为厚层状石灰岩、白云岩、白云质灰岩，夹泥灰岩。

石炭系（C）：县内出露最广泛的地层，发育比较完整，露头出露较好，总厚度为 1435~3216m。与下伏上泥盆统为整合接触关系。岩性为石灰岩、白云岩夹泥质灰岩、泥灰岩。

二叠系（P）：出露面积较小，岩性单一、稳定，主要由石灰岩组成，夹页岩及薄层煤。总厚度大于 403~1161m。与下伏石炭系整合接触。

2.3 岩溶发育的控制因素

2.3.1 地质构造对岩溶发育的控制作用

环江县境经历了四堡、加里东、印支-燕山三大地壳运动，形成了较多褶皱、断层等构造形迹，地质构造极为复杂。断裂是县域内最重要的构造形迹。近 SN 向和 NNE 向的断裂一般为延伸远的压扭性大断裂，其破碎带宽度多在十余米到数十米之间，胶结紧密，透水性差。但此类区域性断裂影响带一般宽数十米至 200 余米，次级小断裂和节理裂隙十分发育，相互沟通，成为地下水活动和岩溶发育的良好空间。所以 NNE 向和近 SN 向大断裂一般具有良好的纵向导水、横向阻水的双重特性，常为区域地下水运移的主要通道，对岩溶发育和水文地质条件起着主导作用。NW 向断裂一般延伸较短，张扭性为主，是重要的局部性地下水活动通道。如西部众多岩溶大泉都出自 NW 向断裂或节理，而在与 NNE-NE 向断裂的交汇处出露地表。EW 向断裂主要集中在西部下南一带，断裂带中构造岩致密，多具局部阻水性质，但上盘宽 30~200m 的破碎带，因胶结松散、岩块破裂、易溶蚀，所以在断裂上盘一侧地下河受其限制呈 EW 向展布。从钻孔资料看，断裂带附近一般溶洞裂隙发育，水量丰富。

县域内碳酸盐岩中的褶皱一般较平缓,遭受断裂破坏,因而其不同部位岩溶发育的差异规律无明显显示,褶皱构造本身对区内岩溶发育和岩溶水文地质条件不起主导作用。但从整体上看,质纯、均匀状的碳酸盐岩多出露在背斜、向斜核部,质不纯和夹碎屑岩较多的碳酸盐岩都出露在翼部,故核部岩溶发育强于翼部。此外,西南部弧形褶皱,控制着沿岩层走向或顺层面发育的那些岩溶形态的展布。部分褶皱(如里腊向斜、明伦向斜)轴部节理裂隙相对较发育,岩溶发育也相对强烈一些。

2.3.2 碳酸盐岩与岩溶发育

县境内主要存在以下几种碳酸盐岩:石灰岩、白云质灰岩、泥质灰岩、泥灰岩、白云岩等。碳酸盐岩岩溶发育特征详见表1。

野外观察,石灰岩与白云质灰岩相对溶蚀度较高,物理破坏量较小,野外所见其岩溶发育程度最强,多洞穴、管道、岩溶化均匀性差。白云岩相对溶蚀度低,物理破坏量大,溶蚀残留的白云石粉堵塞通道,妨碍其岩溶化的进一步发展,故岩溶发育较弱,以溶蚀裂隙和溶孔为主,发育比较均匀。不纯石灰岩虽然相对溶蚀度较高,但物理破坏量占比例大,溶蚀残留的大量泥质阻止其岩溶深入发展,野外所见其岩溶发育程度最弱,以裂隙为主。上石炭统和上泥盆统碳酸盐岩最纯,为岩溶发育最强的岩组,二叠系次之,再次为独山组。下石炭统(罗城组除外)碳酸盐岩不溶物质含量最高,所夹非可溶岩也最多,是岩溶发育最弱的岩组。

表1 环江县碳酸盐岩岩溶发育特征表

岩溶层组类型	岩性	地层代号	岩性特征	岩溶发育及富水性情况	分布
均匀状纯碳酸盐岩	石灰岩、石灰岩夹白云岩	P_2、P_1m、P_1q、C_2pm、$C_{1-2}l$	石灰岩为主,白云岩呈夹层出现,普遍含燧石结核或条带,尤以二叠系多见;罗城组、栖霞组、上二叠统夹泥质灰岩及砂页岩	以峰丛洼地谷地为主,季节性地表河流发育,岩溶管道及裂隙发育,富水性中等	南部温平-大才一带,长美、明伦、西部大沙坡一带
	石灰岩、白云岩、白云岩夹石灰岩	C_2d—h	白云岩为主,下南一带为灰色及浅灰色细晶灰岩,致密石灰岩夹白云岩,明伦一带为灰白色白云岩夹灰色石灰岩	部分属于高峰丛洼地谷地。构造、溶洞、地下河发育,洞穴化程度高,富水性中等	主要分布于下南、明伦、思恩福龙一带
	石灰岩、白云岩	D_3r、D_3y—D_2d^3	石灰岩、白云岩夹少量泥质灰岩、砂页岩	峰丛洼地谷地,构造发育,溶洞发育,洞穴化程度高,地下河发育,富水性中等	分布于大才、东兴、龙岩、驯乐等地

续表

岩溶层组类型	岩性	地层代号	岩性特征	岩溶发育及富水性情况	分布
间互状碳酸盐岩	石灰岩、白云岩、泥灰岩、泥质灰岩夹砂页岩、硅质岩	D_3l、D_2d^1	石灰岩、白云岩、泥灰岩、泥质灰岩夹砂页岩、硅质岩，砂页岩主要夹在中上部	岩溶低山丘陵，以节理裂隙为主，发育少量溶洞，富水性贫乏	叠岭、古宾、北山一带
	砂页岩夹石灰岩、泥质灰岩、泥灰岩	C_1s、C_1h、C_1y—d、C_{h-l}、C_1yt、C_1y	砂页岩夹石灰岩、泥质灰岩、泥灰岩、碳酸盐岩质不纯，占含水岩组总厚的30%～50%	以节理裂隙为主，发育少量溶洞，岩溶漏斗发育，富水性贫乏	区内均有分布

2.4 岩溶水的富集规律

2.4.1 向斜核部的碳酸盐岩富水

以里腊向斜为例，该向斜主要分布在南部里腊、温平一带，处于宜山"山"字形构造西翼反射弧与新华夏构造复合部位，地层包括二叠系至罗城组的各个层位，岩性以石灰岩为主，夹白云岩。该褶皱较平缓、断裂发育。地貌以峰丛洼地为主，其间嵌布峰林谷地和岩溶盆地，峰丛区落水洞、竖井、天窗顺岩层走向和断裂发育，地下河蜿蜒穿行，谷地、盆地中岩溶潭及大泉常见，暗河管道发育。在西里、含香、温平一带33个钻孔中有21个涌水量大于100m³/d，占63.6%，富水性为中等富水。

2.4.2 背斜轴部的碳酸盐岩富水

以卜洞背斜为例，地下水沿岩层层面的溶蚀裂隙往轴部汇流而形成管道水集中排泄，沿轴部发育有永安地下河及上大吉地下河。在背斜核部施工的3个钻孔，涌水量分别为145.8m³/d（水位降深5m）、542.4m³/d（水位降深4.7m）、319.1m³/d（水位降深1.6m），富水性为中等富水。

2.4.3 压性和压扭性断裂影响带富水

压性、压扭性断裂在通过岩溶山地或陡坡地段，迎水盘富水，通过盆地或谷地中部，两盘均富水。一盘为碳酸盐岩，另一盘为碎屑岩，则碳酸盐岩盘富水。例如，广南压扭性断裂在温平谷地一带，在断裂影响带施工的7个钻孔中有6个钻孔涌水量大于100m³/d，占85.7%，富水性为中等富水。

2.4.4　张性和张扭性断裂带富水

张性和张扭性断裂带岩层破碎，导水性好，常发育有地下河和岩溶大泉，如八面张扭性断裂在人和-重楼一带，沿断裂带发育有北造地下河，在断裂影响带施工的 11 个钻孔中有 7 个钻孔涌水量大于 $100m^3/d$，占 63.6%，富水性为中等富水。

3　水源镇含香村下含屯找水打井实例

水源镇位于环江县西南部，境内多属喀斯特岩溶地貌，地下水多以管道形式存在，水位埋深大，地下水露头点少，旱季地下水深埋。下含屯位于水源镇南面，距水源镇政府约 12km，居民约 985 人，长期存在用水难问题。

3.1　地质构造

下含屯位于广南压扭性断裂下盘。该断层属新华夏断裂构造，近 SN 向发育，延伸 76km。该断层北端倾向 NW，倾角 70°～72°，南端倾向 SE，倾角 32°～50°，两翼被断裂破坏，保存不全。断层带有断层角砾岩，充填有方解石、石英脉，破碎带宽 8m，地貌反映清晰，扭转明显。在水源广南-温平一带沿断裂带发育方向发育有峰林谷地。

3.2　水文地质条件

下含屯位于温平峰林谷地中，地下水类型主要为纯碳酸盐岩裂隙溶洞水。含水岩组主要为下二叠统栖霞组（P_1q）石灰岩夹白云岩、上石炭统大埔组、黄龙组并层（$C_2d—h$）、马平组（C_2pm）石灰岩、白云岩。岩石可溶性强，岩石孔隙、裂隙均较发育，沿断裂溶蚀作用明显。地下水赋存、运移于溶隙、溶洞、溶道（管）中，富水性中等。地下水补给主要为大气降雨。据野外调查访问，雨季暴雨后，谷地常被洪水淹没，每年 9～10 月，随着降雨量减少，谷地中的地表溪流开始断流，地下水水位下降，地下水动态类型为气象型。地下水的排泄总体由北向南沿谷地向龙江河排泄。谷地地下水水位埋深丰水期一般 0～3m，枯水期一般 4～7m，年变幅一般不超过 5m。

3.3　以往工作情况

据调查访问，下含屯历史上曾有过 3 次找水打井工作，最近一次于 2009 年，下含屯村民曾合资请专业打井队在该屯找水打井，成孔一个（水点编号 4），村民要求提交开采水量 $120m^3/d$ 以上。因井位于断裂破碎带，破碎带中泥质胶结严重，洗井后水中含泥量太高，水质浑浊，无法使用，找水失败。饮水难的问题仍然未能解决。

3.4　找水靶区确定

根据对广南压扭性断裂的沿线调查访问，断裂下盘 C_2d-h 石灰岩较上盘石灰岩成分要纯，溶洞、岩溶管道、岩溶裂隙发育，多见岩溶泉、溶潭和伏流，岩溶发育较上盘发育，断裂下盘较上盘富水。断裂破碎带一般方解石、石英脉和泥质充填，导水性相对较差，初步判断在断层下盘找水。

现场调查，下含屯南侧鱼塘边有一岩溶泉（水点编号3），该泉水四季不干。且西侧山体上发育有一条裂缝，其走向与泉水出露方向和地下水流向一致。为此确定找水靶区为下含屯南侧稻田中。

3.5　勘探孔孔位确定

找水靶区确定后，结合物探工作进一步确定勘探孔孔位（图1）。物探采用高密度电阻率法，使用 DUK-2A 高密度电法测量系统测量，为提高数据采取准确率采用温纳装置剖面和施伦贝尔装置剖面两种方法测量，共布置了两条测线。测线长度为290m，测量极距为10m，测量深度为90m。测线布置方向垂直于地下水流向和裂隙方向。

从图2、图3中看出剖面1在155m处有低阻异常出现，经反演后可看出在该处深度为55～75m处有低阻异常段，该异常可与水文地质人员的初步判断相吻合；剖面2没有明显的低阻异常出现。最终选择在剖面1低阻异常处实施钻探。

3.6　钻探成井

该孔成井孔深93.00m，其中0～2.50m为黏土、2.50～93.00m为白云岩，岩石裂隙发育，多为方解石充填。其中18.00～18.60m、21.50～23.00m、50.50～50.70m岩心较破碎，表面溶蚀明显，是该井的主要出水段。该井静止水位为2.45m，洗井30min水质即变清。抽水试验采用10.0t/h深井潜水泵，采用一次降深法进行，抽水延续时间48小时20分，水位稳定延续时间47时25分，水位降深14.35m，涌水量 $Q=2.779L/s$。停抽后水位恢复迅速，说明地下水补给来源广，水量丰富。该井水质由环江县疾病预防控制中心取样分析，除细菌超标外，其他均满足饮用水标准。

4　经验总结

岩溶大石山区找水打井，首先要分析、利用现有的水文地质资料，把握工作区的地下水的流向、枯水期地下水的埋深等。现场调查根据地貌、构造特点及岩石节理裂隙的发育程度、延伸特点等，进一步查清地下水的来龙去脉，准确的定出找水靶区，并借助高密度电法等物探手段，把钻孔位置布在最有利的富水地段上，这样才能提高成井率。就下含屯而言，该峰丛谷地上游来水面积较大，下含屯虽位于广南断裂破碎带，破碎带中泥质充填比较明显，但仍具备打井成井条件。

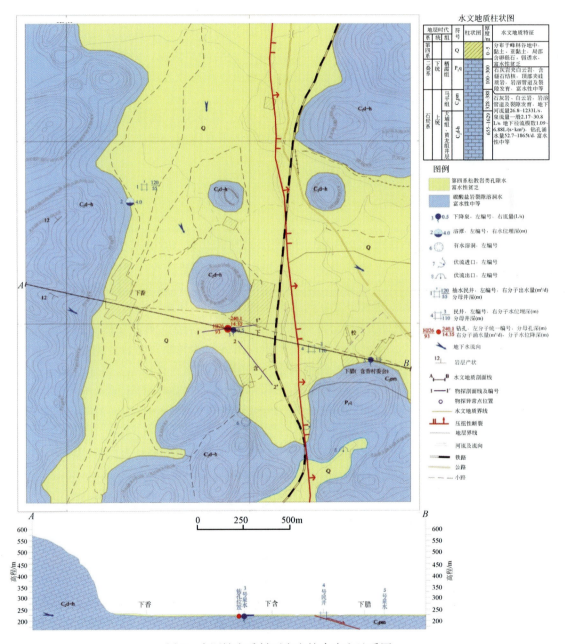

图1 水源镇含香村下含屯综合水文地质图

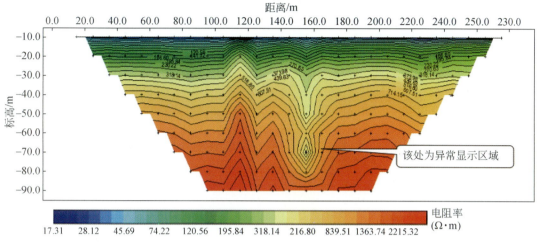

图2　剖面1施伦贝尔ρ_s断面等值线图

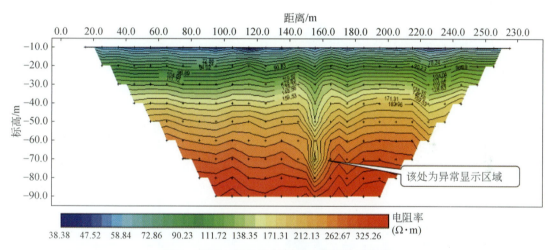

图3　剖面1施伦贝尔断面ρ_s等值线反演图

参 考 文 献

［1］《水文地质手册》编纂委员会．水文地质手册（第二版）．北京：地质出版社，2012

［2］张贵．珠琳地区岩溶水分布规律及找水经验．水文地质工程地质，2003，（1）：73～75

［3］中国地质调查局．严重缺水地区地下水勘查论文集．北京：地质出版社，2003

广西都安县大兴乡池花村弄屯找水打井勘查示范工程

张云良　　覃兰丽

（广西壮族自治区桂林水文工程地质勘察院，桂林　541002）

摘要：本文从找水靶区选择、勘探方法体系、钻探工艺等对广西大石山区应急抗旱勘查过程进行了总结，并指出今后在该区开展找水工作的难点。

关键词：找水靶区　大石山区　岩溶水

1　引　　言

1.1　任务来源

2009 年 8 月以来广西降水量严重偏少，2010 年 2 月平均降水量仅 11mm，比历年平均减少 80%。高温少雨与大石山区岩溶地表干旱缺水的客观条件叠加，导致旱情迅速蔓延，尤其以桂西北旱情最严重。根据中共广西壮族自治区委员会、广西壮族自治区人民政府关于"开展大石山区人畜饮水工程建设大会战的决定"，并先后启动了自然灾害救助二级应急响应和抗旱二级应急响应，在大石山区开展大规模的水文地质勘探，积极寻找新水源。

1.2　自然地理与缺水状况

大兴乡位于都安瑶族自治县西北部，乡政府驻地距县城 30km，北毗永安乡，南邻高岭镇，东与五竹村交界，西与隆福、保安乡接壤，全乡总面积为 163.4km²。交通便利，水任至南宁高等级公路贯穿境内 17.5km。都安县母亲河——澄江河发源于乡境内的"楞燕"，流经境内 12km。

弄屯位于下大兴乡政府北约 5.0km，光隆岩附近。弄屯及周边屯的居民约 800 人，仅靠雨水汇集水柜饮用，长期存在用水难问题。

1.3　地质构造与水文地质条件

1.3.1　地质构造

广西都安县地处云贵高原向广西盆地过渡的斜坡地带,都阳山系东段从 WN 向 SE 贯穿全境。整个地势自 WN 向 SE 倾斜,西北高、东南低。境内地貌以岩溶地貌为主,约占全县总面积的93.9%。岩石多为石灰岩,且又几乎无处不在,有"石山王国"之喻(图1)。

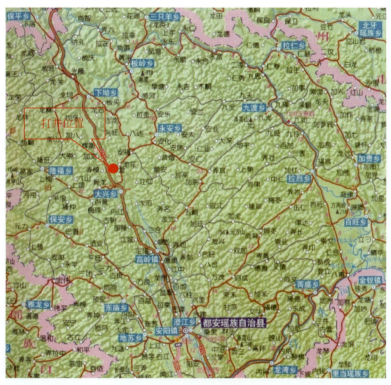

图1　行政区划及交通位置图

都安县在构造上位于右江再生地槽东侧的都阳山隆起南东端,东邻桂中凹陷的来宾断褶带,南接西大明山隆起带及靖西-田东隆起带,西与桂西拗陷的西林-百色断褶带相接。所在的地质构造体系为广西"山"字形构造前弧西翼中段。褶皱及断层为 NNW 向展布,遍布全境。主压应力是 NE-SW 向,压性结构为 NNW 向。

弄屯所在区域属于碳酸岩,弄屯西北侧约0.5km 发育有一条性质不明断层,断层发育方向均为 ES-WN(图2)。

1.3.2　水文地质条件

含水岩组及地下水类型:本区地下水类型为纯碳酸盐岩裂隙溶洞水;碳酸盐岩裂隙溶

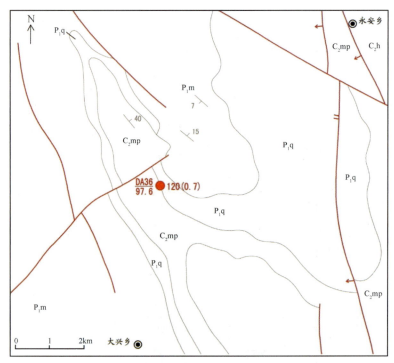

图 2　构造平面图

洞水地下水赋存于岩石裂隙及溶洞中，含水岩组主要为中石炭统马平组（C_2mp），下二叠统茅口组（P_1m）、栖霞组（P_1q），地下径流模数为 3~6L/（s·km²）。地下水位主要受降雨影响，地下水动态类型为气象型。

　　地下水富水性：地下水富水性主要受岩组、构造、地形、地貌和降雨量控制。弄屯附近地下水碳酸盐岩岩组分布区，地下水主要汇聚于地下岩溶管道中，水量中等，地下水埋深小于50m。地下水总体流向 NW–ES，最终排入侵蚀基准面澄江（图3）。

1.4　以往找水打井情况

　　弄屯附近当地水利部门曾打过 3 个钻孔，均未打出水。分析以往打井失败的原因主要有：首先打井前未在该地区进行过水文地质详细调查，对该地区的地下水埋藏、赋存等情况没有一个整体的认识，海拔较高钻孔施工深度不够；其次，该屯微地貌不发育，由于缺乏资料，对该地区的构造调查不清楚；还有就是在消水洞附近打井命中率极低，消水洞只是一个消水的通道，地下水无法存储在附近。

　　根据区域地质资料及水文地质调查，该地区域地下水类型为碳酸盐岩裂隙溶洞水，富水性为中等。碳酸盐岩裂隙溶洞水地下水位埋藏深度小于50m，岩溶中等发育，区域性构造不发育。打井的难点在于对构造的正确判断及地下水位的埋藏深度。

　　断裂构造控制着本区岩溶的发育，也控制了地下水的赋存与运移。地下水的非均匀性

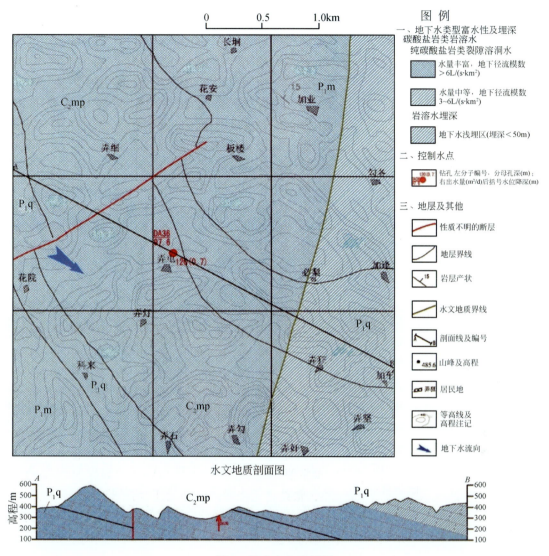

图 3　综合水文地质图

分布及浅部贫水特征，增大了地下水勘查工作的难度。

2　找水打井勘查示范工程

2.1　找水打井技术方向

根据区域地质资料及现场水文地质调查，该地区处于碳酸岩地带；该地区打井的主攻方向为碳酸盐岩裂隙溶洞水，井位的确定主要考虑蓄水构造；含水层为碳酸岩，地下水水量中等，地下水赋存与裂隙溶洞中，降雨通过岩石裂隙渗入地下。

2.2 找水靶区确定

张性、扭性断裂破碎带往往是地下水储存和活动的空间，在岩溶区，断裂破碎带的存在，有利于降水或地表水入渗，促使岩溶作用的强烈进行。因此，在这些地段常常富集岩溶水。由于断裂面力学性质不同及胶结程度的差异，富水程度因地而异。弄屯东北侧发育有一条局部小构造，沿构造发育方向发育有消水洞等地表岩溶现象，说明该地区岩溶发育。

根据地质资料及现场调查、访问，判断该地区地下水总体上由 NW 向 ES 流，弄屯东北侧发育有一条局部小构造，且发育有消水洞、漏斗等岩溶现象；为此水文地质专业技术人员确定找水靶区为弄屯东北侧靠近。

2.3 勘探孔孔位确定

通过追踪弄屯东北侧构造，发现山边发育有地表岩溶现象，且该断层导水较好，因此水文地质技术人员在该地区确定找水靶区，并结合物探确定孔位。

大石山区岩溶水含水介质为溶洞裂隙，电性与围岩有较大的差异，根据这一特点，本次大会战找水应用高密度电法来探测地下水环境，间接寻找地下水。

本次高密度电阻率法为提高数据采取准确率采用温纳装置剖面和施伦贝尔装置剖面两种方法测量。共布置了 1 条测线。测线长度为 290m，极距为 10m，测量深度为 90m。测线布置方向垂直于地下水流向。

图 4、图 5 中显示该剖面 185m 处有明显低阻异常点出现，经反演后可看出在该处深度为 40～50m 处有一低阻异常段，该异常可与水文地质人员判断的构造带吻合，初步判定该处为溶洞或岩溶发育，建议在该处实施钻探，由于该地区地下水位埋深较深，考虑到枯水季节的水位埋深，建议钻探深度不小于 90m。

2.4 勘探孔钻探施工

2.4.1 钻探过程及施工工艺

钻探施工工艺流程为：钻孔布置—单孔设计—确定施工设备—设备安装—成孔施工—洗孔抽水试验—验收合格—装泵交付使用。该井上部黏土采用冲击钻进，下部基岩采用金刚石钻头旋转钻进。井口管为 Φ168mm 无缝地质管。由于钻孔内裂隙及溶洞无黏土充填，且表层黏土已用套管隔住，因此不需进行洗井。

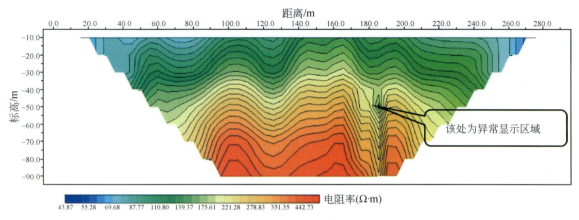

图 4 施伦贝尔 ρ_s 断面等值线图

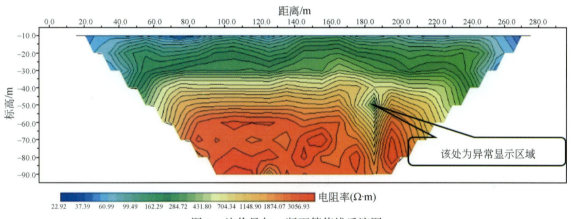

图 5 施伦贝尔 ρ_s 断面等值线反演图

2.4.2 钻进过程遇到的问题及解决方法

在岩溶区钻进过程遇到的问题主要有卡钻、埋钻及钻具脱落等情况。本孔钻探由于地层破碎，遇到了卡钻现象。卡钻以掉块卡钻为主；解决方法是以提荡为主，然后是提顶结合。若提冲不能解卡时，则采用吊锤打。

2.4.3 钻探结果

钻孔孔深 97.6m，其中 0～6.0m 为黏土，6.0～97.6m 为白云岩，浅灰白色，细晶结构，厚-巨厚层。节理、裂隙及岩溶微发育，岩心较完整，岩层的透水性及含水性较差。37.0～41.8m 岩溶发育段，其中：40.1～41.8m 为溶洞，洞高 1.7m，饱水，该段含水丰富，为本孔主要出水段。41.8～97.6m 白云岩，发育有少量裂隙，无溶蚀现象，含水性差。

水井结构：Φ170mm/9.0m、Φ150mm/19m、Φ130mm/42.5m、Φ110mm/97.6m；井口管：Φ168mm/9.2m，其中下入孔内9.0m；花管为127mm/3.0m，下入深度为39.5~42.5m。

该井地下水类型主要为碳酸盐岩裂隙溶洞水，贮存并运行于白云岩溶洞、裂隙中，含水段主要为37.0~42.0m，水量较丰富，是该井的主要出水段。地下水静水位38.0m。

2.4.4　抽水试验及参数计算结果

从岩溶区以往抽水实践上分析，单井涌水量较大的地段，其岩溶往往是较发育的，因而在本次工作中满足水量条件的井孔均可以采用稳定流单孔抽水试验方法来确定其水文地质参数，通过定流量、不同降深较长时间的连续抽水，还可以揭示出场地的一些其他水文地质条件，如各含水层间及与地表水之间的水力联系、边界的性质及简单边界的位置、地下水补给通道、强径流带位置等。

静止水位38.0m。采用5.0t/h深井潜水泵，采用一次降深法进行试验；水位观测采用万用电表+电线测绳，流量观测采用薄壁三角堰，水温观测采用普通水银温度计。出水管为5.0英寸镀锌管；泵头下入深度为45.00m；水位观测利用钻孔与出水管空隙进行观测。抽水试验从2011年9月6日20时0分开始至2011年9月8日11时0分结束，延续时间39小时，水位稳定延续时间38时55分，水位降深为0.7m，涌水量$Q=1.519L/s$（$Q=5t/h$）。停抽后水位几乎立即恢复，说明地下水补给来源广，水量丰富。该井水质由都安县疾病预防控制中心进行了取样分析，水质除细菌超标外，其他均满足饮用水要求。

3　示范工程总结

3.1　技术总结

（1）弄屯位于都安县大兴乡北部，地下水类型属于碳酸盐岩溶洞裂隙水地区，地下水以岩溶裂隙的形式赋存。弄屯地下水地下水总体流向为NW-SE向、枯水期地下水位埋深在30~40m。

（2）物探工作与地面调查相结合，综合分析、排除干扰，共同寻找物探异常的原因，是获得打井找水成功的关键。高密度电法在岩溶区找水已获得了许多成功的经验，但同时也存在一些较难解决的问题，主要有物探异常的多解性、地层岩性复杂时富水性难以判断。针对不同地区找水选用的物探方法、物探解释也有略有不同，物探找水应结合水文地质调查，选取合适的方法进行。

（3）岩溶区找水要注意地表的岩溶现象及微地貌。调查时该地区地表出露有消水洞及漏斗等，且消水洞均是沿一组或两组裂隙发育，裂隙发育方向为NW-SE向，因此通过追踪这些地表现象可以判断该区地下水的总体流向。

3.2　社会效益

弄屯打井项目,成功地解决了弄屯当地 800 人及 110 多头牲畜饮水难问题;提高当地群众的生产、生活质量;实现当地社会经济的可持续发展。

3.3　有关建议

都安县地下水以碳酸盐岩裂隙溶洞水为主,岩溶发育主要沿裂隙、节理、断层、层面构造及缝合线等边界进行,形成小至溶孔大到规模巨大的溶洞、地下管道等不同岩溶形态,但以大的溶洞、管道及溶蚀裂隙占优势,岩溶往往发育强烈而分布不均匀。因此,含水介质以裂隙及溶洞为主。

弄屯属于碳酸岩地区,地貌上属于岩溶峰丛洼地,汇水面积小,地下水埋藏较深,几乎无地表水,地下水主要受降雨补给,大雨时洼地内常形成内涝,随后降雨沿着岩石裂隙等迅速进入地下,再加上当地县城技术水平、资金有限,无法开发利用地下水,从而造成水源性严重缺水,因此随着农村安全供水水文地质工作的不断深入,岩溶峰丛洼地地貌区将逐步成为今后找水的重点、难点。

广西都安县隆福乡隆福村下漠屯找水打井勘查示范工程

丁 凯 李成庆 王 斌

（广西壮族自治区桂林水文工程地质勘察院，桂林 541002）

摘要： 广西都安瑶族自治县，地处云贵高原向广西盆地过渡的斜坡地带，是广西严重缺水的大石山区之一。本次找水打井工作，通过地面水文地质调查、工程物探、钻探等手段，成功打出一口水井，解决了当地村民的长期用水难问题。通过对地区的找水方法及成井条件的分析，为今后类似岩溶地区的找水打井工作提供了科学依据。

关键词： 岩溶 找水打井 水文地质

1 引 言

2009 年 8 月以来，广西出现秋冬春连旱，而且旱情发展迅速，广西壮族自治区先后启动了自然灾害救助二级应急响应和抗旱二级应急响应，在大石山区开展大规模的水文地质勘探，积极寻找新水源。

隆福乡地处都安瑶族自治县西北部，东连大兴乡，西接大化瑶族自治县七百弄乡和板升乡，南靠保安乡，北交下拗镇，乡府驻地距离都安县城 53km。隆福乡是河池市人民政府确认的革命老区，全乡总面积 153.2km²，隆福乡是典型的大石山区乡，石山面积占 96%。下漠屯位于都安县城西北侧，隆福乡政府西南侧约 1.2km。下漠屯及周边屯的居民约 2500 人，长期存在用水难问题。

2 地质构造与水文地质条件

2.1 地质构造

广西都安县地处云贵高原向广西盆地过渡的斜坡地带，都阳山系东段从 WN 向 ES 贯穿全境。整个地势自 WN 向 ES 倾斜，西北高、东南低。境内地貌以岩溶地貌为主，约占全县总面积的 93.9%。下漠屯西侧发育有一条断裂，该断裂为性质不明断层，发育方向 NE-SW，沿断裂带发育方向发育有峰丛洼地、峰丛谷地，该断层导水性相对较好。

2.2 水文地质条件

本区地下水类型主要为纯碳酸盐岩裂隙溶洞水，地下水赋存于岩石裂隙及溶洞中；含水岩组主要为下石炭统大塘组（C_1d）及岩关组（C_1y）；地下径流模数为 3～6L/（s·km^2）；地下水位主要受降雨影响，地下水动态类型为气象型。地下水富水性主要受岩组、构造、地形、地貌和降雨量控制。在碳酸盐岩岩组分布区，地下水主要汇聚于地下岩溶管道中。下漠屯附近地下水水量中等，地下水埋深小于 50m；地下水均沿地苏地下河系径流，最终排入当地侵蚀基准面红水河（图 1）。

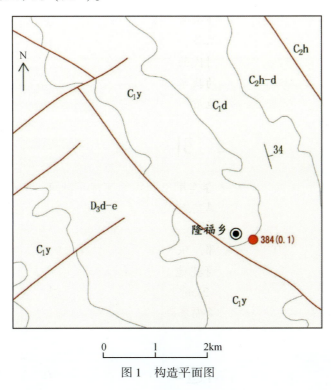

图 1 构造平面图

本区地下水动态变化规律主要表现为剧变性；动态反应灵敏，快涨快落，高峰延续时间一般较短，曲线呈尖锥形。该区地下水以岩溶水为主，地下水径流条件好，水化学类型主要是 HCO_3-Ca 型，地下水细菌超标，利用消毒等措施处理后可作为饮用水。

3 找水打井勘查示范工程

3.1 找水打井技术方向

根据区域地质资料及现场水文地质调查，该地区地下水主要为碳酸盐岩裂隙溶洞水；

该地区打井的主攻方向为裂隙溶洞水，井位的确定主要为蓄水构造；含水层为碳酸岩，地下水水量中等，地下水赋存与裂隙溶洞中，降雨通过岩石裂隙渗入地下。

3.2　找水靶区确定

　　张性、扭性断裂破碎带往往是地下水储存和活动的空间，在岩溶区，断裂破碎带的存在，有利于降水或地表水入渗，促使岩溶作用的强烈进行。因此，在这些地段常常富集岩溶水。隆福乡一带是几个构造体系的复合部位，断裂发育，NW–SE 向主断裂发育，并伴有 SW–NE 向次级断裂，这些断裂有着较宽的破碎带，地下河发育；其中天窗、漏斗、落水洞、溶井呈线状分布（图 2）。

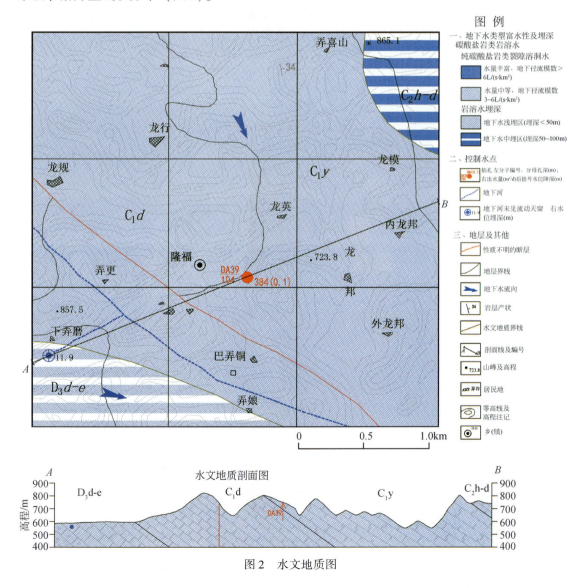

图 2　水文地质图

根据地质资料及现场调查、访问，判断该地区地下水总体上由 NW 向 ES 流，下漠屯西侧有一条裂隙发育，且西侧发育有消水洞等岩溶现象，为此水文地质专业技术人员确定找水靶区为下漠屯西侧靠近山边区域。

3.3 勘探孔孔位确定

大石山区岩溶水含水介质为溶洞裂隙，电性与围岩有较大的差异，根据这一特点，本次抗旱找水应用高密度电法来探测地下水环境，间接寻找地下水。

本次高密度电阻率法为提高数据采取准确率采用温纳装置剖面和施伦贝尔装置剖面两种方法测量。受地形影响本次物探工作布置了 1 条测线。测线长度为 290m，本次测量极距为 10m，测量深度为 90m。测线布置方向垂直于地下水流向，且测线靠近裂隙（图 3 ~ 图 6）。

从图 5 可看出在剖面 150m 处有明显低阻异常出现，从图 3 经反演后可看出在该处深度为 70m 处有一低阻异常段，该异常可与水文地质人员判断的构造带吻合，初步判定该处为一溶洞，建议在该处实施钻探，由于该地区地下水位埋深较深，考虑到枯水季节的水位埋深，建议钻探深度不小于 100m。

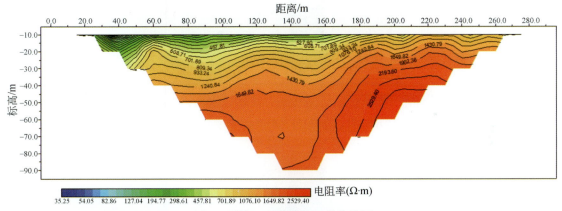

图 3 测线 1 温纳断面 ρ_s 等值线图

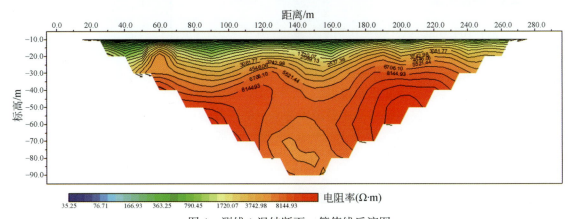

图 4 测线 1 温纳断面 ρ_s 等值线反演图

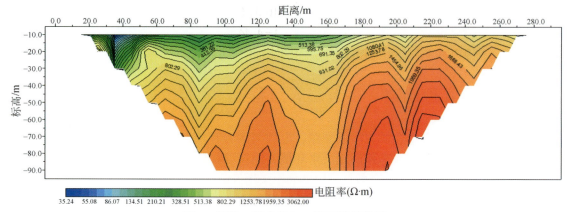

图 5　测线 1 施伦贝尔 ρ_s 断面等值线图

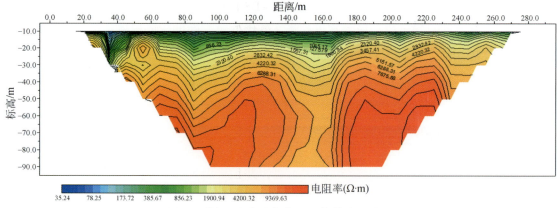

图 6　测线 1 施伦贝尔断面 ρ_s 等值线反演图

3.4　勘探孔钻探施工

3.4.1　钻探结果

该孔孔深 104.0m, 其中 0 ~ 0.3m 为黏土, 0.3 ~ 104.0m, 石灰岩, 厚-巨厚层。节理、裂隙发育, 岩心较破碎, 裂面多沿节理或裂隙裂开, 岩石裂隙为方解石充填。其中 0.3 ~ 40m 岩心完整, 52.0 ~ 55.0m、60.0 ~ 63.0m、69.0 ~ 72.0m 段岩心极破碎, 无黏土充填, 水量丰富, 为本孔主要出水段。

该井地下水类型主要为碳酸盐岩裂隙溶洞水, 贮存并运行于石灰岩溶洞、裂隙中, 含水段主要为 52.0 ~ 82.0m 段, 厚为 30.00m, 水量较丰富, 是该井的主要出水段。地下水静水位 19.5m、动水位 19.6m。

3.4.2　抽水试验

该井静止水位 19.5m。采用 16.0t/h 深井潜水泵, 采用一次降深法进行抽水试验; 抽水试验从 2010 年 5 月 15 日 8 时 0 分开始至 16 日 10 时 0 分结束，延续时间 26 小时，水位稳定延续时间 25 时 50 分，水位降深 0.1m，涌水量 $Q=4.44L/s$（$Q=16.0t/h$），水位几乎一直保持在静止水位（降深仅 0.1m）。停抽后水位几乎是立即恢复，说明地下水补给来源广，水量丰富。

4 示范工程总结

4.1 技术总结

（1）下漠屯位于都安县隆福乡东南部，地下水类型属于碳酸盐岩溶洞裂隙水地区，地下水以岩溶裂隙的形式赋存。

（2）下漠屯地下水地下水总体流向为 NW–ES 向、枯水期地下水位埋深在 50~70m；地貌为峰丛洼地，汇水面积较小；该地区地下水在水文地质单元中处于地下水的补给、径流区，在该屯西侧发育有导水断层，且岩石节理裂隙较发育，并且在该屯西侧发育有一组裂隙，裂隙延伸至地下，从而确定该处的找水靶区在该屯西侧裂隙发育附近。借助高密度电法物探，从而把钻孔位置布在裂隙附近。

（3）物探工作与地面调查相结合，综合分析、排除干扰，共同寻找物探异常的原因，是获得打井找水成功的关键。高密度电法在岩溶区找水已获得了许多成功的经验，但同时也存在一些较难解决的问题，主要有物探异常的多解性、地层岩性复杂时富水性难以判断。以前当地水利局施工一个钻孔，未打出水，并且由于技术条件有限，未做水文地质调查，仅靠高密度电法定的孔位，岩心破碎，物探表现为低阻异常，与含水溶洞所引起的物探异常是类似的，给找水打井带来一定的难度；本次施工在充分水文地质调查的基础上进行高密度电法定孔位，打井成功，结果证明了岩溶区找水应以水文地质调查为基础，首先圈定找水打井靶区，然后再结合物探确定打井井位。

（4）岩溶地貌与地下水系之间存在密切的关系。岩溶地下水系，只要分布在裸露、浅覆盖岩溶区，其必然要在地表有一定的表现，有的直接以天然露头的形式出现如溶井、落水洞、地下河天窗，更多的则是以地表的微地貌形态来表现，如串珠状洼地、条形洼地等。可以利用地下水系在地面的这些现象，追踪地下水系。

（5）区域调查应注意弄清楚区内地下水所属类型，是地下河、岩溶大泉还是分散流类型；在水文地质单元中是补给区、径流区还是排泄区；判断供水水文地质条件的复杂性；初步查明控制地下水的分布、埋藏特点地质构造；查明控制岩溶发育方向的主要构造及控制岩溶具体发育的结构面–主导的构造裂隙等。

4.2 社会效益

下漠屯打井项目，成功地解决了下漠屯及隆福街当地 2500 人及 1000 多头牲畜饮水难问题；提高当地群众的生产、生活质量；实现当地社会经济的可持续发展。

广西都安县下拗镇耀南村弄门屯找水
打井勘查示范工程

丁　凯　范新东　李成庆

（广西壮族自治区桂林水文工程地质勘察院，桂林　541002）

摘要： 广西都安瑶族自治县地处云贵高原向广西盆地过渡的斜坡地带，是广西严重缺水的大石山区之一。本次找水打井工作，通过地面水文地质调查、工程物探、钻探等手段，成功打出一口水井，解决了当地村民的长期用水难问题。通过对地区的找水方法及成井条件的分析，为今后广西大石山区类似岩溶地区的找水打井工作提供了科学依据。

关键词： 岩溶　找水打井　水文地质

1　引　　言

2009年8月以来，广西出现秋冬春连旱，而且旱情发展迅速，广西壮族自治区先后启动了自然灾害救助二级应急响应和抗旱二级应急响应。根据自治区政府部署，广西地质矿产勘查开发局迅速组织专业队伍参与抗旱应急找水打井工作，并以桂地矿发〔2010〕14号，都安县的抗旱应急响应找水打井工作由广西桂林水文工程地质勘察院承担。

下拗镇位于都安瑶族自治县西北部，东与永安乡、板岭乡接壤，西与大化县板升乡交界，南与大兴乡、隆福乡毗邻，北与金城江区保平乡相连。乡政府所在地距离县城50km。全镇总面积364.4km²。下拗镇是都安县北大门，水南公路和210国道贯穿全境，交通十分便利。弄门屯位于下拗镇政府南约9.0km。弄门屯及周边屯的居民约4000人，仅靠雨水汇集水柜饮用，长期存在用水难问题。

2　地质构造与水文地质条件

2.1　地质构造

都安县在构造上位于右江再生地槽东侧的都阳山隆起南东端，东邻桂中凹陷的来宾断褶带，南接西大明山隆起带及靖西–田东隆起带，西与桂西拗陷的西林–百色断褶带相接。所在的地质构造体系为广西"山"字形构造前弧西翼中段。褶皱及断层为NNW向展布，遍布全境。主压应力是NE–SW向，压性结构为NNW向。

弄门屯位于水文地质单元位置属于碳酸盐岩类裂隙溶洞水富集区；弄门屯周边发育断

裂主要有3条，主要为NW-SE向弧形断裂，断层产状倾向SE。①号断层位于耀南村西面，沿花虎、龙任、龙底，为压性断裂，沿断裂带西侧发育有地下河系，据此判断该断层导水；位于弄门屯东面的②号断层发育方向NW-SE，过加下、弄茶，为性质不明断裂，沿此断裂未发育有谷地等，据此判断该断层局部导水局部阻水；③号断层位于分水岭的北东侧，断裂发育方向为NW-SE向，为性质不明断裂。

2.2　水文地质条件

本区主要为纯碳酸盐岩含水岩组：下二叠统、上石炭统、中石炭统、下石炭统大塘组，纯石灰岩占绝对优势，分布面积广，厚度大。地下水赋存于岩石裂隙及溶洞中，为裂隙溶洞水。为区内的主要含水层。在本区中部，上二叠统（P_2）石灰岩夹页岩碎屑岩岩组中，地下水主要赋存在岩体的构造裂隙中，为基岩裂隙水。属于地下水的补给区（图1）。

地下水富水性主要受岩组、地形地貌和降雨量控制。根据调查资料，该区地下水量较丰富，地下水埋深为40～70m。地下水位主要受降雨影响，地下水动态类型为气象型。地下水总体流向NW-SE，最终排入侵蚀基准面澄江河。

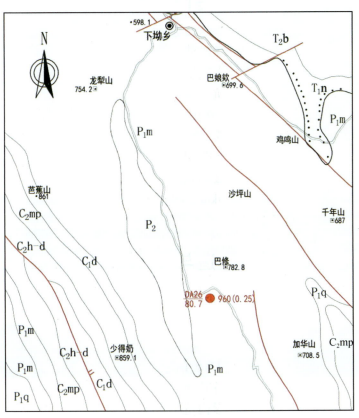

图1　构造平面图

3　找水打井勘查示范工程

3.1　找水打井技术方向

　　根据区域地质资料及现场水文地质调查，该地区地下水主要为碳酸盐岩裂隙溶洞水；该地区打井的主攻方向为裂隙溶洞水，井位的确定主要为蓄水构造；含水层为碳酸岩，地下水水量丰富，地下水赋存与裂隙溶洞中，降雨通过岩石裂隙渗入地下（图2）。

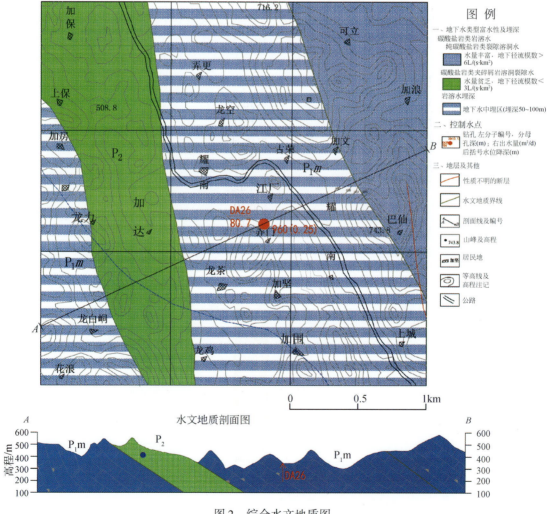

图2　综合水文地质图

3.2　找水靶区确定

张性、扭性断裂破碎带往往是地下水储存和活动的空间，在岩溶区，断裂破碎带的存在，有利于降水或地表水入渗，促使岩溶作用的强烈进行。因此，在这些地段常常富集岩溶水。弄门屯西南侧、东侧、北东侧均有断裂发育，这些断裂有着较宽的破碎带，并且岩溶发育。

根据地质资料及现场调查、访问，判断该地区地下水总体上由北向西南排泄，弄门屯北侧裂隙发育，发育有 1 处天窗及消水洞等岩溶现象；为此水文地质专业技术人员确定找水靶区为弄门屯北侧天窗附近区域。

3.3　勘探孔孔位确定

通过对弄门屯现场调查及测量裂隙发育方向，并对场地发育的天窗、消水洞等综合分析，水文地质技术人员在天窗附近区域确定找水靶区，并结合物探确定孔位。

结合当地的水文地质地层条件、缺水村屯场地大小及地形高差情况，本次物探采用高密度电阻率法。根据勘察要求，本次高密度电阻率法为提高数据采取准确率采用温纳装置剖面和施伦贝尔装置剖面两种方法测量。本次物探工作布置了 1 条测线。测线长度为290m，本次测量极距为 10m，测量深度为 90m。测线布置方向垂直于地下水流向。

从图 3～图 6 可看出在剖面 150m 处有明显低阻异常出现，从图中可看出在该处深度为 40～50m 处有一低阻异常段，该异常可与水文地质人员判断的溶洞吻合，建议在该处实施钻探，考虑到枯水季节的水位埋深，建议钻探深度不小于 80m。

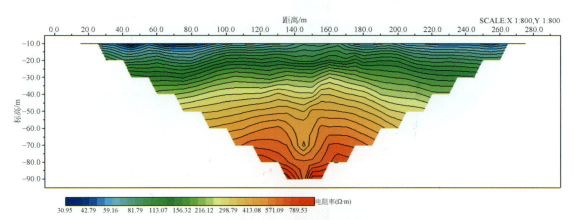

图 3　测线 1 温纳断面 ρ_s 等值线图

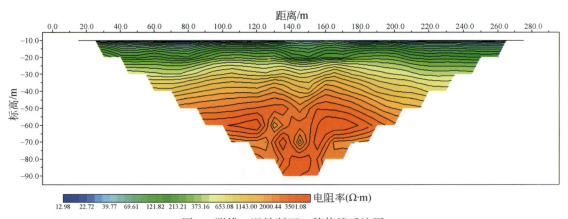

图4　测线1温纳断面ρ_s等值线反演图

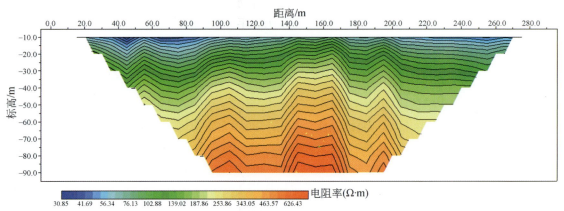

图5　测线1施伦贝尔ρ_s断面等值线图

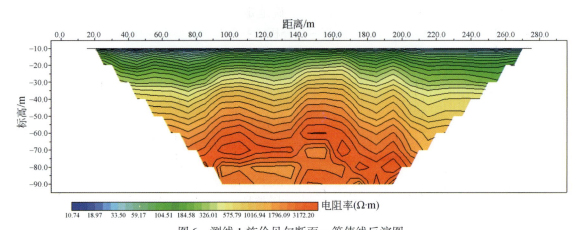

图6　测线1施伦贝尔断面ρ_s等值线反演图

3.4 勘探孔钻探施工

3.4.1 钻探结果

该钻孔 80.7m，均为石灰岩，0~45.6m 岩心较完整；45.6~66.0m 发育有少量溶蚀裂隙，66.0~80.7m 发育有少量溶蚀裂隙。其中，63.0~80.7m 无充填饱水溶洞。

该井地下水类型主要为碳酸盐岩溶洞水，贮存并运行于石灰岩溶洞中，含水段主要为 66.0~80.7m 段，厚为 14.7m，水量较丰富，是该井的主要出水段。地下水静水位为 64.0m、动水位为 63.75m。

3.4.2 抽水试验

钻孔静止水位为 64.0m。采用 40.0t/h 深井潜水泵，采用一次降深法进行抽水试验。抽水试验从 2010 年 5 月 2 日 9 时 0 分开始至 2010 年 5 月 4 日 11 时 0 分结束，延续时间 50 小时，水位稳定延续时间 48 小时，水位降深为 0.25m，涌水量 $Q=11.11$L/s（$Q=40$t/h）。停抽后水位 30 秒恢复，说明地下水补给来源广，水量丰富。

4 示范工程总结

4.1 技术总结

（1）弄门屯位于都安县西北部，地貌类型为峰丛洼地地貌，地层为下二叠统茅口组石灰岩，岩溶强发育。弄门屯北侧分布有天窗和落水洞，水文地质人员通过分析天窗、落水洞的分布特点及岩层节理裂隙的延伸方向，准确地定出靶区，再结合物探精确定出井位。

（2）物探工作与地面调查相结合，综合分析、排除干扰，共同寻找物探异常的原因，是获得打井找水成功的关键。高密度电法在岩溶区找水已获得了许多成功的经验，但同时也存在一些较难解决的问题，主要有物探异常的多解性、地层岩性复杂时富水性难以判断。例如：充水的裂隙溶洞呈低阻反应，充填有含水量很高的黏土、碳质泥岩的裂隙溶洞带，也呈低阻反应。另外物探区地形应该比较平坦，或者只有高差不大的缓坡起伏，如果地形切割的很零碎，忽高忽低，则电测曲线受地形影响，出现畸变。这就要求物探人员及水文地质技术人员对地层特点、地下水埋深等综合分析分析，对产生低阻的原因做出合理的解释。不能盲目地认为产生低阻的位置即为富水地段。

（3）区域调查应注意弄清楚区内地下水所属类型，是地下河、岩溶大泉还是分散流类型；在水文地质单元中是补给区、径流区还是排泄区；判断供水水文地质条件的复杂性；初步查明控制地下水的分布、埋藏特点地质构造；查明控制岩溶发育方向的主要构造及控制岩溶具体发育的结构面–主导的构造裂隙等。

4.2 社会效益

弄门屯打井项目，成功地解决了弄门屯当地 4000 人及 5260 多头牲畜饮水难问题；提高当地群众的生产、生活质量；实现当地社会经济的可持续发展。

广西岩溶谷地找水打井经验

——以上林县三里镇云姚村云辛庄地下水勘查为例

张华员　陈　岗

（广西地矿建设集团有限公司，南宁　530023）

摘要： 广西岩溶谷地区地下水开发利用条件总体较为良好，具有交通较为便利、地下水位及含水层埋藏浅、动态相对稳定，但充填严重，水文地质条件复杂的特点。本文详细论述了岩溶谷地地下水赋存条件，较系统地介绍了岩溶谷地地下水勘查的工作方法及成井工艺，具有一定的示范意义。

关键词： 岩溶谷地　地下水勘查　找水靶区　打井

1　引　　言

广西峰林谷地分布较为广泛，素以"山青、水秀、洞奇、石美"闻名，旅游资源丰富。其间谷地相对开阔、平坦，其间常有河溪蜿蜒发育，是人口和耕地相对集中的区域。长期以来，普遍认为该类地区缺水情况并不严重，但是 2010 年春季，西南五省遭遇历史上罕见的百年大旱，颠覆了过去人们固有观念。上林县三里镇云姚村云辛庄就是典型的例子，村庄位于谷地的东侧山脚，周围连着两个村庄，缺水人口 1600 人。2010 年 3 月调查的时候，旱灾触目惊心，地里种下的玉米长不出苗、甘蔗不发芽，已长出的也都呈近枯萎状态，井水枯竭，河水已被严重污染，不能饮用也不能用做生活用水，到处去拉水喝，人畜饮水出现了历史罕见的困难。

该村找水打井难点在于：①覆盖层较厚，岩溶发育规律及控制因素不易查明，1：1万的水文地质调查需要扩大到周围一定的范围，直到查清水文地质条件为止，实际调查面积达 6km²；②地下溶洞充填严重，泥质充填物呈现出低阻特性，与充水溶洞的测量参数相近，两者测深曲线特征相似，容易干扰地下水勘查方向，增加勘查难度。

本次工作是在分析区域水文地质条件的基础上，再通过详细的水文地质调查，选定找水靶区，进一步针对充水溶洞或富水断层破碎带的低阻特性，进行物探选点工作，经过对比分析其电性差异，最终选定钻探孔位；采用探采结合的方法选用合适的勘探技术和成井工艺，顺利打成一口大水量的水井，出水量可以解决该片区上万人的饮水问题。

2　水文地质条件

2.1　地质构造

该区地处广西"山"字形前弧西翼大明山构造区东部的古蓬三里构造亚区，主要构造线呈 NNW 向，北部构造较复杂，南部简单。主要有乔贤背斜，板江背斜及澄泰向斜（图1）。工作区位于乔贤背斜南扬起端与板江背斜倾覆端过渡地带，地层平缓，呈近似水平状出露。

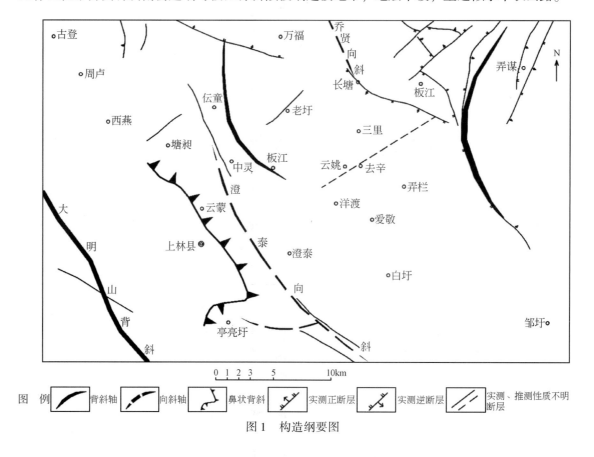

图 1　构造纲要图

2.2　地貌特征

地貌上属典型的峰林谷地地貌，谷地四周为峰林环绕，峰顶高程为 200 ~ 250m，谷地高程为 100m。谷地呈"Y"字型，在三里镇分岔，分别向 W、NE 延伸，宽度为 0.8 ~ 1.5km，长度约 8km。谷地内河流发育，谷地北东、北西部两条河溪流经三里镇后汇合，蜿蜒向南流入清水河。

2.3 地下水赋存条件

含水岩组为上石炭统（C_3），岩性为中-厚层状石灰岩夹生物碎屑灰岩及白云岩条带，厚度为416~529m。以溶洞裂隙水为主，富水性中等。地下水埋深小于10m，动态变化受汇水河影响，年变幅小于5m。

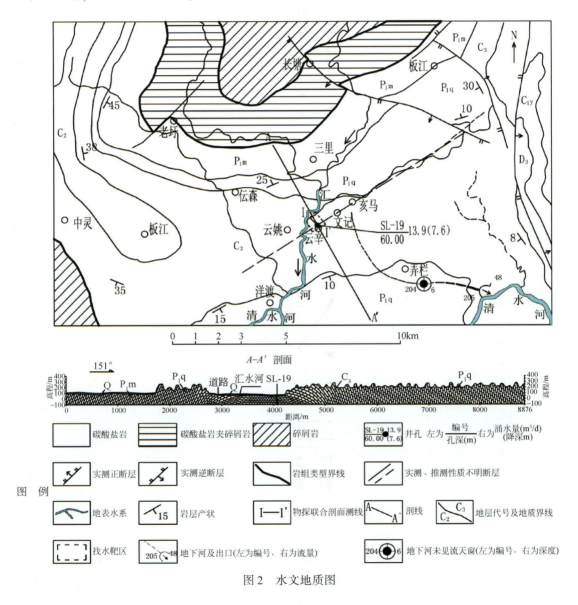

图2 水文地质图

地下水的补给主要来源于北部谷地地下水及汇水河的渗入补给，山区一带的地下水多在山前的山脚地段排泄，在谷地两侧的山脚多见季节泉、溢洪洞及水平溶洞发育，季节泉、溢洪洞受降雨影响十分明显，一般降雨过后 1 个月左右基本断流。

打井区域的水文地质条件具较典型的傍河型的条件特点，地下水水力坡度变缓，流速降低，溶洞充填增多，地下水埋藏较浅，但分布极不均匀（图 2）。

2.4 以往找水打井情况

据调查，该地区下游的澄泰一带找水打井经常会遇到的是浅层岩溶发育和溶洞充填问题，井水难以抽清，甚至水抽不清等情况，个别井抽水后出现塌陷，从而导致失败。总体而言，有河溪发育的岩溶谷地的水文地质条件相对复杂，充填洞较多，找水打井应分阶段进行，先钻探，同时加强简易水文地质观测和水文地质编录，在钻探成果基础上编制成井结构设计，最后进行成井施工。

3 找水勘查示范

3.1 找水打井技术方向

通过对以往资料深入分析研究和现场实地调查结果，认为该地区地下水类型为碳酸盐岩裂隙溶洞水，含水层为上石炭统（C_3）厚层块状石灰岩。地下水受三里一带地下水及汇水河的渗入补给，补给较丰富，受汇水河排泄基面的控制，地下水埋藏深度变幅都不大，都应小于 10m。由于地处构造复合部位，张裂隙发育。因此初步确定构造控水作用是本地区勘查工作的主攻目标。

3.2 勘查技术路线

充分利用资料优势，通过对以往资料分析，基本了解地下水赋存条件，初步选定找水目标含水层和找水打井的主攻方向；加强野外调查工作，通过调查，准确判定地下水赋存状况、富集规律、控水构造的性质特征及分布位置，迅速选定靶区；应用先进技术方法，准确选定井位，实现"快"、"准"的目的；规范设计，采用适当的钻探工艺，严格执行规范技术标准；探采结合，科学打井，严格管理，确保成功率。

3.3 找水靶区确定

野外调查工作重点调查了三里镇以南至云姚之间的谷地及其周围山区，包括韦寺、王马、亥马、文记等地，调查面积 6km²。调查内容主要地层岩性，构造性质及特征，调查岩性及构造对岩溶发育影响等。调查发现在云姚的西南及亥马东北部石灰岩山区均发现有一条 NE-SW 断裂发育，断裂面近乎垂直，走向相同均为 45°左右，两条断裂向三里谷地延伸可以连成一线，认为同属一条断裂，断裂长度大于 15km。初步判定该组裂隙是本地区主要的控水构造，断裂经过亥马庄、文记庄和云辛庄村前，考虑到抽水引起塌陷可能对民房构成影响，最终找水靶区选定在云辛庄前面甘蔗地一带。

3.4　勘探孔孔位确定

首先在找水靶区内大致确定 NE-SW 向控水断裂（裂隙带）经过的范围，然后垂直构造线走向布设一条物探勘测线，测线方向 135°，根据地形条件尽可能扩大测量范围。

物探方法是联合剖面法和电测深法，联合剖面法极距采用：$AB/2 = 65m$，$MN/2 = 5m$，点距 10m。电测深极距：$MN/2 = 2.5m$，$AB/2 = \{10m、15m、22m、32m、45m、65m、100m、120m\}$。

联合剖面测线长度 200m，测点 42 个；电测深 1 个点，测量深度为 100m。异常点（区）为正交点（138），电测深曲线类型为 A 型，曲线前支在 $AB/2$ 为 5～30m 呈缓角度上升，30～60m 曲线出现畸变，30～40m 曲线下降，视电阻率由 850Ω·m 降到 700Ω·m；40～50m 曲线回升，50～60m 呈现一平台，视电阻率为 780Ω·m。往下曲线尾支呈 45°直线上升。

综合推断覆盖层 20m，岩性为黏土及砂卵石层，20～30m 溶蚀裂隙强烈发育，有泥质充填，30～60m 溶蚀裂隙发育或岩石破碎，60m 以下完整石灰岩。推测 30～60m 为主要含水段。

3.5　勘探孔钻探施工

3.5.1　钻探过程及施工工艺

采用先钻探后成井施工工序，钻探设备 GY-150 型钻机，钻探施工采用正循环施工工艺。

钻探孔设计孔径小于成井孔径 1～2 级，即开孔口径 130～150mm，终孔口径不小于 91mm，设计孔深一般为 80m，终孔深度由现场技术人员根据孔内情况灵活掌握。枯水位小于 10m 终孔孔深不小于 60m，枯水位大于 10m 终孔孔深不小于 80m。

钻进过程中做好简易水文观测和孔深校正并做好记录，对钻进过程中的漏水、涌水、涌砂、掉块、坍塌、缩径、掉钻、充填物等，记载详细准确；视井内情况采取防护措施，保证钻进施工的正常进行，尽量提高岩心采取率，岩心及时编录。所有岩心要求都有要用红油漆标注深度。

孔深 17m 处穿过覆盖层；25.00～25.30m、31.20～31.60m 段遇充填溶洞，充填物均为黏性土；38m 冲洗液全部漏失，地下水稳定水位 1.2m；50m 开始岩性变完整，终孔深度60m。

在钻探工作基础上进行扩孔成井，充填溶洞采用无缝钢管隔离，含水破碎带采用钢制过滤管（花管）护壁，具体工作为：井径Φ170mm扩孔深度17.96～30.00m，下Φ168mm无缝钢管全段护壁；井径Φ150mm扩孔深度30.00～34.00m，下Φ146mm无缝钢管全段护壁；井径Φ130mm扩孔深度41.76～51.00m，下Φ127mm滤管17m全段护壁；51.00m～60.00m井径110mm，裸孔，成井深度60.00m。

3.5.2 钻进过程遇到的问题及解决方法

钻探和成井过程中经过覆盖层及充填溶洞时都出现垮孔问题，均采用钢管护壁，逐级向下钻进的办法解决。

3.5.3 钻探结果

钻孔揭露地层为：0.00～17.00m段自上而下分别为第四系冲积黏土、卵石土层，褐黄、灰黄色，黏土可塑状，黏性、韧性较好，为相对隔水层。卵石土稍密状，颗粒成分以石英质、硅质为主，磨圆度较好，含黏性土约15%，该层含孔隙潜水，水量较小。下伏为碳酸盐岩，由上石炭统（C_3）组成，岩性为石灰岩，浅灰、灰色，隐晶质，层状构造，质地坚硬，揭露厚度43.00m，其中17.00～23.00m、50.00～60.00m段岩体完整性较好，节理裂隙少量发育，23.00～25.00m、25.30～31.20m、31.60～50.00m段岩体溶蚀裂隙较发育，呈破碎状，局部裂缝充填砂质及少量黏性土，25.00～25.30m、31.20～31.60m段为充填溶洞，充填物均为黏性土。38m冲洗液全部漏失，地下水稳定水位1.2m，38～50m为主要含段，赋存岩溶裂隙水，含水性较丰富。经49小时的连续抽水试验，稳定水位为7.6m，涌水量为50m³/h。

4 总 结

采用探采结合的方式在该地区勘查找水的引导意义重大，先勘探后成井，能够很好地解决井内各种不良地质问题。构造和地层岩性是地下水富集的主要控制因素，中厚层及厚层状石灰岩分布区断裂或裂隙发育部位岩溶相对发育，地下水较丰富，构造控制的带状富水地段是同类地区找水打井主攻方向。

该地区属岩溶谷地傍河型水文地质条件，地下水一般在谷地边缘的山前一带出露或排泄，傍河地段覆盖层较厚，地下水分布不均匀，极少有泉出露，找水标志不明显。找水工作应从谷地周边的调查入手，调查地层、地质构造的分布、类型、特点及其对岩溶发育的控制和影响，重点调查断裂构造或裂隙的性质、规模及走向，推测其向谷地延伸发育的可能性及其部位，辅以一定的物探工作加以验证，通常情况下都能取得较理想的效果。靶区和井位确定中应注意抽水可能引起的岩溶塌陷问题，应尽可能离开村庄一定距离；钻探中应注意充填和破碎带垮孔的问题，在编制钻孔设计书的时候要针对充填和破碎带提出具体的处理措施及技术要求。